人民防空工程设计丛书

人民防空地下室结构设计

曹继勇　张尚根　编著

中国计划出版社

图书在版编目（CIP）数据

人民防空地下室结构设计/曹继勇，张尚根编著. —北京：中国计划出版社，2008.12（2014.5重印）
（人民防空工程设计丛书）
ISBN 978-7-80177-687-7

Ⅰ.人… Ⅱ.①曹… ②张… Ⅲ.人防工程－地下室－结构设计 Ⅳ.TU927

中国版本图书馆CIP数据核字（2008）第179541号

人民防空工程设计丛书
人民防空地下室结构设计
曹继勇 张尚根 编著

中国计划出版社出版
网址：www.jhpress.com
地址：北京市西城区木樨地北里甲11号国宏大厦C座3层
邮政编码：100038 电话：（010）63906433（发行部）
新华书店北京发行所发行
三河富华印刷包装有限公司印刷

787mm×1092mm 1/16 11.5印张 286千字
2006年8月第1版 2014年5月第3次印刷

ISBN 978-7-80177-687-7
定价：30.00元
（内部发行）

《人民防空工程设计丛书》编审人员名单

主　　编： 李刻铭　李建民　吴　涛

编写人员：（按丛书顺序，排名不分先后）

杨延军　吴　涛　曹继勇　马吉民　丁志斌
方志刚　邢建春　周壁华　李建民　谢金容
张尚根　朱培根　任俊宏　石立华　王　平
耿世彬　崔陈华　王双庆　杨启亮　李刻铭
郭春信　刘　广　徐其威　王春明　梁德新
唐友怀　陈　彬　高　成　戴佑斌　顾建新

主　　审： 吴步旭　太史功勋　常守民

审查人员：（按丛书顺序，排名不分先后）

朱忠吉　王年桥　刘新宇　常守民　余有山
陈松华　吴步旭　袁正如　尧　勇　杨盛旭
刘凤田　杨腊梅　程宝义　缪小平　郭春信
郭海林　王金全　周壁华　石立华　太史功勋
李建民　吴　涛　丁志斌　邢建春　李刻铭
杨延军　曹继勇　马吉民　王　平　方志刚

编写单位： 解放军理工大学工程兵工程学院
协编单位： 江苏高科应用科学研究所

序

改革开放以来，城市地下空间的开发与利用越来越受到人们的重视，人们对城市综合防灾抗灾、防空袭能力的要求也越来越高。随着我国国民经济的高速持续发展，城市建设规模和建设水平不断地提高，作为与经济建设协调发展、与城市建设相结合的人民防空工程建设，尤其是人民防空地下室工程的建设将得到空前的发展。

由于种种原因，有关人民防空工程设计和管理方面的专业图书资料很少。在中国计划出版社的大力支持下，全国唯一培训人防工程专业人才的解放军理工大学工程兵工程学院，依靠自身优势和专业特点，结合当前人防工程建设发展的实际需要，以及近年来我国人防科研成果及相关文献资料，根据学院及相关单位长期从事人防工程教学、设计及工程实践所积累的经验和成果，从人民防空工程的概论、建筑、结构、通风空调、给水排水、电气、智能系统以及电磁脉冲防护等八个方面，全面系统地论述了人防工程的基本概念、设计原理、设计方法和设计要求，这是我国第一套有关人民防空工程设计方面的专业丛书。

相信这套丛书的出版对我国人防工程的建设将起到积极地推动作用，对人防工程设计、审查和管理的相关工程技术人员，是一套不可或缺的实用工具书，也是一套高校人防工程专业不可多得的实用设计教程。

中国工程院院士 钱七虎

二〇〇六年六月二十六日

前　言

近年来，随着我国国民经济高速、持续地发展，城市建设的规模和水平不断地提高，城市地下空间的利用越来越受到人们的重视。与此同时，人们对城市防灾抗灾、防空袭的认识也不断地增强，我国人民防空事业也进入了自二十世纪六七十年代以来的第二个蓬勃发展的高潮，作为人民防空事业物质基础的人民防空工程（简称人防工程），特别是作为城市人防工程重要组成部分的人民防空地下室的建设总量和规模不断地增大，建设水平也不断地提高。

由于人防工程设计的特殊性和专业性，要设计出“防护可靠、经济合理、平战两用”的人防工程就要求设计人员掌握必要的人防工程设计专业知识。由于历史的原因和涉密方面的限制，目前供从事人防工程设计和管理人员使用的专业图书资料很少，这也给防空地下室设计和设计审查管理人员带来了很大的困难和诸多不便。

根据建设部“2005 年工程建设标准规范制订、修订计划（第一批）”和国家人民防空办公室“人民防空科学技术研究第十个五年计划”的要求，按照 2003 年新修订的“人民防空工程战术技术要求”，人防工程设计规范进行了全面修订，《人民防空工程设计规范》GB 50225—2005 和《人民防空地下室设计规范》GB 50038—2005 自 2006 年 3 月 1 日正式颁布实施，它们代表了我国在人防工程建设方面的最新研究成果。

本套丛书以上述两本设计规范为主要依据，结合当前人防工程建设发展的实际需要，汲取了国内外先进的科研成果和有关文献资料，将解放军理工大学工程兵工程学院长期从事人防工程教学、科研、设计及工程实践的经验与体会加以整理归纳，从概论、建筑、结构、通风空调、给水排水、电气、智能系统以及电磁脉冲防护等八个方面，即《人民防空工程概论》、《人民防空地下室建筑设计》、《人民防空地下室结构设计》、《人民防空工程通风空调设计》、《人民防空工程给水排水设计》、《人民防空工程电气设计》、《人民防空工程智能化系统设计》和《人民防空工程核电磁脉冲防护设计》（该册已由国防工业出版社出版），全面、系统地论述了人防工程的基本概念、设计原理、设计方法和设计要求。这套丛书的编写几乎是与上述两本规范的修订同步进行的，许多作者同时也是这两本规范的主编人员。丛书结构清晰，深入浅出，结合人防工程实例，重点阐述了设计原理与方法，所举工程实例都是常见的实际人防工程项目，具有一定的普遍性和针对性，是一套实用性很强的设计指导教程，也是我国出版的第一套有关人民防空工程设计方面的专业丛书。

本套丛书主要面向全国人防工程设计、审查、管理及其他相关工程技术人员，可作为人防工程设计、施工、监理及管理的培训教材，亦可作为人防工程相关专业的本科教材使用，对从事人防工程教学和科研人员具有一定的参考价值。

这套丛书的出版得到了工程兵工程学院许多教员尤其是一批老教授的指导和帮助，学院原院长李金勇少将、人防工程系原系主任金丰年教授给予了许多关心和鼓励，特别是中国工程院钱七虎院士为丛书欣然作序，在此表示由衷的谢意！

本书是《人民防空工程设计丛书》的人民防空地下室结构设计部分，主要按照现行的《人民防空地下室设计规范》GB 50038—2005，结合工程实例阐述了防空地下室结构设计的原理与方法。着重从基本概念、基础理论角度论述了人防工程结构，系统地介绍了人民防空地下室的结构设计方面的内容。全书由绪论、空气冲击波、岩土中的压缩波、结构动力分析、结构构件的动力性能及构造要求、防空地下室结构荷载、孔口结构构件荷载与设计、防空地下室内力计算与截面设计等8章内容组成。

本书由曹继勇、张尚根编著，王年桥教授审阅。除第8章第3节由张尚根编写外，其他章节均由曹继勇编写。另外，陆上行、李忠伟、悳庆、骆帅伶、张勇、吴青松、程延红等同志为本书的校对、插图编排等做了大量工作，在此深表谢意。

由于编者水平有限，错误和疏漏之处在所难免，恳请广大读者批评指正。

编　者

2006年4月于南京

目 录

1 绪　论

防空地下室是人防工程的主要建设形式，它具有国家规定的各项战时防空功能。人防工程是防护建筑与结构和为保证完成工程所担负的战时职能的其他系统（通风空调、给排水、发供电、防毒及防辐射等系统）的总称。

人防工程结构是指抵抗预定杀伤武器破坏作用的工程结构，这是本书所讨论的范畴。防空地下室结构上所能抵抗的武器包括核武器和常规武器（装有普通炸药的炮弹、航弹和导弹）。

1.1 常规武器及其破坏效应

1.1.1 常规武器的分类

对人防结构产生杀伤破坏作用的常规武器主要有：火炮，如榴弹炮、迫击炮、等发射的各种炮弹；飞机投掷的各种航（炸）弹；常规弹头的导弹。

在常规武器中，命中结构的弹丸中的装药是各种炸药。弹丸命中目标时，在其巨大的动能作用下，冲击、侵彻、贯穿目标，继而炸药爆炸以破坏工程结构和杀伤人员。一些特种炮、航弹在弹丸内装有燃烧剂（燃烧弹），还可造成地面目标大火。由于炸药爆炸过程是一种在极短时间内释放出大量能量的化学反应，故又称炮航弹及炸药的爆炸为“化学爆炸（化爆）”，以区别于“核爆炸”。核爆和化爆在爆炸破坏效应方面有相似之处但又有很多明显的差异，以后将要述及。

常规武器对结构的破坏是由弹丸产生的，根据弹丸对结构的破坏效应，弹丸（炮弹、航弹及导弹战斗部）可分为如下几种主要类型。

爆破弹型。主要依靠炸药爆炸产生的爆炸波及弹片来破坏杀伤目标，如炮弹中的榴弹，航弹中的普通爆破弹及各种子母弹等。普通爆破弹主要以炸药爆炸的破坏效应摧毁目标。它的主要特征是弹壳薄、形体短粗、炸药装填量大、一般装填瞬发引信。

半穿甲弹型。一方面依靠弹丸的冲击动能侵入目标，又同时依靠一定量装药的爆炸作用来破坏目标，如炮弹和航弹中的半穿甲弹、混凝土破坏弹、厚壁爆破弹等。

穿甲弹型。主要依靠弹丸巨大的冲击动能侵入、贯穿目标，如各种穿甲弹。

航弹的等级是以它的名义重量来标志的。俄军的航弹级别以“kg（公斤）”表示，例如500kg 爆破弹，其实际全重为478kg。美军是以“lb（磅）”表示，例如2000lb 低阻式爆破弹实际重量为1015kg。典型的美军常规武器参数见表1-1。

表1-1　常规武器典型战斗部技术参数

常规武器典型战斗部	弹质量 P（kg）	弹径 d（m）	弹体长 L（m）	装药量 C_0（kg）	当量系数 $\hat{a}$	L_r/d	弹壳厚（cm）
MK83	447	0.356	1.86	202	1.35	1.94	2.0
MK82	241	0.273	1.56	87	1.35	2.50	1.4

1.1.2 炮航弹的破坏效应

（1）冲击局部作用

无装药的穿甲弹命中结构、或有装药的弹丸命中结构尚未爆炸前，结构仅受冲击作用。具有动能的弹体撞击结构有两种可能。一种可能是弹体动能较小或结构硬度很大，弹体冲击结构仅留下一定的凹坑后被弹开，或者因弹体与结构成一定的角度而产生跳弹，即弹丸未能侵入结构。另一种可能是弹丸冲击结构侵入内部，甚至产生震塌贯穿。

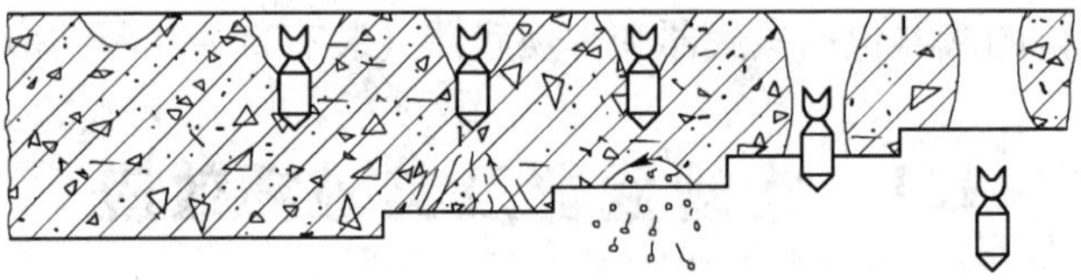

图 1-1 冲击局部破坏现象

从观察单纯冲击引起的破坏情况不难发现，它们的破坏现象都发生在弹着点周围或结构反向临空面弹着投影点周围。这与一般工程结构的破坏现象如承重结构的变形以致倒塌等不同。由于它的破坏仅发生在结构的局部范围，故称其为局部破坏，这里是由冲击引起的，因此又称冲击局部破坏。局部作用和结构的材料性质直接有关（如炮弹冲击钢筋混凝土产生震塌现象，而冲击木材就可能不出现震塌现象等），而和结构形式（板、刚架、拱型结构等）及支座条件关系不大。

（2）爆炸局部作用

炮航弹一般都装有炸药，在冲击作用中或结束时装药爆炸，进一步破坏结构。

对于爆破弹，一般不考虑它侵入钢筋混凝土材料内部爆炸。对于半穿甲弹、混凝土破坏弹，考虑它侵入混凝土内部爆炸。图 1-2 是炸药爆炸时脆性材料组成的结构的破坏现象。

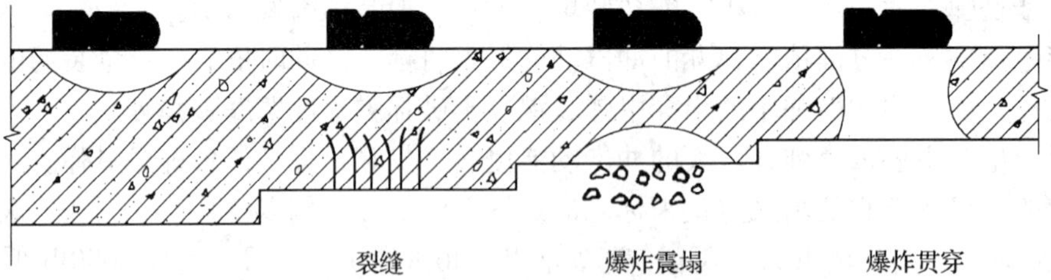

图 1-2 爆炸局部破坏现象

从图中可以看出，爆炸和冲击的局部破坏现象是十分相似的。都是由于在命中点（冲击点处及爆心处）附近的材料质点获得了极高的速度，使介质内产生很大的应力而使结构破坏，且破坏都是发生在弹着点及其反表面附近区域内，因而称局部破坏现象。炮航弹命中结构，装药爆炸可以分为三种情况：直接接触结构爆炸；侵入到结构材料内爆炸；距结构一定距离爆炸。前两种情况对结构的破坏一般是以局部作用为主，而距结构一定距离爆炸时，结构可能产生局部破坏，也可能不产生局部破坏，爆炸距离较大时，结构只承受爆炸的整体作用。

（3）整体破坏作用与局部破坏作用

结构在遭受炮航弹的冲击与爆炸作用时，除了上述的侵彻、震塌、贯穿等现象外，还要对结构整体产生压力作用，一般称冲击和爆炸动荷载。在冲击、爆炸动荷载作用下，整个结构都将产生变形和内力。如梁、板将产生弯曲、剪切变形；柱的压缩及基础的沉陷等。整体破坏作用特点是使结构整体产生变形和内力，结构破坏是由于出现过大的变形、裂缝，甚至造成整个结构的倒塌。破坏点（线）一般发生在产生最大内力的地方。结构的破坏形态与结构的型式和支座条件有密切关系。见图 1-3。

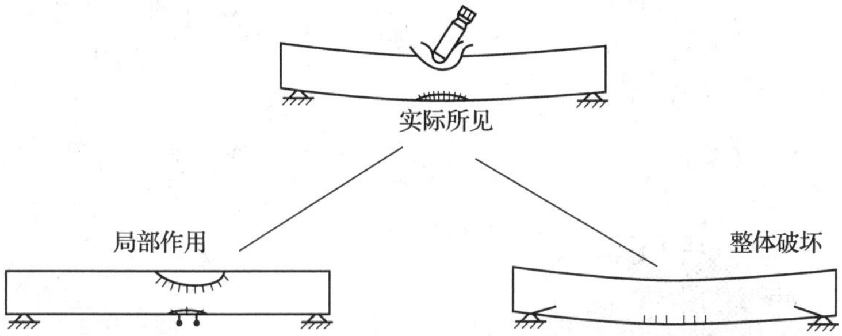

图 1-3　简支梁被炮航弹命中时局部破坏作用和整体破坏作用

局部破坏作用，如前所述其破坏现象只发生在弹着点附近。与支座约束及结构型式无关，而与材料的特性有重要关系。

从力学的观点，局部作用是应力波传播引起的波动效应，而整体作用是动荷载引起的振动效应。

在设计结构时，原则上需同时考虑这两种破坏作用，以最危险的情况来设计结构。一般来说，跨度小、构件厚的结构，局部作用起决定影响；反之，跨度大、厚度薄的结构，整体作用常起控制作用。

防空地下室结构不考虑局部破坏作用，只考虑炮炸弹距结构一定距离时爆炸对结构的整体破坏作用。炮炸弹对结构的整体破坏作用，与核武器的整体破坏作用相似，将在以后章节中介绍。

1.2　核武器及其爆炸效应

1.2.1　核武器的种类及爆炸景象

（1）核武器的种类

爆炸性核武器分原子弹和氢弹两大类，中子弹在爆炸原理上属于氢弹类型。

原子弹的装料主要是铀 235 和钚 239。它们的原子核在中子的“轰击”下发生“裂变”成为质量较小的核，同时放出巨大的能量并伴随放出中子。后者又进一步引起裂变，由此一直继续下去，称为“链式反应”。原子弹的核反应是重核裂变反应的过程。链式反应的结果使全部核装料在极短的时间内释放出巨大的能量，形成冲击波、光辐射等一系列杀伤破坏因素。

氢弹的核装料为重氢化锂，在装于弹体内的小型原子弹爆炸所产生的高温高压环境下，生成氘和氚等轻原子核并立即聚合成氦，同时放出巨大的能量，这个过程称为“聚变”反应。氢弹的核反应是轻核聚变反应的过程。当氘和氚聚变成氦时，会释放出大量的高能中子（快中子），它们能使铀238核发生裂变，提高氢弹的爆炸威力。通常氢弹的爆炸威力比原子弹大得多。图1-4和图1-5是原子弹和氢弹的构造原理图。

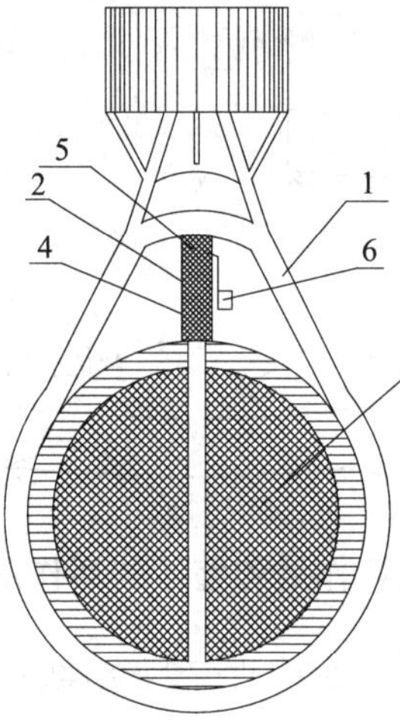

图1-4 原子弹构造示意图

1—弹壳；2—圆柱形核装药；3—球形核装药；4—方向槽；5—普通炸药；6—引信

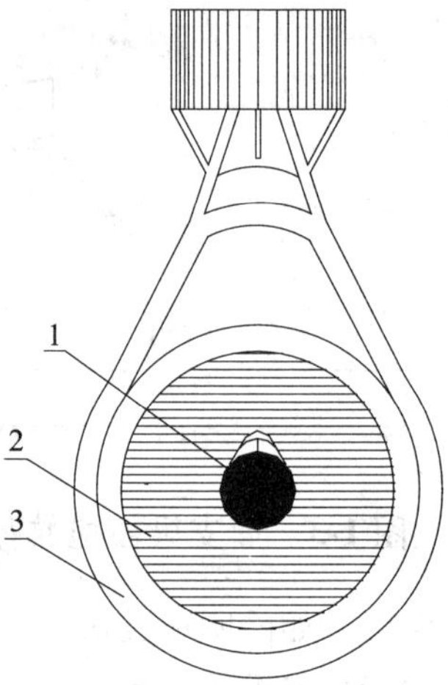

图1-5 氢弹构造示意图

1—原子弹；2—核装药；3—弹壳

核武器的威力是以“梯恩梯（TNT）当量”来衡量的。例如“15千吨梯恩梯当量”的核武器，是指核武器爆炸可释放出的能量相当于15千吨的梯恩梯炸药爆炸时放出的能量。工程上常以千吨（kt）作为核武器当量的质量单位。

（2）核武器爆炸时的景象

核武器空中爆炸时，在爆炸瞬间发出强烈的闪光，继而出现光亮的火球。随后火球上升膨胀，在几秒至十余秒时间内火球逐渐冷却。在此期间还发出不可见的早期核辐射、光辐射及强大的空气冲击波。上升的火球将地面上的尘埃掀起并呈柱状上升，与火球烟云聚合成蘑菇状（见图1-6）。烟云内的物质受强大的早期核辐射而产生感生放射现象，这些烟云随风飘散下落，形成放射性尘埃，回落地面后会在爆心下风方向的地区造成放射性沾染。核武器在地面附近爆炸时，地面附近岩土受高温高压弹体蒸气的冲击，会形成弹坑，并向地内传播直接地冲击波（见图1-7）。

(a) 原子弹爆炸景象

(b) 氢弹爆炸景象

图 1-6　核武器爆炸景象图

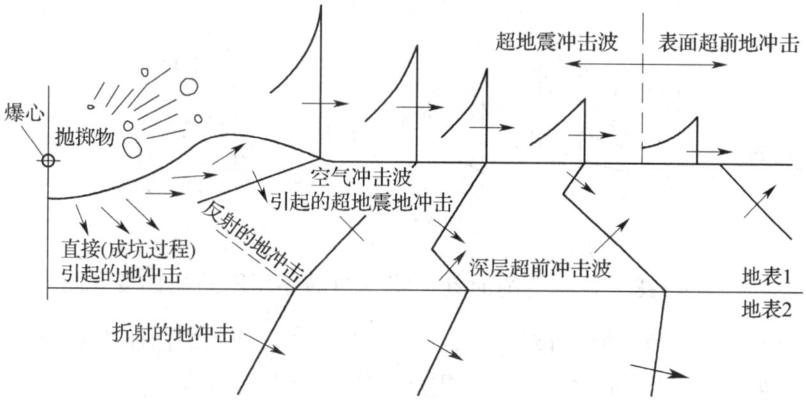

图 1-7　核爆炸产生的空气冲击波及地冲击

1.2.2　核武器爆炸效应

(1) 光辐射（热辐射）

核爆炸时，在反应区内可达几千万度高温，瞬即发生耀眼的闪光，时间极短，主要是低频紫外线及可见光。闪光过后紧接着形成的明亮火球的表面温度达6000℃以上，近似太阳表面的温度。从火球表面辐射到出现光和红外线，时间约 1～3s，光辐射的杀伤破坏作用，主要发生在这一阶段。

直视核爆炸闪光，可使人员眼睛造成暂时失明的闪光盲。光辐射能引起人体受照面直接烧伤。眼睛直视，会造成眼底烧伤失明的永久性伤害。由于光辐射作用时间很短，人体表面的浅色衣服、建筑物表面涂成浅色，常可减轻直接烧蚀。但在城市中由于可燃建筑物密集，将引起严重的城市大火。光辐射对于人防结构而言，不致构成威胁，只需注意减少易燃部分暴露在外部，并对易燃物的暴露部分涂以白涂料或防火涂料，可有效地减少燃烧的危害。光辐射引起的城市大火会威胁人防工程的安全，应采取综合防火措施来解决。地下工程具有良好的防火功能，但应注意出入口的防火、防堵，抵御城市大火引起的热环境所需的内部通风、空调、给氧等。

光辐射的强度用“光冲量”表示。光冲量是指火球在整个发光期间与光线传播方向垂直的单位面积上的热量，单位以 cal/cm^2 表示。空中爆炸时，光辐射能量约占总能量的35%左右。

（2）空气冲击波

核爆炸时，核反应在微秒级时间内放出巨大的能量。在反应区内形成几十～几百亿个大气压的高压和几千万度的高温。核武器空中爆炸时，高温高压的爆炸产物强烈压缩周围空气，从而形成空气冲击波向外传播。冲击波是核武器爆炸的主要破坏杀伤因素，将在第二章中详细讨论。冲击波的主要特征是在波阵面到达处压力骤然跃升到最大值，压力沿空间的分布是朝向爆心方向逐渐减小，并形成负压区。故空气冲击波在大气中的传播包括两种压力状态的传播：压缩区和稀疏区（负压区）（见图1-8）。

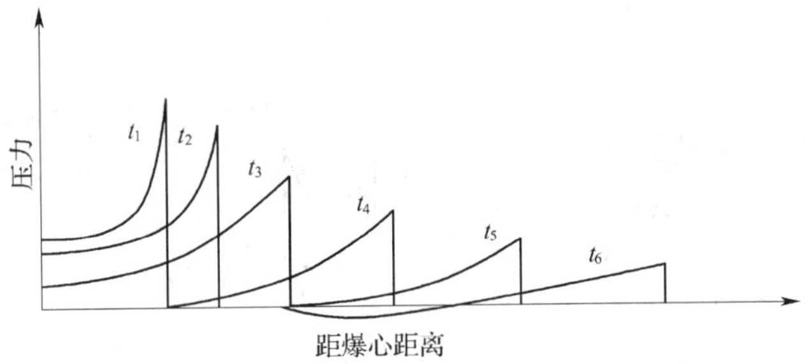

图1-8　在相继的时刻，空气中的超压随距离的变化

冲击波到达空间某位置时，该处空气质点骤然受到强烈压缩而压力上升。压力超过大气压力的部分称为“超压”。同时还使空气质点获得一个很大的速度，向冲击波的前进方向运动。这种由于空气质点高速运动冲击所能产生的压力称为“动压”。动压的作用只有当空气质点运动受阻时才会表现出来。暴露于地面的人体或建筑物等，受冲击波作用时，冲击波的超压将使人体及建筑物受到挤压作用；动压将使人体和建筑物受到冲击和抛掷作用。由于冲击波的作用时间长达零点几秒至一秒以上，故它可以绕过障碍物，从出入口、通风口等孔洞进入工程内部而使人员或设备受到损伤。由于核爆冲击波作用时间长，与普通炸药爆炸（化爆）产生的冲击波（作用时间只有千分之几秒）的破坏效应会有所不同。

空气冲击波沿地面传播时，一部分能量传入地下而在地层内形成地内冲击波，工程中又称岩土中的压缩波，进而破坏岩土中的人防工程和其他地下工程。

空中核爆炸所释放的能量约有50%～60%形成了冲击波。因此空气冲击波是对人员和人防工程主要的破坏杀伤因素。

（3）早期核辐射

早期核辐射主要是由爆炸最初十几秒钟内放出的 α 射线、β 射线、γ 射线和中子流。其

中 α、β 射线穿透力弱，传播距离近，在早期核辐射中对有掩蔽的人员危害不大。

早期核辐射（γ 射线和中子）具有下列特点：①穿透力强：γ 射线和中子能穿透较厚的物质层，能透入人体造成伤害。②引起放射性损伤：它能引起机体组织电离，使机体生理机能改变形成“放射病”。严重者可以致死。早期核辐射还能使电子器件失效、光学玻璃变暗、药品变质等，从而使指挥通信系统、光学瞄准系统、战时医疗工作受损。③传播时发生散射：早期核辐射刚发生时以直线传播，但它在通过空气层时与空气分子碰撞而改变传播方向称为“散射”，这种作用会使隐蔽在障碍物后的人员受到伤害。④中子会造成其他物质发生感生放射性，例如土壤、灰尘、兵器、食物等易吸收中子而变成放射性同位素。它们在衰变过程中会发出 β 射线和 γ 射线，使人员受到伤害。⑤早期核辐射作用时间很短，仅几秒到十几秒钟。

核防护中核辐射的度量单位称为“戈瑞”（Gy）。

对于人防结构设计，必须核算结构防护层对早期核辐射的削弱能力，使之进入工程内的剂量不大于允许标准值。各种介质材料对于早期核辐射均有一定削弱能力，几种常见材料对早期核辐射的削弱效果见表 1-2。

表 1-2　几种物质对早期核辐射的削弱效果

削弱效果	厚　度（cm）					
	钢铁	混凝土	砖	木材	土壤	水
剩下 1/10	10	35	47	90	50	70
剩下 1/100	20	70	94	180	100	140
剩下 1/1000	30	105	141	270	150	210

根据混凝土对早期核辐射的削弱能力和允许标准值，《人民防空地下室设计规范》GB 50038—2005 建筑部分给出了对不同等级的抗早期核辐射的顶板厚度要求。

（4）放射性沾染（剩余核辐射）

核爆炸产生的大量放射性物质，绝大部分存在于火球及烟云中，主要是核裂变碎片及未反应的核装料。当火球及烟云上升膨胀时，吸进来的土壤及其他物质在中子照射下变成放射性同位素（感生放射性物质）。它们随风飘散下落，又称为核沉降，在地面及附近空间形成一个被放射性物质污染的地带。此外，在核爆炸早期核辐射作用下，地面物质也会产生感生放射性。这些总称为放射性沾染。

放射性沾染对人体的危害，主要是由于放射性物质放射出 β 射线（粒子）和 γ 射线。人体皮肤接触放射性物质或吸入体内导致射线病是主要的受害形式，病害与早期核辐射相似。放射性沾染危害的作用时间可长达数周以至几个月。

人防工程对其防护的主要措施是通过防止放射性物质从出入口、门缝、孔洞、进排风口进入工程内部。为此，要设置防护密闭门、密闭门、排气活门，必要时采取隔绝式通风等措施。

（5）核电磁脉冲

核爆炸时伴随有电磁脉冲发射。电磁脉冲的成分大部分是能量位于无线电频谱内的电磁波。其范围大致在输电频率到雷达系统的频率之间。与闪电和无线电广播台产生的电磁波相似，具有很宽的频带。

近地核爆炸和高空核爆炸由不同的机制产生电磁脉冲。高空核爆炸由于源区的位置很高，因而干扰的脉冲场可能影响地球很大的范围达几千公里。地下核爆炸中也会产生电磁脉冲，但由于岩土的封闭作用使得武器碎片的膨胀被限制在很小的范围内，因而电磁脉冲的范围较小。

电磁脉冲可以透过一定厚度的钢筋混凝土及未经屏蔽的钢板等结构物，使位于人防工程内的电气、电子设备系统造成干扰或损坏。对指挥通信工程的C_4I（指挥、控制、通信、情报）系统构成严重的威胁。为抗御核电磁脉冲的破坏作用，除这些电子、电气设备自身在线路结构上考虑抗干扰及屏蔽措施外，在工程结构上也应采取必要的屏蔽措施。最有效的办法是用钢板等金属板将需要屏蔽的房间乃至整个工程结构封闭式地包起来并良好接地，或对需要屏蔽的房间用一定细密程度的钢丝网包起来。对于一般的装备及人员，电磁脉冲不致造成危害。

（6）直接地冲击

直接引起的地冲击，是指核爆炸由爆心处直接耦合入地内的能量所产生的初始应力波引起的地冲击。对于完全封闭的地下核爆炸，它是实际存在的唯一的地冲击形式；对于空中核爆炸一般不存在直接引起的地冲击；对于触地爆或近地爆，直接引起的地冲击是爆心下地冲击的主要形式。

对于重要的国防战略指挥工程要求抗核武器触地爆，直接地冲击是主要的毁伤破坏因素。人防工程均以考虑核武器空中爆炸为主，直接地冲击对工程的危害则很少遇到。

（7）冲击与震动

由直接地冲击或空气冲击波沿地面传播产生的地运动，有时虽然没有造成结构破坏，但可使人防结构产生震动（震动位移、速度、加速度）。当其值超过人员或设备可以耐受的允许限度时，会造成人员伤亡和设备损坏。这种情况较易发生在地内浅层的人防工程承受近地或触地核爆炸的情况。因此，对于重要的国防、人防指挥工程或有重要仪器设备的工程，核防护需要考虑工程的隔震、减震设计。

防空地下室只考虑核武器在空中远处爆炸，所以上述各种核武器效应中，起作用的主要是空气冲击波及其引起的土中压缩波，以及核辐射。

1.3 防空地下室的防护原则

1.3.1 抗力分级

人防结构设计所依据的计算杀伤武器即抗力要求，是工程战术技术要求的重要组成部分。一般应由工程建设单位在下达的命令或工程任务书中提出，为了使工程设计更好地符合战术技术要求，设计人员应当对这方面的知识有基本的了解。

一般来说，人防结构（防空地下室）设计的计算杀伤武器，应按核武器和常规武器分别提出。

常规武器：应规定常规武器的口径、弹型、距离等，分为常5级、常6级。

核武器：直接给出核爆炸地面冲击波超压值和正压作用时间。防空地下室防核武器的分级是反映人防工程抵抗核爆炸空气冲击波能力的强弱。目前常见的量大面广的工程一般为核5级、核6级及核6B级。现行《人民防空地下室设计规范》GB 50038—2005（以下简称《规范》）的适用范围为核4级、核4B级、核5级、核6级及核6B级。

1.3.2 工程防护的原则

（1）一次作用的原则

防空地下室抵抗常规武器或抵抗核武器作用时，只分别考虑一次作用。

（2）综合防护的原则

人防工程应能抗御核爆炸空气冲击波及热辐射、早期核辐射、放射性沾染的作用。

人防工程应能抗御化学武器和生物武器的作用，以及杀伤破坏武器引起的其他次生灾害的作用。

（3）等生存能力原则

人防工程各组成部分应具有相等的生存能力，保证工程达到整体均衡的防护。

1.3.3 工程防护的措施

工程对武器作用的防护必须从整体规划和建筑布置等多个方面考虑，这里主要从结构的角度提出一些原则措施。

（1）爆炸冲击波的防护

爆炸空气冲击波对地下工程的破坏途径主要有：①破坏出入口和通风口附近的地面建筑物或挡土墙，使得工程口部堵塞；②直接进入工程的各种孔口，破坏口部通道、临空墙以及孔口防护设备，杀伤内部人员；③压缩地表面产生土中压缩波，通过压缩波破坏工程结构。

工程的出入口和通风口应避开地面建筑物的倒塌范围，出入口露出地面部分宜做成破坏后易于清除的轻型构筑物。要求设置两个以上的出入口，并保持不同朝向和一定距离以减少同时遭到破坏的可能性。工程被覆结构和口部构件要按照冲击波和压缩波的动力作用进行设计，为此应尽量利用工程上方自然地层的防护能力，并应合理选择口部位置和有利地形，以减小冲击波对口部的反射超压和压缩波的强度。上述这些措施同样也适用于炮炸弹的防护。

出入口的防护门、防护密闭门和防密盖板，通风口的防爆活门和阀门消波系统，排水系统的消波防爆装置，以及电力通信管道的防爆密闭装置等口部设备必须有足够的抗力。

（2）热辐射和早期核辐射的防护

热辐射对地下工程没有直接破坏作用，但如地面有密集建筑群，就有可能引起大面积的持续火灾，燃烧可持续较长时间。长时间的高温能降低覆土较薄的地下工程的强度，并使工程内部温度升高乃至断绝外部新鲜空气的供给。

防护（密闭）门、防爆活门等宜避开热辐射直接照射，门外的电缆等应埋入地下防止烧坏。设备上的外露胶条、木板等易燃物应采取保护措施如敷以白漆、白石棉粉等浅色涂料，或裹以隔热耐高温材料。

早期核辐射对于工程本身没有破坏作用。地下工程有一定的埋深，一般不必考虑早期核辐射透过土壤覆盖层和工程被覆进入内部的危害。为了减少从出入口进入并穿透通道临空墙和防护门到达室内的核辐射，各道防护门密闭门加起来要有一定的总厚度，通道也要有一定的长度。增加通道拐弯数对削弱来自口部的辐射最为有效。与通道紧邻的个别房间如可能透入较大剂量的辐射，可以在建筑布局上安排合适的用途。

（3）炮炸弹的防护

按炮炸弹直接命中并且要求不产生局部震塌破坏的工程，需要有很大的结构厚度，耗费材料甚巨。同时由于主要用于居民防护的防空地下室战时为非军事目标按核爆地面冲击波超压来确定结构尺寸，再按炸弹直接命中的动荷载进行换算。即便如此，也须采取分散布置，在建筑设计中划分防护单元和抗爆单元等措施，将炮炸弹可能直接命中所带来的杀伤效果减低到最小程度。为了防止孔口设备被炸坏，使工程丧失进一步抵抗核爆冲击波和防毒的能力，防护门、防爆活门等应尽量靠里设置。

1.4 防空地下室结构设计的特点

1.4.1 防空地下室结构设计的极限状态

（1）防空地下室“破坏”的概念

人防工程的防护任务，包括对人员、装备和重要设备与物资的防护。

大多数工程人防结构的主要任务是对人员的防护，而人员的防护问题通常又是最困难的。如前所述，对人防工程袭击的常规武器和核、生、化武器，有多种杀伤破坏效应。在常规武器和核武器袭击时，既要防止人员受到直接的杀伤，又要防止结构破坏引起的间接伤害。工程还要求对早期核辐射和剩余核辐射的屏蔽。有必要的密闭措施，防止结构内部的压力增大超过允许值，及其他有害化学或生物物质侵入。工程结构还必须足够稳定，使人员不受到过大的加速度和位移的作用，以减少冲击和震动的效应。此外，当由于放射性沾染或毒剂、生物武器袭击的阻碍，人员不能正常出入工程时，还应保证一定时间的维持生活和工作所必需的设备和供给，其中包括通风、空调和过滤装置、水和食物，并尽可能为进入人员提供洗消设备。如果常规轰炸和核袭击可能引起火灾效应，为了保持人防工程内部环境的基本条件，还需要供给氧气，减少一氧化碳、二氧化碳及其他有害气体的浓度，以及防止内部温度增升过高以致形成人员无法忍受的热环境。

对于精密的仪器设备，需要提供和人员类似的防护。通常防止产生过大的加速度和位移的要求还更为严格。除若干电子设备和医疗药品和仪器外，对早期核辐射的屏蔽一般并不重要。而对重要的电子和电力系统，则要考虑核爆炸初期电磁脉冲效应的损伤。对非精密设备，通常只要求防较大的飞散碎块的损坏，以及充分固定使其不发生破坏性的位移。一般来说，对工程内人员提供的防护，也足以防护这类设备的损伤。

因此，人防工程“破坏”，应广义地理解为工程在抗御战时袭击要求的条件下，以可以允许的最低限度已不能完成其预定的功能。由此可见，人防工程的破坏类型，应包括结构的局部破坏，或整体的破坏，工程的作用丧失或功能损坏等。人防工程的防护措施除了建筑和构造上的，以及内部设备系统与后勤方面的考虑外，主要是防止结构局部和整体的直接破坏，特殊情况下可能要防护核电磁脉冲或冲击震动的损害，而结构破坏是引起前述类型破坏最重要的原因。

前已指出，一个单体人防工程的防护效率和生存能力，不仅取决于结构的强度，也在很大程度上取决于工程的适当配置和伪装条件。后者已超出了人防结构设计的范畴，这里不再赘述。

（2）人防结构设计的极限状态

人防工程结构的直接破坏，可能是由于达到以下几种工作极限状态，而影响人防工程完成预定的功能。

1）承载能力的极限状态：在常规武器的冲击爆炸和核爆炸空气冲击波的整体作用下，不允许产生整体破坏（弹性和塑性工作阶段）的人防结构。

2）局部作用的极限状态：对常规武器作用下不允许产生局部破坏的人防结构。

3）密闭（裂缝开展）的极限状态：对在爆炸动载作用下，要求不出现贯穿裂缝的密闭人防结构。

4）稳定性的极限状态：对不允许有整体滑动或倾覆的人防结构。

此外，一些特殊的人防工程还可能对早期核辐射、爆炸震动、电磁脉冲等方面提出要求。

显然，人防结构依次按照上述各种工作极限状态进行结构设计是很麻烦的，也是不必要的。实际上，只要根据工程的性质、任务及战术技术要求等，选出主要的起控制作用的工作极限状态进行计算与设计即可。人防结构通常按第一、二两种极限状态设计，并进行防早期核辐射的校核。计算其他工作极限状态，仅在有特殊要求下才进行。

1.4.2 防空地下室设计的特点

对人防工程结构的“作用”，虽然在平时正常使用时承受的静荷载占有一定的或相当多的比重，但战时炮航弹冲击爆炸或核武器爆炸产生的动荷载，仍然是计算人防结构的主要荷载。这种作用的效应又有别于一般的工业与民用建筑的情况，而且与《建筑结构可靠度设计统一标准》GB 50068—2001 所明确的偶然作用的爆炸荷载，既相似又不完全相同。因此，结构设计具有以下不同于一般民用工程的特点：

1）多层或高层地面建筑的防空地下室结构，是整个建筑结构体系的一部分，不仅要满足战时的抗力，而且应满足平时使用的结构要求，即防空地下室结构设计应同时满足平时和战时两种不同荷载效应组合的要求。

2）钢筋混凝土结构构件可按弹塑性工作阶段设计。在静力作用下，构件一般不允许因超过弹性范围而形成机动体系，否则在静载持续作用下，构件变形将不断发展，直至破坏。但在核爆动荷载作用下，构件即使进入塑性屈服状态而变为机动体系，只要动荷载引起的最大变形不超过允许最大变形，则在这种瞬间动荷载作用消失以后，由于阻尼影响，其振动变形将不断衰减，最后能达到某一静止平衡状态，此时，结构虽然出现一些残余变形，但仍具有承载能力。由于构件在塑性阶段工作可比仅在弹性阶段工作吸取更多的能量，因此可充分发挥材料潜力，如钢筋混凝土受弯构件，在屈服后还要经历很大变形才会完全坍塌，因此考虑塑性阶段工作，可承受更大动力荷载，有较大经济意义。

在防空地下室结构设计中，对只考虑弹性阶段工作的结构构件称为按弹性工作阶段设计。如砖砌体外墙，由于砌体属脆性材料，所以设计中按弹性工作阶段考虑。对于既考虑弹性阶段工作，又考虑塑性阶段工作的结构构件称为按弹塑性工作阶段设计，如钢筋混凝土的顶板、外墙、临空墙等。因此在动荷载作用下，对防空地下室中钢筋混凝土结构构件来说，处于屈服后开裂状态仍属正常的工作状态，这点与静力作用下结构构件所处的状态有很大的不相同。

3）材料设计强度可提高。实验表明，加载速率直接影响材料的力学性能，在爆炸动荷载作用下，结构构件所经受的是毫秒级快速变形过程，与标准静载试验速度相比要快千百倍，这时材料力学性能发生比较明显的变化，主要表现为强度提高，初始施加的静应力即使高达70%屈服应力，然后再加动荷载，此时材料强度的提高比值仍与单独施加瞬间动载时一致。所以在设计中当爆炸动荷载与静荷载同时作用时，仍可取同样的动力强度提高系数。

4）应重视人防结构的构造要求。应当明确，承受荷载作用的结构（包括人防结构和民用结构）是不能仅仅考虑构件强度设计来满足设计要求的，还应着眼于最后的整体破坏形态，提高抗塌毁的性能。必要的构造规定与计算分析有同样的重要性，甚至有些构件设计内容还主要靠构造的方法解决。

因为人防结构通常都允许进入塑性阶段工作，构件如不能保证足够的延性，将会出现屈服后的次生剪坏。采取一定的构造措施，提高屈服截面的抗剪性能仍是一个重要问题。又如在目前人防工程采用较多的反梁设计中，为了保证力的传递，也必须采取足够的构造措施。另外，人防结构是在大变形状态下工作的，所以民用规范中有关钢筋混凝土的一般构造要求需要重新检验，如跨中拉筋伸入支座的锚固长度要增加，钢筋搭接截面和最大受力截面处的箍筋间距要加密，主筋最小配筋率和最小箍筋率可能要适当提高等。人防结构的配筋方式，也应有利于防止塌毁，静载作用下的某些配筋方式，如双向板中的分离式配筋，就不一定适合于人防工程。

5）在武器爆炸动荷载作用下，结构可只进行强度计算，不进行结构变形、裂缝开展、地基承载力和地基变形计算，这是因为结构变形和结构裂缝已通过结构的延性比（将在后面章节介绍）来控制；在动载作用下，地基承载力有较大提高，同时安全储备也可取较低值，在这种瞬间荷载作用下，一般不会产生因地基失效引起结构的破坏。因此防空地下室结构在动荷载作用下，可不验算上述计算。

6）防空地下室的结构体系布置，必须考虑地面建筑结构体系。墙、柱等承重结构，应尽量与地面建筑物的承重结构相互对应，以使地面建筑物的荷载通过防空地下室的承重结构直接传递到地基上。

7）地面多层或高层建筑物，对于普通爆破航弹、核爆炸冲击波和早期核辐射等破坏因素都有一定的削弱作用，设计防空地下室时可考虑这一因素。但地面建筑物在战时又极易发生火灾，使地面空气温度高达几百度以上，而且二氧化碳、一氧化碳等有害气体含量大量增加，对于密闭性能不好的工程，将造成室内人员的伤害，或形成人员不能忍受的热环境。地面建筑物的倒塌，会造成防空地下室出入口的堵塞，所以在室外的战时主要出入口，应设置在地面建筑的倒塌范围之外。因条件限制需设在倒塌范围以内时，应采用防倒塌棚架。

8）平战结合的防空地下室应满足平时使用的要求。当平时使用要求与战时防护要求不一致时，应采取平战功能转换措施。采取的转换措施应能在规定的时限内完成防空地下室的功能转换。

1.5 防空地下室结构设计的一般规定与步骤

1.5.1 防空地下室结构设计的一般规定

1）防空地下室结构设计，一般包括防炮航弹、核爆炸荷载和早期核辐射的防护设计，及承受静荷载的结构设计。工程的防空地下室结构设计，按战术技术要求规定的杀伤武器一次作用，分别计算，不考虑炮航弹与核武器的同时或重复作用。工程各部位的抗力，以及主体结构、防护门和消波系统之间的抗力应相互适应。

2）防空地下室结构按整体作用设计的设计荷载包括：

动荷载：炮航弹的爆炸荷载；核爆炸空气冲击波超压、动压和负压，或岩土中的压缩波荷载。个别重要的工程应考虑核爆炸直接地冲击引起的动荷载。

静荷载：主要有围岩压力、围岩局部作用力、土壤压力、结构自重、回填材料重、永久设备重和水压力等。

防空地下室结构的设计荷载，应根据可能同时作用的不同类型荷载进行组合。一般应考虑静荷载和动荷载相组合，核爆炸荷载和炮航弹荷载不应组合。

3）防空地下室结构设计对每种预期的杀伤破坏武器，只考虑一次袭击作用。

4）人防工程承受静荷载的结构，应按国家现行有关规范设计；承受动荷载或动、静荷载同时作用的结构，按《人民防空工程设计规范》GB 50225—2005、《人民防空地下室设计规范》GB 50038—2005 设计，但对人防工程的平时荷载，结构还应按静荷载单独作用验算。

5）结构构件的强度计算遵照现行民用建筑的结构设计规范进行；动荷载作用下的结构构件截面强度计算的各种分项系数和建材的物理力学指标，可按现行人防工程设计规范的有关内容确定。

6）结构的建筑材料，一般采用混凝土、钢筋混凝土或砖、石砌体，在满足设计要求的前提下，就地取材。

1.5.2 防空地下室结构设计步骤

当工程使用单位（或人防管理部门）下达工程设计任务以后，工程设计人员应充分领会业主的意图，并对工程的技术要求进行现场实地调查研究。在确实掌握了设计需用的各种原始资料和现场实地条件后，才能开始着手设计工作。

一个工程的全部设计工作，包括建筑设计、结构设计、内部设备设计，以及施工设计等项。各部分一般是分工进行，但设计中应紧密联系，互相配合。工程结构设计通常在一定的建筑设计的基础上进行。

人防工程的设计过程一般也分为三个阶段：方案设计、初步设计和施工图设计。通常也有采用两阶段设计的：初步设计和施工图设计。

1）方案设计。其目的在于得出一个最佳的结构方案，从而能概略估计需用的材料、施工所需作业力和期限，作为供人防管理部门审批的依据。待批准后，即提供给施工单位着手准备工作，同时作为下阶段技术设计的基础。

初步设计内容包括：结构材料、结构型式、截面初步尺寸，并提供进行方案比较所需的图纸。

初步设计通常是根据工程的技术要求，考虑实际条件和与其他专业部分的关系，提出2~3种可能的结构方案。采用迅速、简单的设计和计算方法，或参考利用已有的同类结构的资料和经验，得出各个方案比较所需要的基本数据。全面分析比较各个方案与建筑设计的相互配合、结构抗力可靠性、材料消耗量、施工等项内容，选出其中最佳者。因此，初步设计的特点是要思想开阔、计算迅速，并保证适当的准确度。

2）技术设计。技术设计是在初步设计的基础上，进一步检验结构型式的适用性和合理性。采用较精确的计算方法得出比较接近实际的各种主要数据，提出结构截面设计和主要的构造要求，供施工单位作为备料、编制施工组织计划、考虑材料加工等内容的依据。同时给下阶段结构施工图设计打下良好的基础。

3）施工图设计。施工图设计在技术设计的基础上进行。根据施工图设计深度的要求，这一阶段要完成全套工程的施工图，计算书和说明书。施工图要求达到图纸配套、齐全；各部尺寸完整、准确（包括细部大样和材料明细表）；施工要求、技术措施明确。

施工图设计要求考虑全面，计算准确。在设计阶段应呈交的文件有：说明书、计算书和施工设计图纸。施工图设计的明细程度，应达到施工单位能按图施工。

上面概述了防空地下室结构设计的一般原则，同时也应当指出，人防工程和其他学科一样，正在不断地发展前进。许多新的人防工程领域的探索和研究工作也正在展开。因此，随着国内外许多新的人防工程技术研究成果的提出，一定会不断改善防空地下室结构的设计计算工作。

2 空气冲击波

2.1 概　　述

2.1.1 空气冲击波的概念

（1）空气冲击波的概念

如果大气中空气的状态参数（压力 P_0、密度 ρ、温度 T_0、质点速度 u_0）没有变化，则空气质点间处于相对静止状态。倘若由于某种原因，局部空气介质状态参数发生变化（扰动），例如由原来的 P_0、ρ_0 增加到 P、ρ，于是这部分空气就要向外扩张，即在合力（$P-P_0$）作用下向外运动，如图2-1所示，从而使得周围相邻的空气介质也受到压缩。被压缩的空气又要向外扩张，又压缩相邻的空气。这样就会连续不断地把空气压缩和运动状态传播出去。这种压缩和运动状态（扰动）在空气中的传播称为空气中的波。相应地，有固体中的波、流体中的波等。如果这种波引起介质压力与密度的变化很微小，以致介质在这种压力作用下，其应力应变关系保持线性，则称这种波为弹性波，或弱波。空气中传播的声波就是一种弹性波，故将介质中的弹性波称为广义声波，或简称声波。

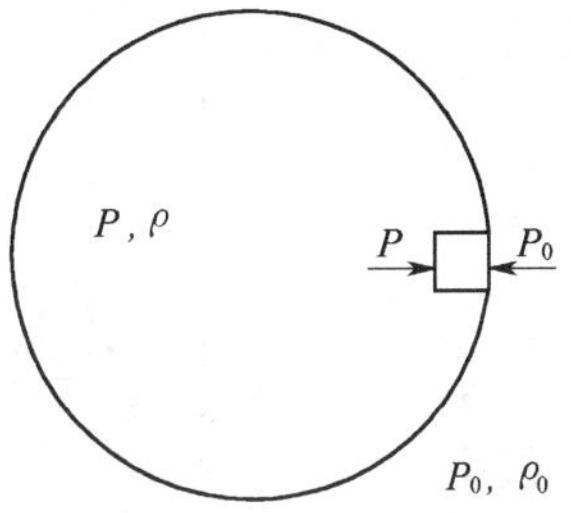

图 2-1　气体单元模型

若空气中一有限区域，其压力较周围大气压力的变化不是无限小，而是一个有限幅度的压力扰动，这种扰动的传播就会在空气中形成空气冲击波。也就是说有限幅值的压力波在空气中传播会产生冲击波。空气冲击波是一种局部空气前边界处形成压力（密度、质点速度）的突跃（强间断）状态的传播过程。

（2）空气冲击波的基本特征

炸药爆炸或核爆炸都会产生空气冲击波，而以核爆炸空气冲击波的特征最显著并具有代表性。

空气冲击波在均匀大气中以超音速（大于未扰动大气中的声速）向四周传播时，好像是一个双层球体。外层是压缩区，其前边界称冲击波的波阵面；内层是稀疏区。冲击波在空气中传播，被它不断俘获的空气将受到压缩、稀疏和获得速度。冲击波波阵面到达未扰动空气的某一固定点时，该点空气的压力在瞬间（在理想气体状态下不到百万分之一秒）即由大气压力增加到压力最大值，空气质点同时瞬间获得一个向前的速度。然后随着压缩区的通过，该点处压力不断减小。当压缩区的后边界到达时，该压力恢复到大气压力，质点速度也逐步减小。因为压缩区通过时，该点上的超压 ΔP 都大于零（$\Delta P=P-P_0$，P 为空气绝对压力，P_0 为周围大气初始压力），故压缩区通过的时间称为冲击波的正压作用时间 t_+，当稀疏波通过时，空气压力低于大气压力，即超压为负，稀疏波通过的时间称负压作用时间。在负压作用时，空气质点获得一个与波前进方向相反的速度。

图2-2（a）是冲击波通过某一固定点时的超压随时间的变化规律（时程曲线）。图2-2（b）是某一时间冲击波超压沿离爆心距离的分布规律。

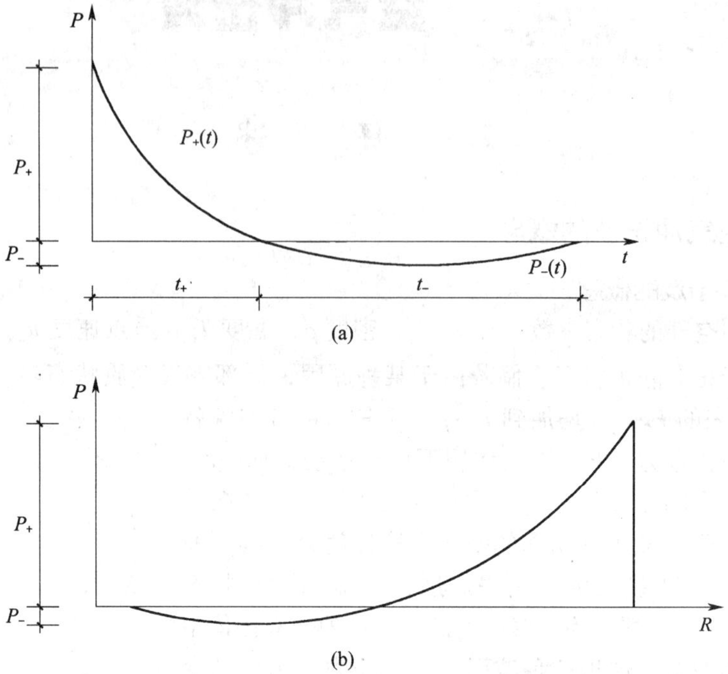

图2-2　冲击波的时程曲线和压力沿离爆心距离的分布

空气质点的速度可作如下描述。冲击波阵面到达未扰动空气质点时，质点立即获得一个很大的速度，随着波阵面向前运动，由于波阵面内空气质点运动速度低于波阵面传播速度，因此被波阵面俘获的空气质点总是落在波阵面的后面。空气质点因其速度的不断降低，它很快落在压缩区的后边界上，这时质点的速度已逐渐接近于零。之后质点处于负压区状态下，并开始作反向运动。在反向运动期间，质点运动的速度与空气稀疏程度成正比。

由于冲击波阵面内的空气质点具有速度，因而当它的运动受阻时，这部分动能就要以压力的形式表现出来。这部分压力称为动压。动压与空气质点速度的平方成正比。动压的基本参数也是用正压、正压作用时间来表征。动压表现为一种强力风，因而有时称动压为拖曳力。

综上所述，空气冲击波的基本参数有：

ΔP_+——冲击波超压峰值或波阵面超压，$\Delta P_+ = P_+ - P_0$，P_+为波阵面的绝对压力，P_0为大气压力；

ΔP_-——冲击波负压峰值或负超压，$\Delta P_- = P_0 - P_-$，P_-为冲击波稀疏区（负压区）最大绝对压力；

t_+、t_-——冲击波正压作用时间及负压作用时间；

$\Delta P_+(t)$——冲击波超压（正相）随时间的变化规律（时程曲线）；

q——冲击波动压。

冲击波到达时，空气中的物体即会受到超压的作用；而动压是一种潜在的能量，仅当波阵面内质点运动受阻时，动压才会显现。

2.1.2 冲击波阵面前后参数间的关系（动力相容条件）

稳定传播的波阵面前、后的空气参数间存在一种特定的关系。设冲击波阵面上空气压力、密度、温度、质点速度、声速分别为 P_+、ρ_+、T_+、v_+、C_+，波阵面前相应参数为 P_0、ρ_0、T_0、v_0、C_0，波阵面传播速度为 D。在讨论的情况中，未扰动大气处于静止状态，即 $v_0=0$。

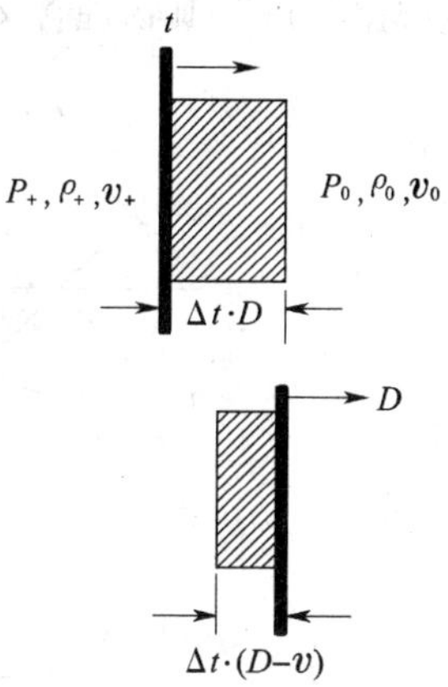

图 2-3 冲击波波面运动示意图

波阵面前、后空气参数间的相互关系，服从波阵面上的三个基本守恒定律，即：

1）质量守恒定律：流入波阵面（间断面）的质量等于流出的质量。

2）动量守恒定律：对某一质量元，前、后空气压力的冲量等于该质量空气在波阵面通过前、后的动量增量。

3）能量守恒定律：对某一质量元，前后空气压力所作的功，等于该质量空气在波阵面通过前、后的内能增量与动能增量之和。

取冲击波阵面在 Δt 时间内通过的质量元如图 2-3 所示，由

$$\text{质量守恒：}\rho_0 D=\rho_+ \cdot (D-v_+) \tag{2-1}$$

$$\text{动量守恒：}P_+ - P_0=\rho_0 \cdot D \cdot v_+ \tag{2-2}$$

$$\text{能量守恒：}P_+ \cdot v_+ \cdot \Delta t=\Delta E \cdot m+\frac{m}{2}(v_+^2-v_0^2) \tag{2-3}$$

式中 m——质量元的质量，$m=\Delta t D\rho_0$；

E——单位质量空气的内能，$E=\dfrac{P}{(K+1)\rho}$；

K——空气的绝热指数。

联立求解上述三式，可得

$$\frac{\rho_+}{\rho_0}=\frac{(K-1)P_0+(K+1)P_+}{(K-1)P_++(K+1)P_0} \tag{2-4}$$

上式称为冲击绝热方程，又称兰金-雨贡纽方程。其物理意义是说明一个稳定传播的冲击波，波阵面前、后的参数必须满足上式的关系（动力相容条件），换言之，不满足上式的冲击波是不可能形成的。

考虑到 $\Delta P_+=P_+-P_0$，式（2-4）可化为

$$\frac{\rho_+}{\rho_0}=\frac{1+\dfrac{K+1}{2K}\cdot\dfrac{\Delta P_+}{P_0}}{1+\dfrac{K-1}{2K}\cdot\dfrac{\Delta P_+}{P_0}} \tag{2-5}$$

2.1.3 爆炸相似律

爆炸相似律主要是阐明相似的爆炸现象之间的规律性。例如从模型装药（一种 TNT 当

量）爆炸所获得的爆炸结果，如何换算到原型装药（另一种 TNT 当量）的爆炸上去。

爆炸相似律可表述为："如果模型与原型为同一种装药，在相同的初始大气条件下，当装药几何相似时，则在几何相似的距离上爆炸压力相等，时间特征量之比等于几何相似比（模型比例）。"其物理含义可以用图 2-4 说明，图中 C_L 是模型比例。

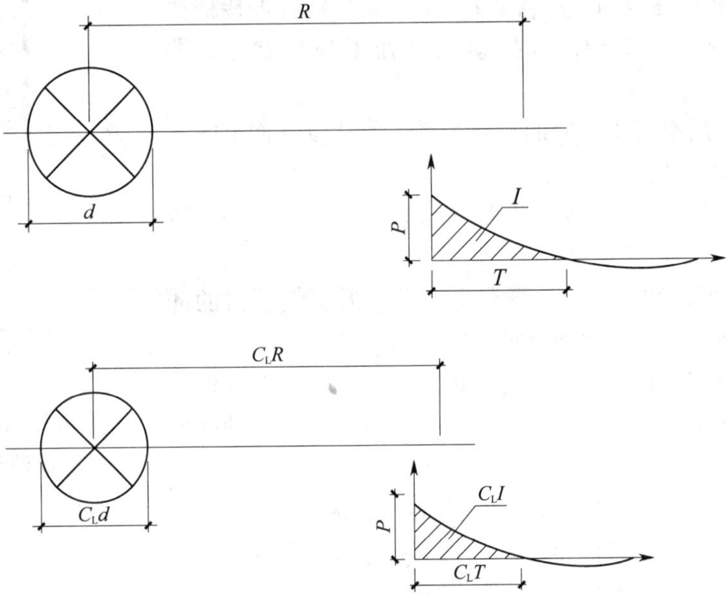

图 2-4 爆炸相似律

由于装药半径 R_0（或直径 d）与装药量 W 参数间有 $R_0 \propto \sqrt[3]{W}$，因此根据爆炸相似律，在 TNT 装药量（当量）分别为 W_1 和 W_2 的两次爆炸中，若分别距爆心的距离 R_1 和 R_2 符合下列关系，即

$$\frac{R_1}{R_2} = \frac{\sqrt[3]{W_1}}{\sqrt[3]{W_2}}\left(\text{或}\frac{\sqrt[3]{W_1}}{R_1} = \frac{\sqrt[3]{W_2}}{R_2}\right) \tag{2-6}$$

则在该相应的距离上，下述关系式成立：

$$\Delta P_{+1} = \Delta P_{+2}(\text{或其他压力参数}) \tag{2-7}$$

$$\frac{t_{+1}}{t_{+2}} = \frac{t_{-1}}{t_{-2}} = \frac{\sqrt[3]{W_1}}{\sqrt[3]{W_2}} \tag{2-8}$$

由此可知，如果已知一次典型的装药量（当量）为 W_1 的爆炸结果（试验曲线），欲求给定装药量（当量）为 W_2，爆炸距离为 R_2 处的超压 ΔP_{+2}（或其他压力参数）及正压作用时间 t_{+2}（或其他时间特征量），可先求得相似点的距离 R_1 $\left(R_1 = R_2 \cdot \frac{\sqrt[3]{W_1}}{\sqrt[3]{W_2}}\right)$，根据已知 W_1 的试验曲线求得 R_1 处的 ΔP_{+1} 及 t_{+1}，进而按下式求得 ΔP_{+2} 及 t_{+2}：

$$\Delta P_{+2} = \Delta P_{+1} \tag{2-9}$$

$$t_{+2} = t_{+1} \cdot \frac{\sqrt[3]{W_2}}{\sqrt[3]{W_1}} \tag{2-10}$$

此外，根据爆炸相似律可推知超压参数和时间特征量参数应是$\frac{\sqrt[3]{W}}{R}$的函数，可普遍表示为

$$\Delta P_{+} = f\left(\frac{\sqrt[3]{W}}{R}\right) \tag{2-11}$$

$$t_{+} = \sqrt[3]{W} \cdot \phi\left(\frac{\sqrt[3]{W}}{R}\right) \tag{2-12}$$

其中，f、ϕ 的函数形式可由理论分析或试验求得。后面叙述所给出的装药爆炸或核爆炸冲击波参数的计算公式，均符合此规律。

2.2 核爆炸地面空气冲击波

2.2.1 核爆炸空气冲击波的产生

核反应释放的巨大能量使质量不大的弹体蒸气的温度迅猛上升到数千万度，压力也相应上升到数百亿个大气压。在这样的高温下，弹体物质变成电子和几乎无电子的裸核组成的高温高压等离子体。该等离子气团在以极高速度向外膨胀的同时，向周围放出软 X 射线为主的热辐射，使冷空气加热和增压。这个初始的灼热的空气区迅速向外扩张。冷空气对软 X 射线是如此的不透明，以致在外部冷空气和内部热空气之间保持了一个颇为陡峻的快速向外膨胀的阵面，这个阵面便是辐射波的阵面。辐射波阵面内高温、高压的灼热空气是一个温度大致均匀的对称火球（等温球）。火球一面向外发生光辐射，一面快速向外膨胀，同时温度和压力下降。当火球内部温度下降到 80 万℃后，形成一个大约以 40～50km/s 的速度向四周传播的冲击波。对于一枚一百万吨级的核弹，这发生在距弹体约 31m 的半径上。这时的冲击波阵面仍然发光，而且就是火球的阵面。过后，冲击波脱离火球以冲击波的规律向前传播出去。见图 2-5 及图 2-6。

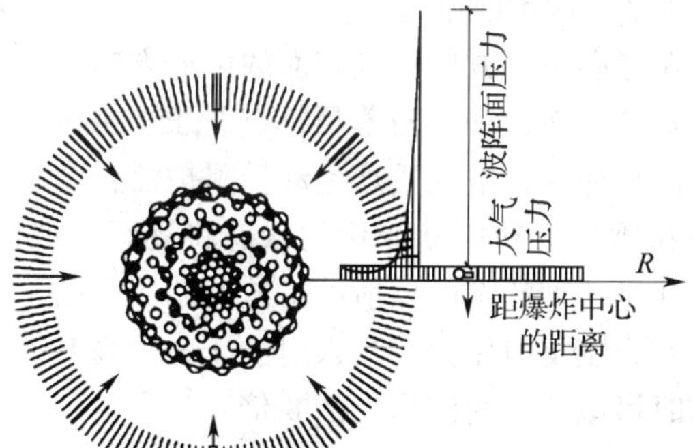

图 2-5 核爆炸冲击波示意图

当核爆炸冲击波未遇到地表面及其他障碍物时，称为自由大气中核爆炸冲击波。当自由大气中核爆炸冲击波与地面接触后，便会产生反射和叠加等作用，形成地面空气冲击波。

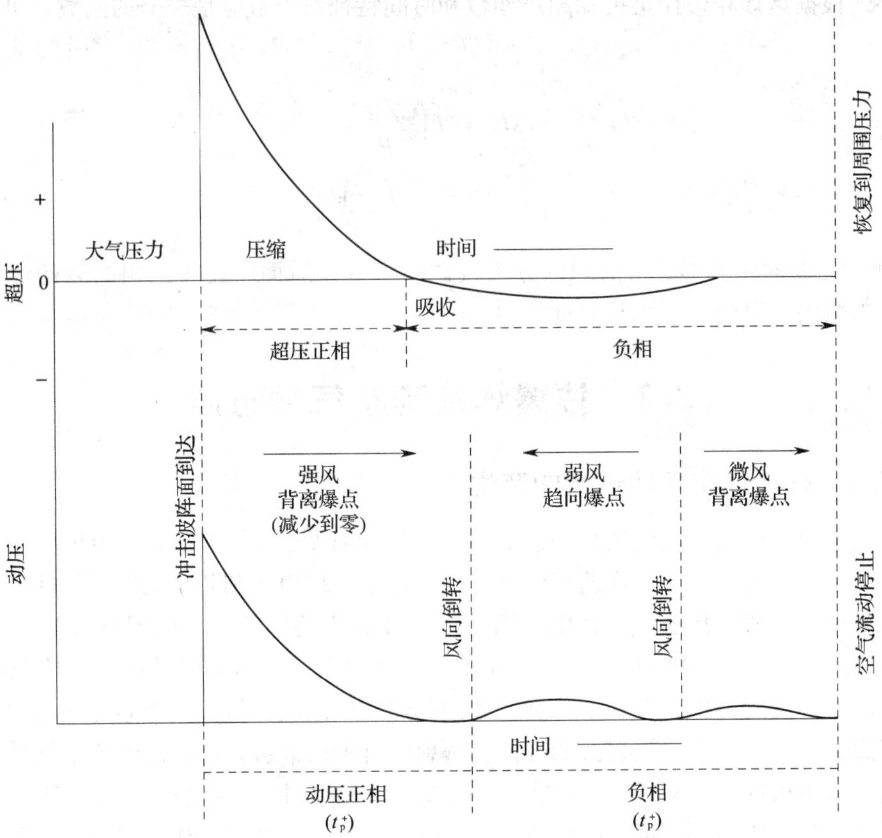

图 2-6 在固定位置处超压和动压随时间的变化

2.2.2 核爆炸地面冲击波参数

(1) 冲击波与地面相互作用的地面分区

核武器空中爆炸时，在爆心正下方冲击波阵面的传播方向与地表垂直，冲击波阵面后的空气质点也以很高的速度随波阵面运动。向着目标（地面）传播的冲击波称为入射冲击波。当入射波的波阵面与地表面相遇后，空气质点运动受阻被滞止，于是地表附近的空气受到挤压使压力升高。这种压力和质点运动速度变化的状态将逐渐反向向上传播，形成反射冲击波。此时地面所受的超压就是这种状态的反射冲击波的超压。由于入射波传播方向与目标垂直，这种反射产生的压力称为正反射压力。当入射波压力甚高时，正反射压力远大于入射波压力。在理想条件下最高时可以达入射波压力的 8 倍。

对于实际的爆炸冲击波而言，因其作用时间很短，上述正反射时空气被压密，空气质点被滞止，压力升高的状态只能发生在地面附近。在离开地面较远的地方，反射波压力会逐渐下降。

在爆心投影点以外的各点（工程上一般取半径为爆心高度 0.2 倍以外的区域），由于入射冲击波波阵面的传播方向与地表面互不垂直，所以被滞止的并非入射波阵面后空气质点的整个运动，而只是垂直于地表面的分运动，这种反射现象称为斜反射。

空中爆炸时，入射波阵面呈球面向地面接近。当入射角（入射波阵面与地面交角）从零增加到某个极限角（称为临界角 α_e）止，产生的反射波仅为单一的反射冲击波。核爆炸冲击波在地面处这种性质的反射称为规则反射（见图 2-7），距爆心投影点为 $R \leqslant H\tan\alpha_e$ 的地面区域称为规则反射区或称空中爆炸近区。在这个区域内的地面工程目标，会受到入射冲击波和反射冲击波的作用。

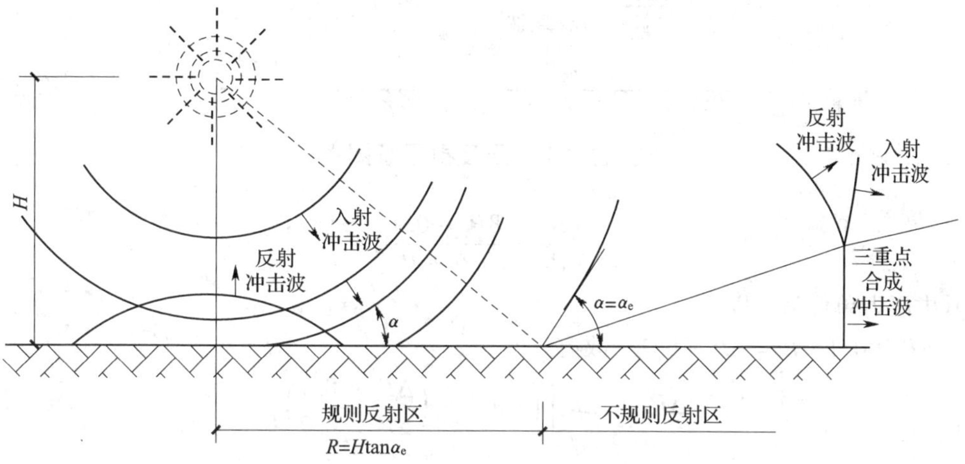

图 2-7 核爆炸地面冲击波的演化

由于反射波是在已被入射波压缩过的温度上升的大气中传播，反射波阵面传播速度大于入射波的传播速度。当入射角超过临界角 α_e 时，反射波和入射波开始在地表面汇聚，形成一个新的波阵面，这个波称为合成冲击波。其波阵面称合成冲击波阵面，在爆炸力学中，又称马赫杆。马赫杆在地面附近垂直于地面。三个波的汇交点叫三重点。随着波的向外传播，反射波赶上入射波的范围逐渐扩大，三重点逐渐上升，合成波阵面的高度也逐渐增大。相应产生新的合成冲击波的这种反向现象称为不规则反射，产生这种反射的地面区域称为不规则反射区（或称马赫反射区）。在不规则反射区内的地面工程目标承受沿地面传播的合成冲击波的作用。

区分规则反射区与不规则反射区的临界角 α_e，在理论上与入射冲击波的强度有关，工程上可近似认为 $\alpha_e \approx 45°$。

核武器空中爆炸时，自由大气中入射冲击波与地面相互作用，各区域地表面所受的冲击波作用参数称为地面冲击波参数。地面冲击波参数是防护结构设计依据的工程战术技术要求的主要内容之一。

（2）地面冲击波参数

人防工程结构及其他构筑物均建于地面或地下，因此核爆炸地面冲击波参数，特别是地面冲击波超压是工程设计的基本依据。地面冲击波参数通常也是在理论分析的基础上依据爆炸相似律，经核效应试验修正，给出工程实用的计算公式或曲线。

1）正反射超压。在空中爆炸时爆心投影点附近，发生的是正反射现象。其他如合成冲击波遇到垂直于冲击波传播方向的地面结构迎爆面墙壁时，以及冲击波在工程出入口的通道内传播遇到端墙或防护门阻挡，发生的也是正反射。正反射超压可以直接由理论公式导出。

由图 2-8，i 表示入射波、r 表示反射波，显见在反射面上有边界条件 $u_0 = u_r = 0$。对入射波阵面和反射波阵面分别建立冲击绝热条件（兰金－雨贡纽方程）。联立求解并设空气为理想气体（绝热指数 $K = 1.4$），可得

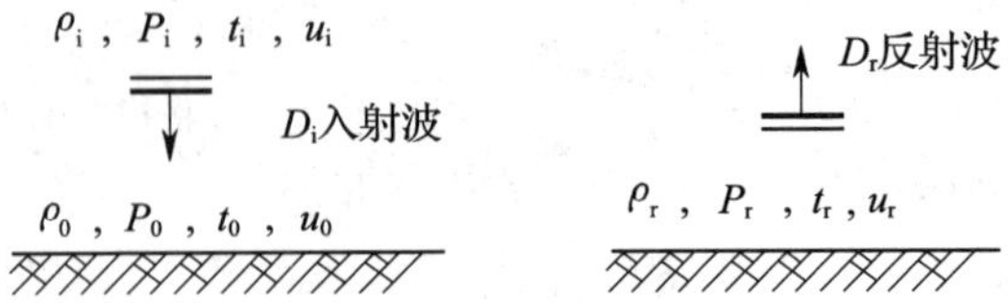

图 2-8　正反射示意图

$$\frac{P_r}{P_i} = \frac{8P_i - 0.1}{0.6 + P_i}$$

其中压力单位为 MPa。

又 $P_r = \Delta P_r + 0.1$，$P_i = \Delta P_i + 0.1$，故有

$$\Delta P_r = \Delta P_i\left[\left(1 + 7 \times \left(\frac{\Delta P_i + 0.1}{\Delta P_i + 0.7}\right)\right]\right. \tag{2-13}$$

或

$$\Delta P_r = 2\Delta P_i + \frac{6\Delta P_i^2}{\Delta P_i + 0.7} \tag{2-14}$$

由上式可以看出，对于弱波（ΔP_i 很小），正反射超压接近于入射波超压的 2 倍，对于峰值超压很高的入射波，反射超压可以达到入射超压的 8 倍。

2）核爆炸地面空气冲击波时程曲线的简化。超压值是空气冲击波最主要的参数，防空地下室抗力等级就是按不同地面超压值划分的，冲击波其他运动参数和波阵面上气体状态参数都取决于波阵面超压。由于冲击波超压是按复杂的曲线规律随时间变化的荷载，为便于进行动力分析，通常都将其简化为典型的按直线规律变化，对时程曲线的简化分为两种，一种是等冲量简化，即冲击波实际曲线的正压面积与简化后的三角形面积相等；另一种是切线简化，在讨论冲击波（压缩波）的传播时，取按等冲量简化波形。进行结构动力分折时，取按切线简化波形。见图 2-9。防空地下室设计中，核爆炸地面冲击波设计参数可按表 2-1 参考取值。

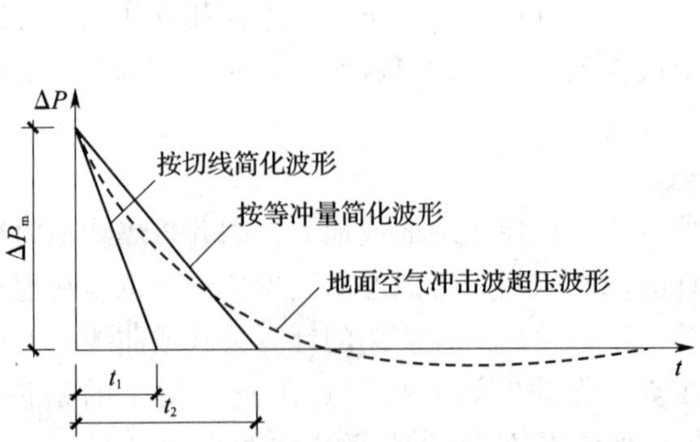

图 2-9　地面冲击波简化

表 2-1 各级防空地下室冲击波参数值

抗力等级	按切线简化的等效作用时间 t_1（s）	按等冲量简化的等效作用时间 t_2（s）	负压值（kN/m^2）	动压值（kN/m^2）
6B	0.9	1.26	$0.3\Delta P_m$	$0.1\Delta P_m$
6	0.7	1.04	$0.2\Delta P_m$	$0.16\Delta P_m$
5	0.49	0.78	$0.11\Delta P_m$	$0.30\Delta P_m$
4B	0.31	0.52	$0.055\Delta P_m$	$0.55\Delta P_m$
4	0.17	0.38	$0.040\Delta P_m$	$0.74\Delta P_m$

2.2.3 地面建筑对空气冲击波作用的影响

（1）上部地面建筑物对防空地下室顶板核爆动荷载的影响

当冲击波从小孔进入大空间时，进入大空间的空气冲击波参数将会产生一定的变化，如超压峰值会有所降低，并使波形出现一段升压时间，即冲击波的扩散效应。

考虑防空地下室通常位于核武器空爆非规则反射区，当无升压的三角形空气冲击波与地面建筑物外墙接触后，并非立即将整幢地面建筑摧毁，而是有一个从变形到开裂，直至失稳倒塌的过程。在此过程中，冲击波首先从迎爆面墙壁的各个门窗孔冲入室内。由于从孔洞骤然进入一个较大的空间，后经过室内各个方向障碍面复杂的反射过程，形成了新的超压波形，地面建筑也相应由变形、开裂、失稳而最后倒塌。抗核爆等级为6B级、6级、5级时，分析地面建筑结构对防空地下室顶板核爆动荷载的影响，主要是依据上部地面建筑的底层外墙面的开孔大小（底层门窗孔面积与墙面面积之比），和地面建筑底层围护结构的型式与强度等因素。

关于空气冲击波对一般地面建筑的破坏规律，我国核效应试验表明，在冲击波地面超压为40kN/m^2（0.04MPa）时，一幢混合结构的居住建筑，从冲击波到达至建筑物倒塌要经过数百毫秒。从另一次地面超压为116kN/m^2（0.116MPa）的效应记录还可看出，实测的建筑物内、外动压力波形有明显的差别，在约100ms的时间内，室内超压随时间变化曲线出现许多明显波动，这说明进入室内的冲击波经过了多次反射。因此，对于地面超压不大于100kN/m^2（0.1MPa）的情况下，应考虑地面建筑在破坏过程中使地面冲击波产生变化的影响。

由于地面建筑与冲击波之间的相互作用过程，冲破建筑物底层门窗的地面冲击波，经过绕流和扩散作用进入室内，一方面使冲击波超压峰值降低，另一方面也明显出现升压时间。底层门窗开孔面积与正对冲击波传播方向的墙面面积的比值愈小，则底层建筑物的绕流和扩散作用愈明显。

关于上述两方面的影响，《人民防空地下室设计规范》GB 50038—2005规定：

1）在结构顶板计算中，对抗核爆等级为6B级、6级、5级和4B级的防空地下室，当符合下列条件之一时，可计入上部建筑物对地面空气冲击波超压作用的影响。

①上部建筑物层数不少于二层，其底层外墙为不低于240mm砖砌体强度的墙体，且任

何一面外墙墙面开孔面积不大于该墙面面积的50%；

②上部为单层建筑物，其承重外墙使用的材料和开孔比例符合上述规定，且屋顶为钢筋混凝土结构。

2）对符合第1条规定的抗核爆等级为6B级、6级的防空地下室，作用在其上部建筑物底层地面的空气冲击波超压波形，可采用有升压时间的平台形，空气冲击波超压计算值可取ΔP_m，升压时间可取0.025s。

3）对符合第1条规定的核5级的防空地下室，作用在其上部建筑物底层地面的空气冲击波超压波形，可采用有升压时间的平台形，空气冲击波超压计算值可取0.95ΔP_m，升压时间可取0.025s。

4）抗核爆等级为4B级、4级的防空地下室不考虑上部地面建筑物对顶板核爆动荷载的影响。

当地面冲击波超压比上述试验资料（100kN/m^2）增大3~6倍时（相应于ΔP_m = 0.2MPa以上抗力），一般地面建筑将会在更短的时间内被摧毁，因此建筑物内冲击波超压在这一更短时间内的变化将会更小，对于防空地下室顶板荷载而言，这个影响可能是微不足道的。此外也由于目前缺乏更进一步的试验和理论分析资料，此类防空地下室暂不考虑这一影响也是偏于安全的。

（2）地面建筑物对防空地下室迎爆面的土中外墙核爆动荷载的影响

如前所述，空气冲击波在遇到障碍面时会发生反射效应，地面冲击波传播方向是与地面平行的，当冲击波遇到防空地下室之上的地面建筑时，如果地面建筑墙体强度较大，地面建筑的一面墙就成了反射面，使空气冲击波发生了变化，无升压时间三角形冲击波的正反射系数与入射波超压值有关，超压值越大，其反射系数越大。所以作用于防空地下室外墙地面的冲击波超压会高于原地面冲击波超压。

根据国外资料，对上部建筑为钢筋混凝土承重墙的结构，当地面超压为0.2N/mm^2（MPa）以上时才倒塌；对抗震的砌体结构（包括框架结构中填充墙），当地面超压为0.07N/mm^2（MPa）左右才倒塌。考虑到在预定冲击波地面超压作用下，上部建筑物不倒塌，或不立即倒塌，必然会使冲击波产生反射、环流等效应。由于试验资料不足，在参考国外有关规定的基础上，对上述条件下的地面超压峰值予以适当提高。

在计算土中外墙核爆动荷载时，对核4B级及以下的防空地下室，当上部建筑物的外墙为钢筋混凝土承重墙；或对上部建筑物为抗震设防的砌体结构或框架结构的核5级的防空地下室，均应计入上部建筑物对地面空气冲击波超压值的影响，其计算值ΔP_{ms}按表2-2的规定采用。

表2-2 土中外墙计算中计入上部建筑物影响采用的空气冲击波超压计算值ΔP_{ms}

防核武器抗力等级ΔP_m（MPa）	ΔP_{ms}
6B	1.10ΔP_m
6	1.10ΔP_m
5	1.20ΔP_m
4B	1.25ΔP_m

2.3 核爆炸空气冲击波孔口设计参数确定

防空地下室出入口防护门（防护密闭门）与消波系统防爆波门上的空气冲击波超压，一般不等于口外的地面空气冲击波超压，中间要经过一系列复杂的变化，这系列变化大致可以分为受三个主要因素影响：①出入口外地形地物的影响；②出入口类型影响；③空气冲击波超压在门前的反射。而不同类型和状况的出入口将对冲击波的传播产生不同影响，因此本节将在定性描述核爆冲击波进入出入口内传播时的变化概况的基础上，直接给出出入口内核爆冲击波超压的工程确定方法，以备进行防护门和消波系统的设计。

2.3.1 出入口的形式与类别

(1) 出入口的基本形式

适当选择出入口的类型，可以在保证人员、设备正常出入和节省材料的条件下，使作用在出入口内防护门上的冲击波荷载尽量减小，并减少出入口破坏堵塞的可能性。

人防工程出入口的基本形式有四种：直通式、穿廊式、单向式和竖井式。

1）直通式出入口。如图 2-10 所示，这种出入口结构形式简单，人员和设备的进出及施工均方便，耗费材料少。其缺点是当冲击波正向袭击时，作用在出入口内防护门上的冲击波压力较大，对防早期核辐射、光辐射及常规武器也较为不利。同时自卫能力较低，防堵性能较差。

图 2-10 直通式出入口

直通式出入口在大型装备仓库、大型物质库、车辆掩蔽部中较为常用。

2）单向式出入口。如图 2-11 所示，单向式出入口需经过一个近于直角的转弯通道才能进入工程内部。这种形式人员出入较方便，自卫性能好，防护门可免受常规武器的直接破坏，但大型设备进出不便，冲击波正向作用入口时，防护门上的反射压力也会增大。

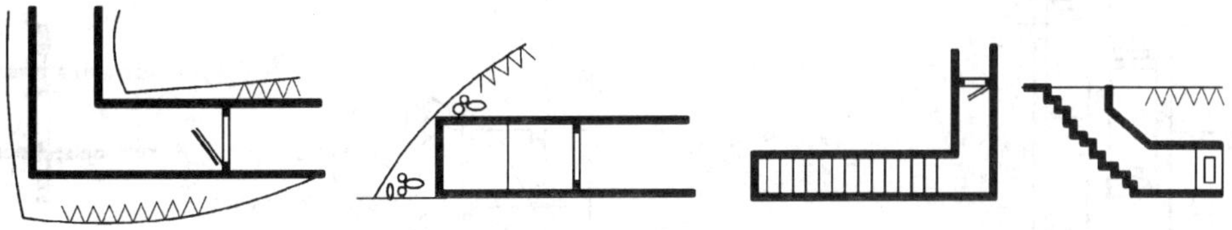

(a) (b)

图 2-11 单向式出入口

这种出入口形式适用于一般的掘开式及防空地下室工程，以及一侧地形受限制、冲击波来袭方向较明确的工程。

3）穿廊式出入口。如图2-12所示，穿廊式出入口的优点是防冲击波、防堵塞的性能较好，防护门可免受常规武器的直接破坏，对地形的适应性比较强。但这种型式施工复杂，耗用材料多，大型装备进出不便。

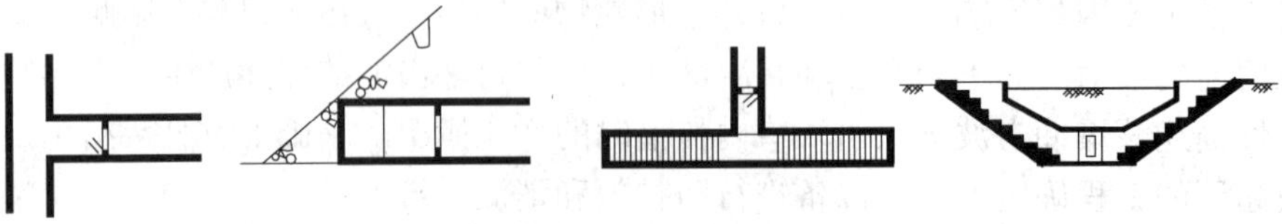

图2-12　穿廊式出入口

穿廊式适用于人员掩护或抗力要求较高的工程。

4）竖井式出入口。如图2-13所示，竖井式出入口是由地面经过一个垂直通道后进入工程的一种出入口。这种型式的出入口占地面积小，工程主体经过较短的水平通道即可迅速达到较厚的自然防护层厚度，防冲击波性能较好，用材较省，便于在软土中施工。其缺点是出入不便，施工复杂。

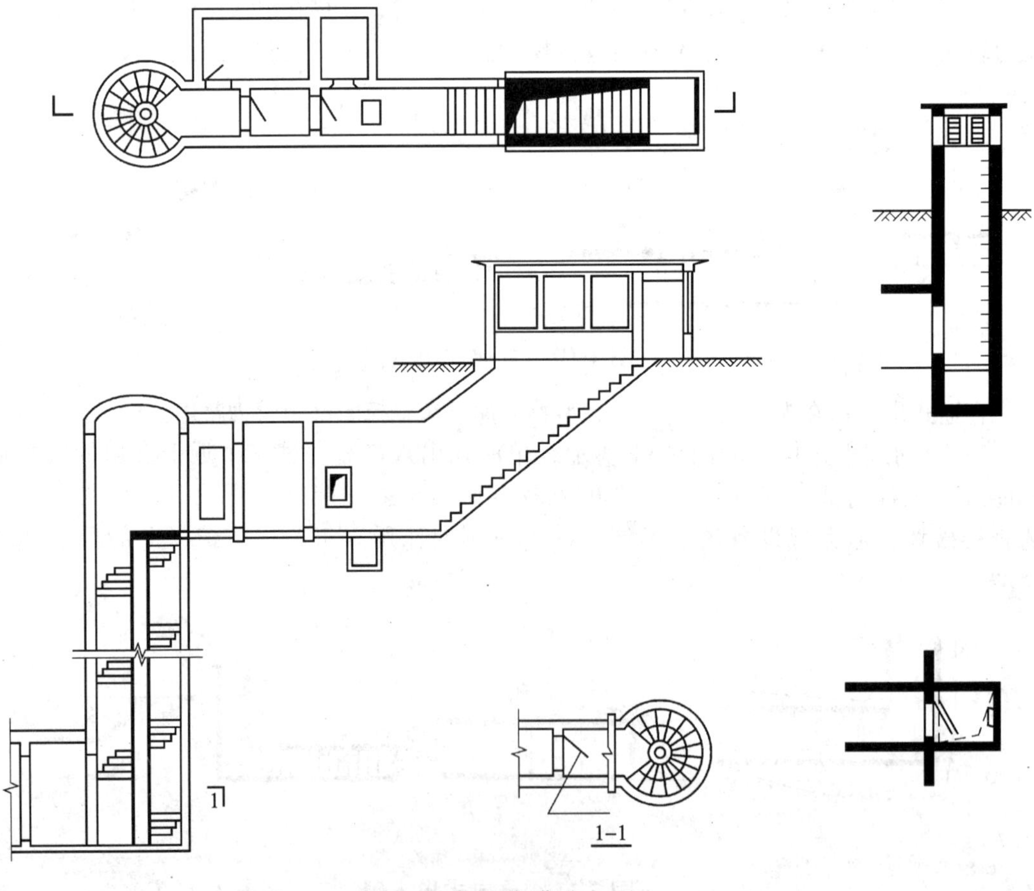

图2-13　竖井式出入口

小型的竖井式出入口一般作为工程的预备出入口或通风竖井。也有一些平战结合的人防工程采用大型的竖井式出入口作为基本出入口。为防止冲击波对井体中人员、设施或设备的破坏，口部应设防护门或防护盖板。

（2）出入口的类别

人防工程的人员和设备出入口，按其在战时的用途可分为以下几种：

基本出入口：人员或物资装备经常出入的口部。这种出入口要求位置明显，进出方便和具备必要的防护措施。在基本出入口之中，一般又确定其中一个为战时外界染毒条件下，人员能够出入的战时主要出入口。

备用出入口：这种出入口是准备战时在基本出入口遭到袭击或破坏堵塞时，供少量人员进出的口。一般采用垂直形式，较大的工程也可以和进排风竖井或斜井相结合。其位置选择和口部出入处理措施，应尽量使得在任何情况下不被堵塞。

战时封堵的出入口：专为大型设备进入等的需要而修建的出入口。这种出入口门孔尺寸较大，但不一定经常使用，所以一般可不设防护门，而采用钢筋混凝土构件或大型混凝土砌块封堵，岩石洞口也可用块石或砂袋堵塞。另外，有些平战结合的人防工程按平时使用功能的要求（如地下商场、地下车库等）开设的出入口，口部门孔尺寸也比较大，临战时应用平战功能转换技术，对原门孔较大的出入口采用钢构件、钢筋混凝土构件或其他措施进行封堵。

2.3.2 核爆炸时出入口内冲击波荷载参数变化概述

出入口内防护门或消波系统入口前的核爆冲击波超压，一般不等于口部的核爆炸地面冲击波超压，传播过程中要经过若干变化。归纳起来主要有：出入口前地形的影响、出入口进入通道时的衰减，门前的反射三要素。因为防空地下室多是在城市内修建，城市地形基本认为是平坦地面，故这里不讨论地形的影响，仅讨论后两种因素的影响。

（1）冲击波进入出入口时峰值超压的变化

依据出入口轴线和冲击波传播方向的相对位置，基本的又可分为下列两类，其他状况则介于二者之间。

1）冲击波传播方向与出入口轴线平行的情况［见图 2-14（a）］。当出入口外无反射面时（包括产生反射的地形），这类出入口对冲击波的传播基本没有影响，出入口内外的冲击波超压变化很小。另外，冲击波在出入口内的传播过程中，由于各种能量损失（如冲击波与通道墙壁的摩擦和热交换的能量损失等），峰值超压会逐渐减小，但核爆冲击波这种减小很缓慢，在长达数百米的距离上才能明显地表现出来。因而对于防护门或消波系统入口前的短距离通道而言，也可以不考虑冲击波在通道内传播时超压减小的变化。

当如图 2-14a 所示的情况在出入口外有垂直反射面时，出入口外的反射冲击波阵面后的空气质点运动速度瞬时减为零，而通道内的压力将低于口外反射后的冲击波超压。此时口内冲击波的形成是由于口部内、外存在空气压力的突跃（强间断），口外冲击波反射后的高压空气向通道内扩散膨胀时产生了新的冲击波，从而使得口内冲击波超压较口外小。减小的倍数随口外冲击波（反射后）超压的增加而增加。这在气体动力学范畴内，属于“初始压力间断”的一维不定常流问题，将空气视为理想气体，理论上可以计算出通道内的冲击波参数及其后面空气流动的参数。

2）冲击波传播方向与出入口轴线垂直的情况［见图 2-14（b）］。由于此时口外冲击波阵面后面的高压气流质点，在出入口轴线方向的分速度为零，所以口内冲击波的形成物理过程，以及超压较口外冲击波超压减小的原因与倍数，与图 2-15a 的第二种情况相似。但应注意，因此时入口处不存在入射冲击波的反射，故口外的超压数值不是前述情况的反射冲击波超压值，而是入射冲击波的超压值。

(a)冲击波平行出入口轴线传播　　(b)冲击波垂直出入口轴线传播

图 2-14　冲击波方向与出入口轴线关系图

（2）冲击波在通道内反射时峰值超压的变化

冲击波在通道内产生反射通常有下列三种典型情况。

1）如图 2-15（a）所示为等强冲击波自穿廊两端进入，而后在穿廊正中（防护门门前区）相互碰撞引起的反射。

2）如图 2-15（b）所示为冲击波在通道底部（防护门或门前区）反射的情况。

3）如图 2-15（c）所示为冲击波经过等截面的直角转变后，在通道底部（防护门或门前区）引起反射。

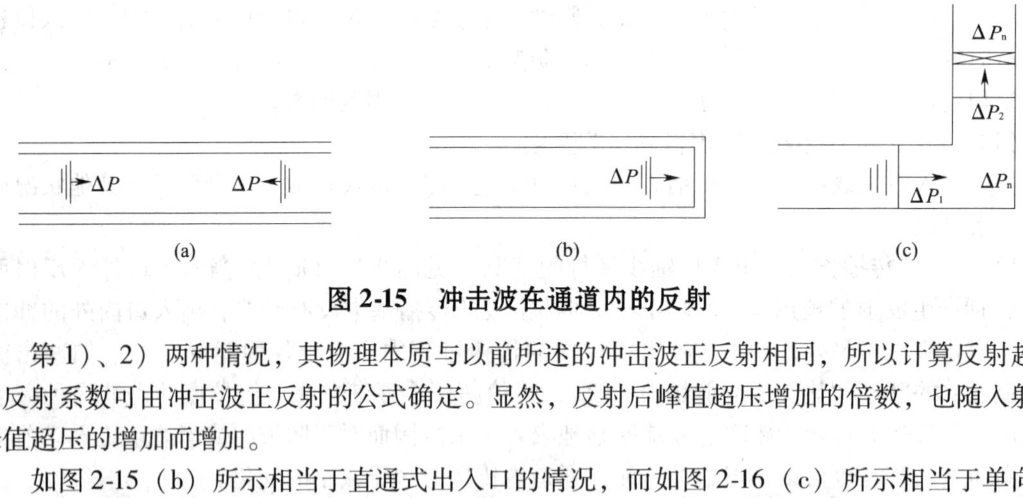

(a)　(b)　(c)

图 2-15　冲击波在通道内的反射

第 1）、2）两种情况，其物理本质与以前所述的冲击波正反射相同，所以计算反射超压的反射系数可由冲击波正反射的公式确定。显然，反射后峰值超压增加的倍数，也随入射波峰值超压的增加而增加。

如图 2-15（b）所示相当于直通式出入口的情况，而如图 2-16（c）所示相当于单向式出入口的情况，二者的底部反射压力可以近似认为是相同的。试验指出，经过等截面通道 90°直角转弯，冲击波峰值超压值约减少 6% 左右，转换大于 90°时衰减值更小。因此在工程应用上可以不考虑 2）、3）两种情况的差别。

综上讨论可以看出，当已知工程出入口处地面冲击波超压（或工程设计抗力标准），要确定不同工程出入口类型的第一道防护（防护密闭门）上的冲击波设计超压值是十分复杂的，而且前述各种因素的影响，有的是使冲击波超压增加，有的影响又是使之减小。但综合影响的最终结果，仍是使得人防工程第一道防护门（防护密闭门）上的冲击波超压大于出入口处的地面冲击波超压值。

2.3.3 出入口内核爆炸冲击波荷载的确定

如前所述，严格考虑核爆冲击波进入出入口后各种因素对其超压变化的影响，再确定作用于第一道防护门（防护密闭门）及防爆波活门上的核爆动荷载既复杂又繁琐，工程设计中必须加以简化。根据气体动力学的理论分析和核试验以及室内击波管试验的综合分析，对于一般的人防工程，作用一般人防工程于防护门上核冲击波超压比地面冲击波超压增大的倍数值约为2~3.5倍。在工程设计实践中，有关的设计规范根据工程的抗力标准和出入口类型，直接给出了第一道防护门（防护密闭门）上作用的冲击波峰值超压与地面冲击波峰值超压的比值。从而可以确定防护门（防护密闭门）和门框墙，以及出入口通道临空墙的核爆动荷载。

1）出入口通道内第一道防护门（防护密闭门）门框墙、临空墙核爆冲击波超压设计值见表2-3。

表2-3 出入口通道内门框墙、临空墙上核爆冲击波超压设计值（MPa）

<table>
<tr><th colspan="2" rowspan="2">出入口部分及形式</th><th colspan="5">防核武器抗力等级</th></tr>
<tr><th>6B</th><th>6</th><th>5</th><th>4B</th><th>4</th></tr>
<tr><td colspan="2">顶板荷载计入上部建筑物影响的室内出入口</td><td>2.0ΔP_m</td><td>2.0ΔP_m</td><td>1.9ΔP_m</td><td>—</td><td>—</td></tr>
<tr><td colspan="2">顶板荷载未计入上部建筑物影响的室内出入口，室外穿廊式、竖井式出入口</td><td>2.0ΔP_m</td><td>2.0ΔP_m</td><td>2.0ΔP_m</td><td>2.0ΔP_m</td><td>2.0ΔP_m</td></tr>
<tr><td rowspan="2">室外直通式、单向式出入口</td><td>$\xi<30°$</td><td>2.3ΔP_m</td><td>2.4ΔP_m</td><td>2.8ΔP_m</td><td rowspan="2">3.0ΔP_m</td><td rowspan="2">3.0ΔP_m</td></tr>
<tr><td>$\xi\geqslant30°$</td><td>2.0ΔP_m</td><td>2.0ΔP_m</td><td>2.4ΔP_m</td></tr>
</table>

注：ξ为直通式、单向式出入口梯段的坡度角。

2）出入口通道内第一道防护门（防护密闭门）及防爆波活门核爆冲击波超压设计选用值。

从原则上讲，第一道防护门（防护密闭门）及防爆波活门承受的核爆冲击波作用超压值，与相应门框墙的冲击波超压值应该是相同的，即都可按表2-4取值。

但在实际人防工程设计中，基于下面两点考虑，对于抗力要求较低的防空地下室工程，二者会略有区别。①防护门（防护密闭门）和防爆波活门设计往往是选用定型产品，要求规格化、系列化。而出入口通道内门前区实际承受的冲击波超压值变化各异，并不一定有相应的设计压力值的定型规格产品。为安全计，这就需要选用设计压力大于实际压力但又尽量接近的定型规格产品。②出入口防护门（防护密闭门）与防爆波活门即使超压设计值选用略高，但使用数量很少，而门框墙或通道临空墙设计需用大量的钢筋混凝土材料，故后者采用实际计算的超压设计值较经济。

表 2-4 出入口通道内防护密闭核武器爆炸冲击波超压设计值（MPa）

<table>
<tr><td colspan="2">防核武器抗力等级</td><td>核 4 级</td><td>核 4B 级</td><td>核 5 级</td><td>核 6 级</td><td>核 6B 级</td></tr>
<tr><td rowspan="2">室外出入口</td><td>直通式、单向式多跑楼梯出入口</td><td>0.90</td><td>0.60</td><td rowspan="3">0.30</td><td rowspan="3">0.15</td><td rowspan="3">0.10</td></tr>
<tr><td>室外穿廊式、竖井式出入口</td><td rowspan="2">0.60</td><td rowspan="2">0.40</td></tr>
<tr><td colspan="2">室内出入口</td></tr>
</table>

2.4 常规武器爆炸空气冲击波

2.4.1 常规武器爆炸空气冲击波

普通炸药的爆炸是一种化学反应过程，称为化爆。炸药的爆炸能量在气体介质中猛烈释放，也会引起介质中压力值的突然升高。但其释放的能量和温度无法与核爆相比。化爆产生的空气冲击波的作用时间十分短促，一般仅几毫秒或十几毫秒，在传播过程中强度减少得很快，也比较容易削弱。

常规武器爆炸空气冲击波同核爆炸有相似的波形，并可把空气冲击波按等冲量简化为如图 2-16 所示的波形。

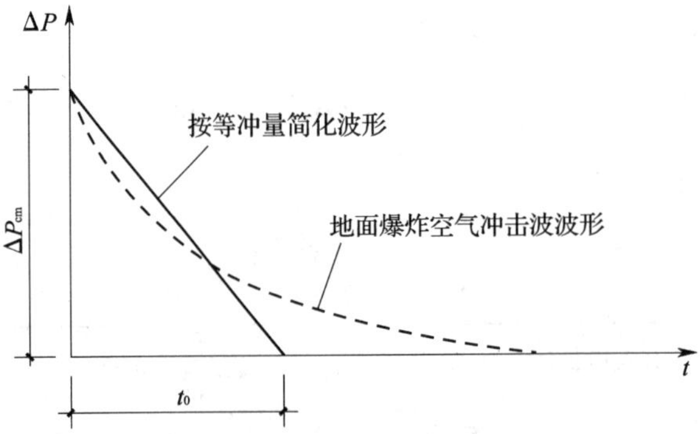

图 2-16 按等冲量简化空气冲击波波形

炸药的爆炸是形成空气冲击波，其高压波阵面自爆心向外传播，压力强度随距离而衰减。《规范》给出了常规武器地面冲击波最大超压和按等冲量简化的无升压时间的三角形等效作用时间的计算公式：

$$\Delta P_{cm} = 1.316\left(\frac{\sqrt[3]{W}}{L}\right)^{3} + 0.369\left(\frac{\sqrt[3]{W}}{L}\right)^{1.5} \tag{2-15}$$

$$t_0 = 4.0 \times 10^{-4} \Delta P_{cm}^{-0.5} \cdot \sqrt[3]{W} \tag{2-16}$$

式中 ΔP_{cm}——常规武器地面爆炸空气冲击波超压峰值（MPa）；

t_0——空气冲击波 ΔP_{cm} 按等冲量等效的作用时间（s）；

W——常规武器的等效 TNT 装药量（kg）；

L——爆心至计算的地面某点的距离（m）。

2.4.2 常规武器爆炸出入口内冲击波荷载的确定

1）常规武器空气冲击波荷载参数变化。与核爆炸空气冲击波变化规律相似，常规武器爆炸冲击波变化规律除受出入口外地形地物的影响，出入口类型影响，空气冲击波超压在门前的反射外，由于常规武器爆炸空气冲击波作用时间较短，传播时空气冲击波超压强度随距离和通道长度衰减明显，不能被忽略，所以常规武器冲击波荷载除了核爆炸冲击波的影响因素外，尚应考虑爆心与出入口距离、通道长度等因素。

2）常规武器爆炸出入口内冲击波荷载的确定。出入口通道内第一道防护门（防护密闭门）及防爆波活门核爆冲击波超压设计选用值按表 2-5 取值。

表 2-5　出入口通道内防护密闭的常规武器爆炸冲击波超压设计值（MPa）

<table>
<tr><td colspan="2">常规武器抗力等级</td><td>常 5 级</td><td>常 6 级</td></tr>
<tr><td rowspan="2">室外出入口</td><td>通道长度 $L\leqslant15$（m）</td><td>0.3</td><td>0.15</td></tr>
<tr><td>通道长度 $L>15$（m）</td><td rowspan="2">0.2</td><td rowspan="2">0.1</td></tr>
<tr><td colspan="2">室内出入口</td></tr>
</table>

表 2-5 中的通道长度 L 按图 2-17 确定。

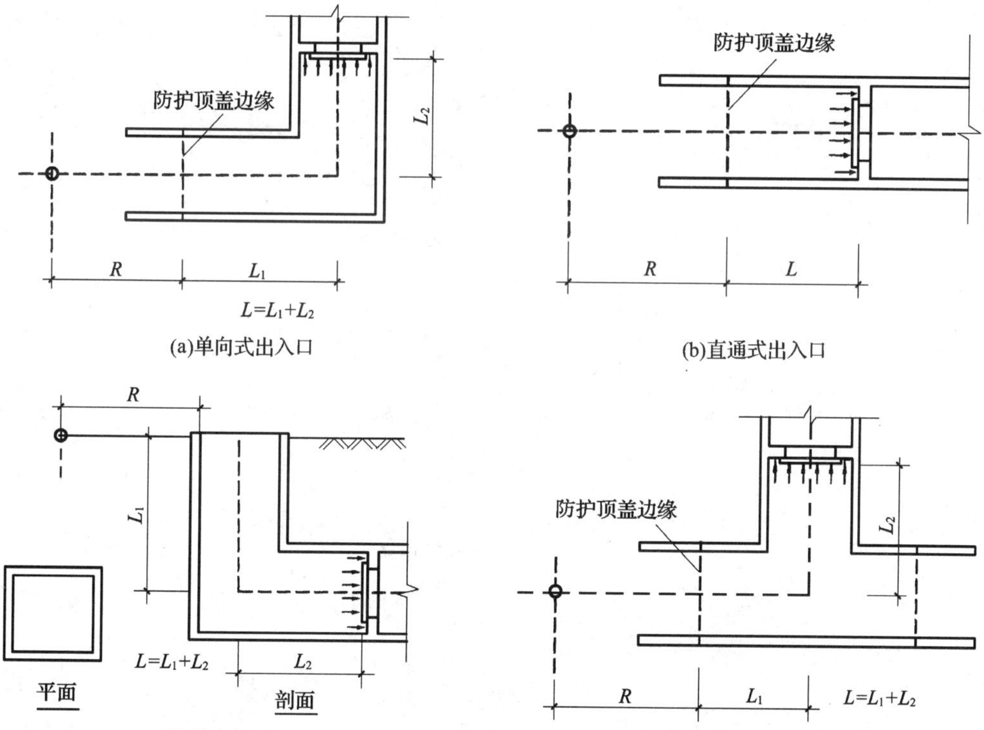

(a)单向式出入口

(b)直通式出入口

(c)竖井出入口

(d)穿廊式出入口

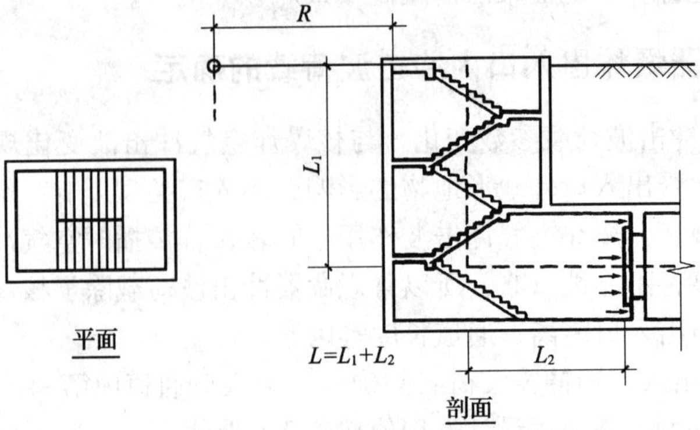

(e)楼梯出入口

图 2-17 室外出入口至防护密闭门的距离示意图

3）上部地面建筑物对防空地下室顶板常规武器爆炸动荷载的影响与核爆炸地面建筑影响条件相同，当考虑上部建筑影响时，常规武器爆炸空气冲击波最大超压乘以 0.8 的折减系数。

3 岩土中的压缩波

3.1 概　　述

3.1.1 岩土中压缩波的传播

变形介质物体在局部受到冲击、爆炸等脉冲瞬态荷载时，由于物质的惯性，这种突加荷载对于物体介质各部分质点的扰动不可能同时发生，而要经过一个传播过程，由局部扰动区逐步传播到未扰动区，这种现象称为应力波的传播。因为任何物体都具有一定尺寸，所以严格来说物体受到突加载荷作用时，总会出现应力波的传播过程。当载荷作用的时间很短，或是载荷变化极快，而受力物体的尺寸又足够大时（如自然岩、土体），这种应力波的传播过程就显得特别重要。外载对于物体的动力响应就必须通过应力波的传播来加以研究。

核（武器）爆炸和常规武器的炸药爆炸（化爆），都能引起在岩土中的应力波传播，它们是岩土中人防结构的作用荷载源。由于核爆炸作用范围大，其荷载通常是岩土中人防结构的主要荷载，且特点显著、作用机理研究较清楚，故本章主要介绍核爆炸产生的岩土中应力波（又称岩土中的压缩波）。

在防空地下室设计中，核爆炸引起的岩土中应力波，是由核爆空气冲击波传播时拍击地面而产生。因此这种状态的力学模型，可以简化为核爆地面冲击波作用于半无限介质（岩土层）表面的压缩波传播（见图 3-1）。或者说，可以简化为土中一维平面应变波的传播。

现考虑压缩波（低应力）在土柱中的传播（一维弹性纵波）。图 3-2 表示截面为 A，密度为 ρ 的任意半无限长直杆。在 $t = 0$ 时，端面受到脉冲作用，产生应力波并向纵深传播。设应力波传播速度为 C_0，经过时间 t，波阵面到达 B 处。考察时间增量 Δt 内各参数变化的情况。此时波阵面到达 C 处。设所取作用时间很短，可以认为应力波作用的压应力在该时段内均匀不变，即该时间内质量获得相同的速度 v，于是 Δx 的压缩量等于 $\varepsilon \cdot \Delta x$，$\varepsilon$ 是对应于 σ 的应变。显然这一压缩量等于 B 点在 Δt 内的移动距离，即

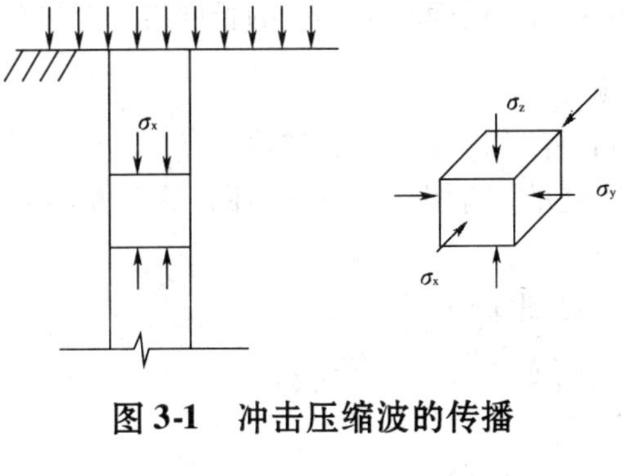

图 3-1　冲击压缩波的传播

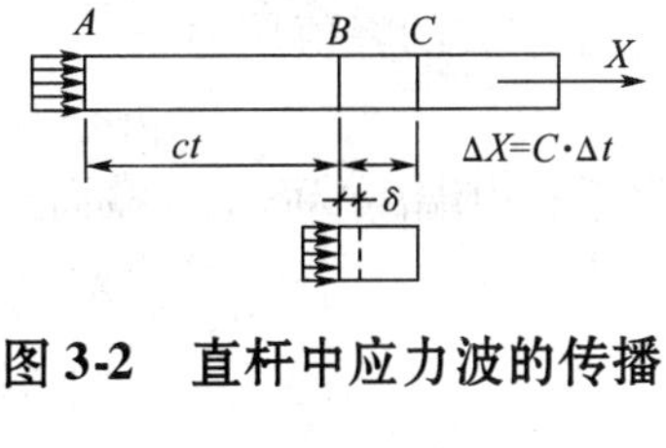

图 3-2　直杆中应力波的传播

$$v \cdot \Delta t = \varepsilon \cdot C_0 \cdot \Delta t$$

得
$$v = \varepsilon C_0 \tag{3-1}$$

应用动量守恒定律，微段 Δx 所受的冲量等于该段质量的动量变化，即

$\sigma \cdot A \cdot \Delta t = \rho A \cdot \Delta x \cdot v$

得
$$\sigma = \rho C_0 v \tag{3-2}$$

由式（3-1）、（3-2），得

$$C_0 = \sqrt{\frac{1}{\rho} \cdot \frac{\sigma}{\varepsilon}} \tag{3-3}$$

由于线弹性介质，$\sigma = E_0 \varepsilon$，则有

$$C_0 = \sqrt{\frac{E_0}{\rho}} \tag{3-4}$$

对于受地面冲击波作用的半无限土体而言，核爆压缩波传播的弹性波速

$$C_0 = \sqrt{\frac{E}{\rho}}$$

式中 E——有侧限的土体弹性模量。

土体实际并非线弹性介质，仅在应力等级很低的情况下才可近似视为线弹性介质。因此在讨论核爆土中压缩波时，近似将其弹性波速称为起始压力波速。

3.1.2 岩石层自由表面的震塌剥落现象

应力波在脆性材料介质（抗拉强度远低于抗压强度）中传播时，当传播遇到临空自由表面时会发生反射，这种反射可能引起自由表面层的震塌或剥落。岩石或混凝土均属于这类脆性材料介质。例如，受爆炸应力波作用，岩层中地下防护工程的无被覆衬砌的洞室内表面，或钢筋混凝土结构构件的内表面，在一定条件下均可能出现震塌剥落现象。二者的力学机理是相同的。

设想图 3-3 所示直杆一端受到爆炸作用引起的脉冲压力，峰值压力为 P，压力作用时间为 t_+，由此产生波长为 $\lambda = Ct_+$ 的三角形压缩波在杆中传播（C 为波速）。如在 $t = 0$ 时压缩波到达自由端 B 处，并继而反射成拉伸波向回传。因自由端的应力边界条件为 $\sigma_B = 0$，所以回传的拉力波的峰值拉力为 $-P$。入射压缩波和反射拉伸波的叠加结果，杆自由端质点速度 $v = \frac{+P}{\rho C} - \left(\frac{-P}{\rho C}\right) = 2\frac{P}{\rho C}$，即质点速度增加一倍。同时，在杆中逐渐产生拉应力。当 $t = \frac{\lambda}{2C}$ 时，杆中开始出现最大拉应力 P。而在距离自由面小于 $\lambda/2$ 的长度内，其中的拉应力都小于 P，并且愈接近端部，出现的拉应力愈小。

如所讨论的直杆材料为抗拉强度很低的脆性材料（岩石、混凝土等），材料的抗拉强度 R 小于压缩波的峰值压力 P，将因自由面处的反射出现受拉破坏，这就是震塌剥落破坏。

在靠近自由端离端面 x 处截面拉应力 σ_x（见图 3-3）为

$$\sigma_x = P - \sigma'_x = P - P\left(\frac{\lambda - 2x}{\lambda}\right) = \frac{2x}{\lambda} \cdot P \tag{3-5}$$

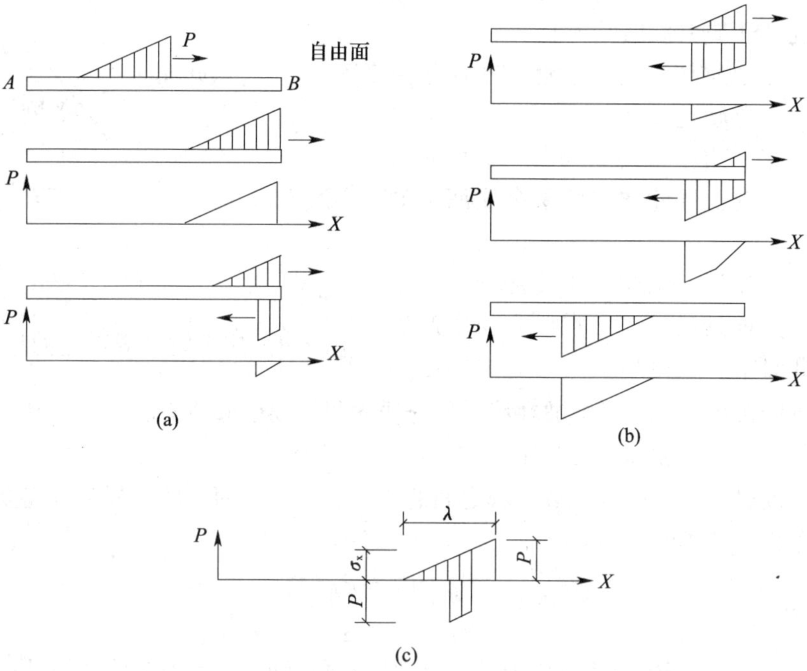

图 3-3 自由面边界反射造成的震塌破坏

式中 σ'_x——x 处的入射压缩波的应力。

当 $\sigma_x = R$ 时，杆件在 x 处断裂，断裂深度为

$$x = \frac{R}{2P}\lambda \tag{3-6}$$

深度为 x 的剥落层以速度 v 飞出，即

$$v = \frac{\sigma'_x}{\rho C} + \frac{P}{\rho C} = \frac{1}{\rho C}(2P - R) \tag{3-7}$$

式中 $\frac{\sigma'_x}{\rho C}$ 是断裂截面处入射压缩波应力 σ'_x 引起的质点速度，$\frac{P}{\rho C}$ 是反向拉伸波应力 P 引起的同一截面的质点速度，二者方向相同可以简单叠加。

杆端震塌剥落形成新的自由表面，后续的入射压缩波在新的自由面继续反射，还可能产生新的剥落。每次剥落的碎块都以一定速度飞出并带走部分能量。这种多层剥落现象将一直继续到反射引起的拉应力小于材料的抗拉强度为止。剥落现象主要发生在强度较大而波长较短的爆炸压力或撞击作用的条件下。

3.1.3 岩土中不同介质间界面的反射

(1) 岩土中刚性结构表面的反射

压缩波在岩土中刚性结构表面的反射，可以理想化为压缩波传播在直杆固定端反射。由于固定端的边界条件要求，压缩波传播遇到固定端时，必须满足质点速度等于零的条件。在固定刚壁反射回传的反射波，必为压缩波，反射压缩波的峰值压力与入射压缩波的峰值压力相等，波形相同。由于入射压缩波（P）与反射压缩波（P）叠加的结果，在刚性结构表面处

的介质压力为$\sigma_s = 2P$（即反射系数为2），质点速度为零。

（2）岩土中不同介质层间界面的反射

岩土体由于地质构造的复杂性，往往是由不同组成的多层层状地质体构成。此时就会出现压缩波在多层介质中传播的问题。这里先讨论一种简单的情况：压缩波在两层介质面上的反射（见图3-4）。

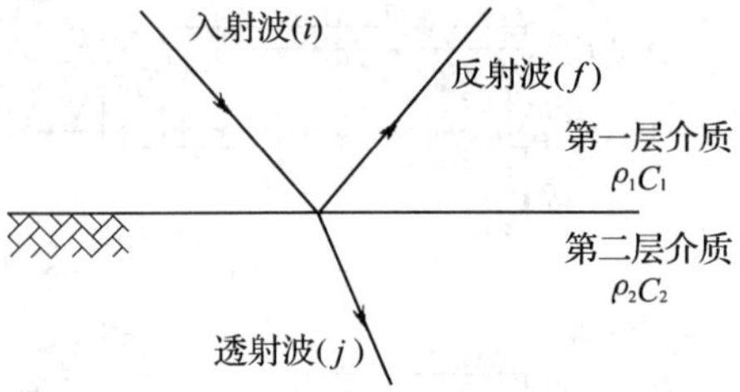

图3-4 应力波在界面处的反射和透射

入射压缩波在第一层介质中传播到达与第二层介质的交界面处时，也会在原介质中产生反射波。但此时第二层介质为变形介质，已不能视为刚性壁的边界条件。压缩波在第二层介质中仍然要引起应力和质点运动的传播，在第二层介质中传播的这种波称为透射波。

入射波、反射波和透射波参数三者之间的关系，可由界面上的边界条件建立。由界面边界上的平衡条件和连续性条件有

$$P_{1i} + P_{1f} = P_{2j} \tag{3-8}$$

$$v_{1i} - v_{1f} = v_{2j} \tag{3-9}$$

其中，P、v分别代表应力波的压力及质点速度；角标1、2代表介质层编号；i、f、j分别代表入射波、反射波和透射波。

又由弹性介质中压缩波传播的讨论知

$$v = \frac{P}{\rho C} \tag{3-10}$$

式中 ρ——介质密度；

C——波速。ρC称为介质的波阻抗（声阻抗），它能表征介质传播应力波的特征。

联立求解式（3-8）~（3-10），可得

$$P_{1f} = P_{1i}\frac{\dfrac{\rho_2 C_2}{\rho_1 C_1} - 1}{\dfrac{\rho_2 C_2}{\rho_1 C_1} + 1} \tag{3-11}$$

$$P_{2j} = P_{1i}\frac{2}{1 + \dfrac{\rho_1 C_1}{\rho_2 C_2}} \tag{3-12}$$

以上通过对岩土中低应力等级的弹性波传播的讨论，简要介绍了压缩波基本的最简单的特性。实际岩土介质为非线性介质，一定应力量值的压缩波传播会呈现出一些更复杂的性状，将在下面进一步介绍。

3.2 土中压缩波

自然土层随其中含水量的不同区分为非饱和（水）土与饱和（水）土。大量工程的地质条件多为非饱和土，本节主要介绍非饱和土中的压缩波。

3.2.1 爆炸试验现象与土介质应力应变关系的力学模型

(1) 试验现象(见图3-5)

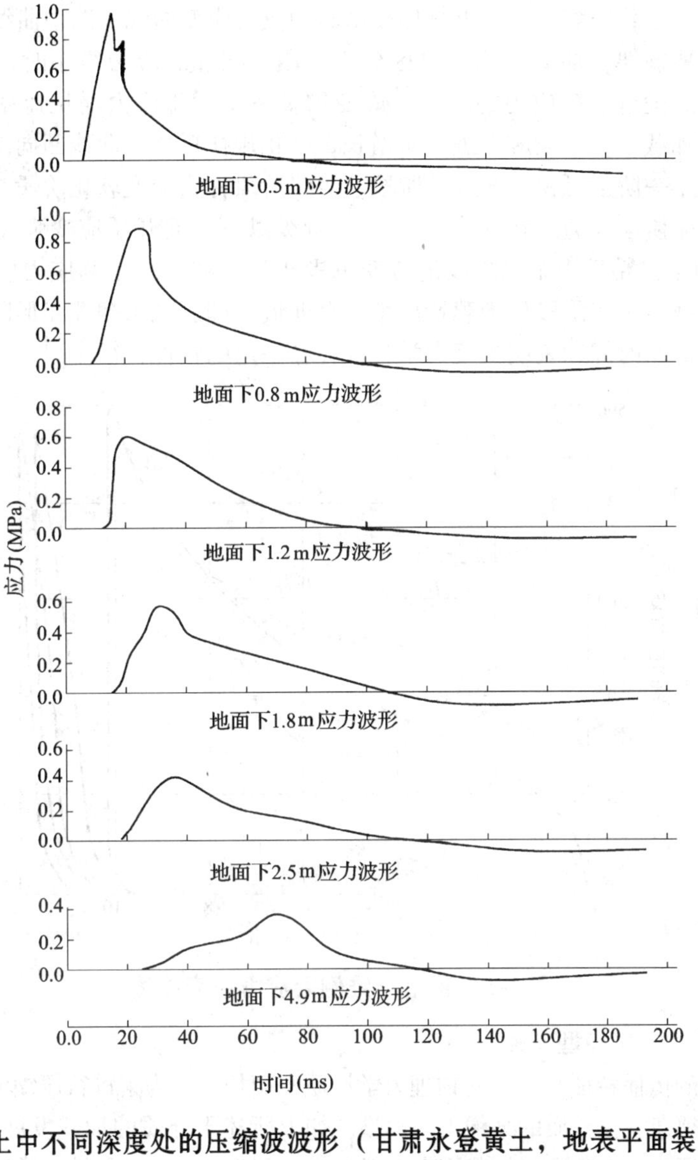

图3-5 土中不同深度处的压缩波波形(甘肃永登黄土,地表平面装药爆炸)

人防结构分析中遇到的土中压缩波,主要来源于核爆炸及常规武器的炸药爆炸。通过对试验资料的分析,土中压缩波呈现以下主要特点:

1)压缩波的压力峰值随传播距离的增大而不断减小。

2)地面有陡峭波阵面的冲击波传播入地下土层中后,变成土层中的有一定升压时间的压力波。升压时间随传播深度的增加而不断加大。

3)当压缩波的峰值压力约大于0.01MPa,在压缩波通过后,土就会产生一定的残余变形。

4)在某些试验中发现,土的最大变形不在最大应力到达的瞬时产生,而在其压力下降的时间内出现，即有滞后效应。甚至残余变形都可能超过最大应力到达时的变形数值。因此，土的残余变形数值不仅由最大应力数值决定，而且与波的作用时间有关。

5）土的变形数值，在非饱和土中较明显地与应变速率有关。在非完全饱和的饱和土中，这一现象也存在。

图 3-6 是黄土静载压缩条件下重复加载试验的应力应变曲线。图中曲线变化显示出土壤加载、卸载的一般规律。加载曲线可以区分为三段。在加载应力很小时，曲线变化近于直线。第二阶段中，随着加载应力的增大，应变增长速率大于应力增长速率，曲线凹向应变轴。在第三阶段加载中，加载应力进一步增长，变化规律反之，曲线凸向应变轴。加载曲线的三个阶段中，第一阶段可视为线弹性阶段，第二阶段称为应变软化阶段，第三阶段称为应变硬化阶段。第一阶段应力约在 0.1～0.3MPa 量级以下，而开始应变强化的应力等级则约为 20～30MPa 以上。粘性土第二阶段的应变范围要长一些。从土壤应力应变曲线的卸载曲线可以看出，加载至第二阶段后卸载均产生残余变形，即进入了塑性变形阶段。此外，最大应变滞后于最大应力时间，表明土壤力学特性存在一定的粘性特征。

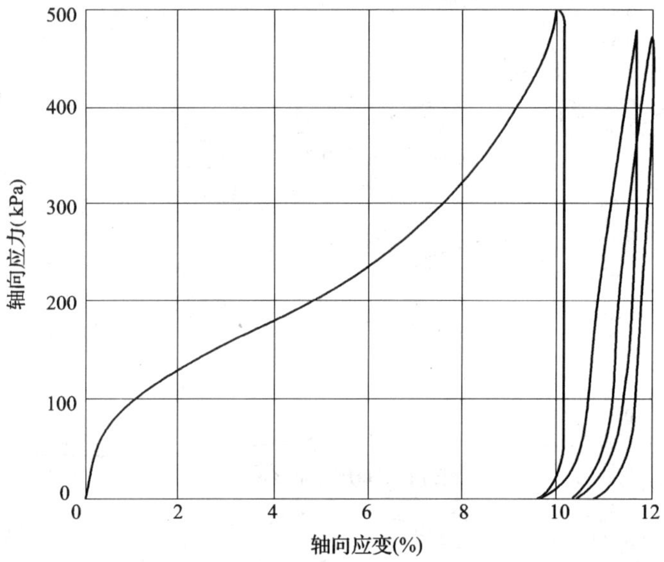

图 3-6　黄土一维侧限应力应变曲线

（2）土介质的力学模型

土中压缩波的传播特征与土壤的物理力学性质密切相关。为了进行压缩波作用的解析分析或数值分析，必须建立土介质的某种力学模型。如上所述土介质的加载发展全过程分为线性、应变软化和应变硬化三个阶段。卸载则存在残余变形和反映一定的粘性。从防护工程的实际来看，大多数情况下，土中压缩波作用的峰值压力等级均处于土介质加载曲线的第二阶段。此外，考虑土的粘性影响的力学分析复杂得多，而且只有在应变速率变化很大、且需考虑压缩波较长距离的传播过程时，粘性影响才有比较明显的反映。因此，从工程实用的角度出发，在基本的力学分析中，近似取土介质的应力应变关系力学模型如图 3-7 所示。即加载曲线为双折线（弹性阶段和塑性阶段），卸载段为线弹性卸载［见图 3-7（a）］或等应变（刚性）卸载［见图 3-7（b），便于力学解析分析］，此即弹塑性模型，通常又称为普朗特模型。

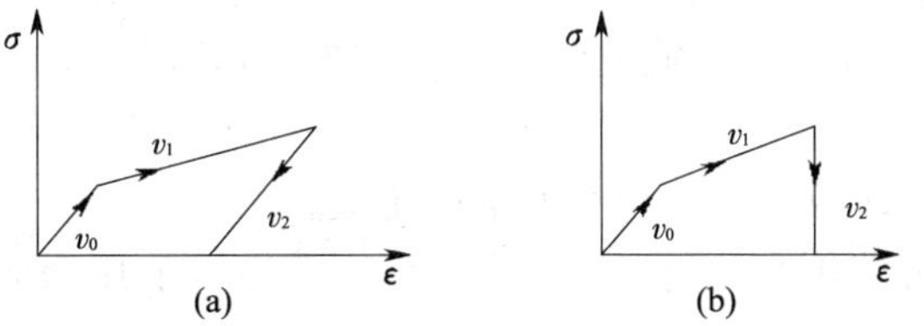

图 3-7　土介质的力学模型

在图 3-7 的双折线模型土介质中，压缩波传播需用两个波速来描述。由前已知 $v=\sqrt{E/\rho}$，一般来说压缩波作用下土介质的密度变化不大，速度主要取决于弹性阶段变形模量（E_0）和塑性阶段变形模量（E_1）。第一应力阶段的波速 v_0 称为土（岩）体起始压力波速（弹性波速），第二应力阶段的波速 v_1 称为土（岩）体峰值压力波速（塑性波速）。$\gamma_c=v_0/v_1$，称为波速比。

3.2.2　土（岩）体中的压缩波参数

（1）核爆炸土中压缩波的计算模型

对于大多数土中人防结构，均考虑核武器空中爆炸条件下的土中压缩波的作用。近似取土中压缩波为一维平面应变波，比较符合核爆炸引起的土中压缩波的情况。如在爆心投影区（见图 3-8a），因冲击波波阵面曲率半径很大，进入土中的波传播速率降低，使半径更大，故可认为土中压缩波波阵面是平面的。在不规则反射区（图 3-8b），由于在工程设计抗力范围内，空气冲击波的传播速率较土中压缩波传播速率快得多，土中压缩波波阵面与地表面夹角 α 较小，所以在结构几何尺寸相对不大时，近似认为压缩波波阵面垂直向下传播引起的误差不大，且对梁板结构设计是偏安全的。

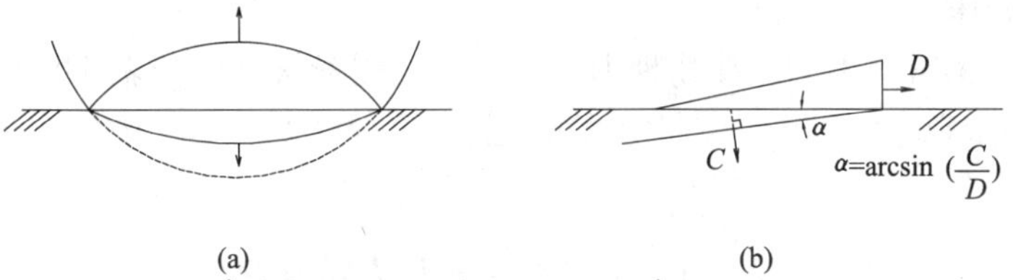

图 3-8　空气冲击波感生的土中压缩波波阵面

综上所述，核爆炸土中压缩波的基本计算模型如下：

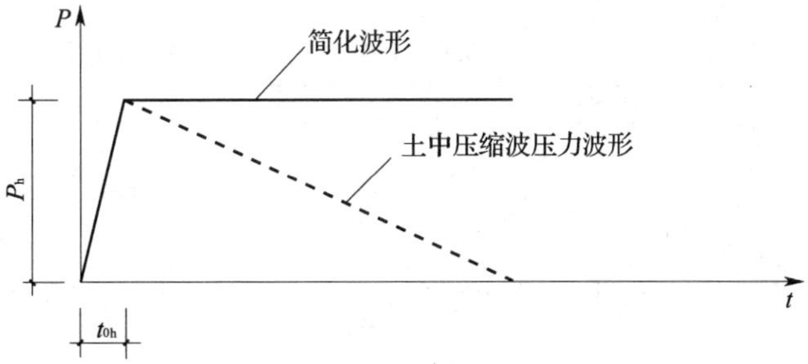

图 3-9　等冲量地面冲击波波形

1）地面冲击波为按等冲量简化的三角形波形，其参数为地面冲击波超压峰值 ΔP_m，升压时间 t_0（若为无升压时间的冲击波，$t_0=0$），等冲量降压时间 t_2，见图 3-9。

2）核爆炸土中压缩波为土中一维平面应变波，变形模量以有侧限变形模量表征。

3）土介质力学模型取双折线加载的弹塑性模型。

4）土中压缩波波形简化为三角形，其参数为压缩波峰值压力 P_h，压缩波升压时间 t_{0h}，压缩波降压时间 t_{02}（可取等于地面冲击波等冲量等效降压时间 t_2）。

对核爆炸冲击波，其感生的土中压缩波也可简化为有升压的平台形波形（见图 3-9）。

（2）土（岩）体中的压缩波参数

1）压缩波峰值压力 P_h：

$$P_h=\left[1-\frac{h}{v_1 t_2}(1-\delta)\right]\Delta P_{ms} \tag{3-13}$$

式中 P_h——压缩波峰值压力（MPa）；

ΔP_{ms}——地面冲击波峰值超压（MPa）；

h——土（岩）体中的计算深度（m）；

v_1——峰值压力波速（m/s）；

t_2——空气冲击波等冲量简化正压时间（s）；

δ——土的应变恢复比。

2）压缩波升压时间：

$$t_{0h}=(\gamma_c-1)\frac{h}{v_0} \tag{3-14}$$

式中 t_{0h}——压缩波升压时间（s）；

γ_c——波速比（$\gamma_c=v_0/v_1$）；

v_0——起始压力波速（m/s）。

式（3-13）~（3-14）中的土体物理力学参数无实测资料时可按表 3-1 取值。岩体的起始压力波速可按《锚杆喷射混凝土支护技术规范》GB 50086—2001 中的岩体纵波波速取值，或参考表 3-2。

表 3-1 非饱和土物理力学参数

土的类别		起始压力波速 v_0（m/s）	波速比 γ_c	应变恢复比 δ
碎石土	卵石、碎石	300 ~ 500	1.2 ~ 1.5	0.9
	圆砾、角砾	250 ~ 350	1.2 ~ 1.5	0.9
砂土	砾砂	350 ~ 450	1.2 ~ 1.5	0.9
	粗砂	350 ~ 450	1.2 ~ 1.5	0.8
	中砂	300 ~ 400	1.5	0.5
	细纱	250 ~ 300	2.0	0.4
	粉砂	200 ~ 300	2.0	0.3
粉土		200 ~ 300	2.0 ~ 2.5	0.2

续表 3-1

土的类别		起始压力波速 v_0（m/s）	波速比 γ_c	应变恢复比 δ
粘性土（粉质粘土、粘土）	坚硬、硬塑	400 ~ 500	2.0 ~ 2.5	0.1
	可塑	300 ~ 400	2.0 ~ 2.5	0.1
	软塑、流塑	150 ~ 250	2.0 ~ 2.5	0.1
老粘性土		300 ~ 400	1.5 ~ 2.0	0.3
红粘土		150 ~ 250	2.0 ~ 2.5	0.2
湿陷性黄土		200 ~ 300	2.0 ~ 3.0	0.1
淤泥质土		120 ~ 150	2.0	0.1

注：1. 粘性土坚硬、硬塑状态 v_0 取大值，软塑、流塑状态取大值。

2. 抗力级别 4 级时，粘性土 γ_c 取大值。

3. 碎石土、砂土土体密实时，v_0 取大值，γ_c 取小值。

表 3-2 岩石波速参数

坚固性 / 波速参数 / 风化程度	硬质岩石			软质岩石		
	起始压力波速	波速比	卸载波速比	起始压力波速	波速比	卸载波速比
	v_0（m/s）	γ_c	γ_2	v_0（m/s）	γ_c	γ_2
微风化	3000 ~ 5000	1.0	1.0	2500 ~ 4000	1.0	1.0
中等风化	1500 ~ 3000	1.10	1.05	1200 ~ 2500	1.15	1.10
强风化	700 ~ 1500	1.20	1.10	500 ~ 1200	1.30	1.20

式（3-13）、（3-14）表征的非饱和土中的压缩波参数，是基于弹塑性土介质的一维波理论分析，并参照试验结果给出的，能较好地反映压缩波随土层深度的增加其峰值压力衰减、升压时间不断增加及卸载后有残余应变等实际试验得出的基本规律。式（3-13）的压力值衰减较慢，对于一般土壤，计算深度小于 1.5m 时，压力衰减通常不超过 5%，按《规范》规定可不计算，直接取衰减系数为 1。

【例 3-1】 某 6 级防空地下室，假设地面冲击波超压 0.05MPa，土质条件为非饱和可塑粘土，求 3m 深处 t_{0h} 与 P_h 值。

解： 查表 3-1 取非饱和土粘土参数，可得 $v_0 = 300 \sim 400\text{m/s}$，$\gamma_c = 2 \sim 2.5$，$\delta = 0.1$。

v_0 可取平均值，即取 $v_0 = 350\text{m/s}$，按表注规定，6 级时 γ_c 应取小值，所以取 $\gamma_c = 2$。

故
$$v_1 = \frac{v_0}{\gamma_c} = \frac{350}{2} = 175\ (\text{m/s})$$

查表 2-1，6 级时 $t_2 = 1.04\text{s}$

所以
$$t_{0h} = (\gamma_c - 1)\frac{h}{v_0} = (2-1) \times \frac{3}{350} = 0.0086\ (\text{s})$$

$$P_h = \left[1 - \frac{h}{v_1 t_2}(1-\delta)\right]\Delta P_{ms} = \left[1 - \frac{3}{175 \times 1.04}(1-0.1)\right]\Delta P_{ms} = 0.985\Delta P_{ms}$$

由此例可知在深 3m 处仅衰减 1.5%，说明压缩波在非饱和土中衰减很慢。

3.3 饱和土中的压缩波

3.3.1 饱和土的物理力学特性

我国广大沿海地区和江南地区，长期处于高地下水位的自然环境中。土壤中的孔隙充满着水、空气或其他液体的混合物。试验和理论分析都表明，这些孔隙中的液体（包括空气和水）对土的动力性能有显著的影响。例如当孔隙中全部充满水时，土中的压缩波波速可高达1600m/s，但若在孔隙中保存了占全部土体1%左右的空气，则波速就会降低到只有200m/s左右。又如在这类软土中，压缩波传播时，会出现随深度的增加升压时间越来越小的现象。产生这种现象的原因，取决于饱和土特殊的力学特性。

从工程的观点出发，饱和土是指江河湖底及地下水位以下的土层，其孔隙中充满水、空气或其他流体的混合物，但空气（包括其他气体）的含量很少，且空气是以不与大气相通的小气泡的形式存在的。而一般所指的非饱和土中的空气含量超过水的含量，且是与大气相通的。

饱和土可分为完全饱和土和不完全饱和土。完全饱和土中空气含量为零，土由固体颗粒和水所组成。不完全饱和土由固体颗粒、水和以封闭形式存在的小气泡三相介质组成。实际岩土工程中讨论的饱和土多为不完全饱和土。试验表明，饱和土中的含气量（α_1）对饱和土的力学性质有显著的影响。

（1）完全饱和土的应力应变曲线

完全饱和土中，孔隙全部被水充满。水的压缩性比土中固体颗粒骨架的压缩性要小得多（水的体积变形模量约为$E_W=2140$MPa）。在动载作用下，水来不及排出，故完全饱和土的变形特性主要由水决定。其$\sigma-\varepsilon$曲线具有凹向应力轴的形态（见图3-10）。

（2）不完全饱和土的应力应变曲线

通常所称饱和土即三相饱和土，土中孔隙为水和封闭气泡所填充，其变形特性比较复杂。

爆炸荷载作用下，三相饱和土的总应力应变关系呈现出如图3-11所示的形状。从图中可以看出，在爆炸压力比较小时曲线凸向应力轴，此时的应力应变关系为应变软化关系。随着压力的增大，曲线逐渐凸向应变轴，呈现应变硬化状态。曲线上的拐点A称为分界应力点，通常在爆炸压力作用下，压力波通过该点后可能产生强间断，即出现激波状态。因为通过该点后，波速将变得越来越大，以致后面的波会追上前面的波。试验还表明，气相含量的大小对压力波传播特征起着决定性作用。在三相饱和土中，爆炸压力波通过后有残余应变发生，但比非饱和土要小得多。而当荷载大于分界应力后卸载和重新加载时，残余变形几乎不再增加。

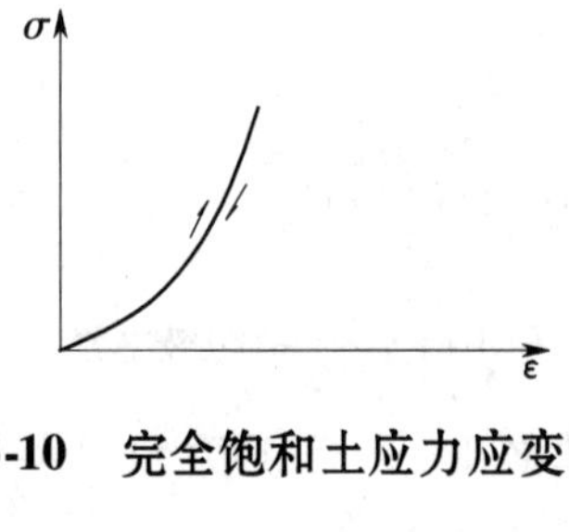

图3-10 完全饱和土应力应变曲线

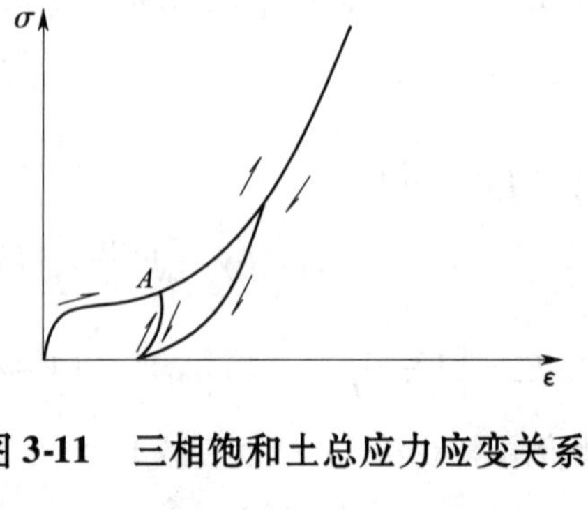

图3-11 三相饱和土总应力应变关系

3.3.2 饱和土核爆炸压缩波参数

饱和土压缩波参数 P_h、t_{0h}仍按式（3-13）和（3-14）计算。

饱和土的物理力学参数可按下列规定确定：

1）饱和土的界限压力按下式确定：

$$[P_0] = 20\alpha_1 \tag{3-15}$$

式中 $[P_0]$——饱和土的界限压力（MPa）；

α_1——饱和土含气量%。

2）饱和土的含气量应按实测资料确定。无实测资料时，含气量可取1.0%～1.5%。地下水位常年稳定时，宜取下限值；也可按下式计算：

$$\alpha_1 = e(1 - S_v)/(1 + e) \tag{3-16}$$

式中 e——土的孔隙比；

S_v——土的饱和度。

3）当地面冲击波超压峰值 $\Delta P_m < 0.8[P_0]$时，起始压力波速 v_0 可按表3-3确定；波速比 γ_c 可取1.5；应变恢复比 δ 可取非饱和土的相应值。

4）当地面冲击波超压峰值 $\Delta P_m > [P_0]$时，起始压力波速 v_0 可取1200～1600m/s；波速比 γ_c 可取1.0；应变恢复比 δ 可取1.0。

5）当地面冲击波超压峰值 $0.8[P_0] \leqslant \Delta P_m \leqslant [P_0]$时，起始压力波速 v_0、波速比 γ_c、应变恢复比 δ 可按线性内插取值。

表3-3 饱和土起始压力波速

含气量 α_1（%）	4	1	0.1	0.05	0.01	0.005	<0.001
起始压力波速 v_0（m/s）	150	200	370	640	910	1200	1500

注：1. α_1 为饱和土的含气量，可根据饱和度 S_v、孔隙比 e，按式 $\alpha_1 = e(1 - S_v)/(1 + e)$ 计算确定；当无实测资料时，可取 $\alpha_1 = 1\%$。

2. 地面超压 $\Delta P_m \leqslant 16\alpha_1$ 时，γ_c 取1.5，v_0 取表中值，δ 同非饱和土。

3. $\Delta P_m \geqslant 20\alpha_1$ 时，v_0 取1500m/s，γ_c 取1.0，δ 取1.0。

4. $16\alpha_1 < \Delta P_m < 20\alpha_1$ 时，v_0、γ_c、δ 取线性内插值。

【例3-2】 某4B级防空地下室，假设地面冲击波超压为0.2MPa，土质条件为饱和粘性土，含气量 $\alpha_1 = 1.1\%$，求6m深处 t_{0h} 与 P_h 值。

解： 因 $20\alpha_1 = 20 \times 1.1\% = 0.22(\text{MPa})$，$16\alpha_1 = 16 \times 1.1\% = 0.18(\text{MPa})$，即 $16\alpha_1 \leqslant \Delta P_m \leqslant 20\alpha_1$，故需用两种情况插入运算。

按《规范》表3-3注3规定：$\Delta P_m \geqslant 20\alpha_1$ 时，

$$v_0' = 1500\text{m/s}, \gamma' = 1, \delta' = 1$$

按《规范》表3-3注2规定：$\Delta P_m \leqslant 16\alpha_1$ 时，

$$v_0'' = 200\text{m/s}, \gamma_c'' = 1.5, \delta'' = 0.01$$

所以

$$v_0 = \frac{1}{2}(1500 + 200) = 850(\text{m/s})$$

$$\gamma_c = \frac{1}{2} \times (1.5 + 1) = 1.25; v_1 = \frac{v_0}{\gamma_c} = \frac{850}{1.25} = 680(\mathrm{m/s})$$

$$\delta = \frac{1}{2} \times (1 + 0.1) = 0.55$$

再由《规范》表2-1 查出4B 级时, $t_2 = 0.52$,

所以 $t_{0h} = \frac{(\gamma - 1) \times h}{v_0} = \frac{(1.25 - 1) \times 6}{850} = 0.00176(\mathrm{s})$

$$P_h = [1 - \frac{6}{680 \times 0.52}(1 - 0.55)]\Delta P_{ms} = 0.995\Delta P_{ms}$$

3.4 常规武器爆炸土中压缩波的确定

3.4.1 概述

常规武器在地面爆炸或土中爆炸时产生的地冲击，与地下工程结构的相互作用在机理上与核爆条件下有许多不同的地方。它们的差异反映在：核爆炸产生的土中压缩波作用范围比较广，一般可看成垂直向下传播的一维平面波；常规武器爆炸产生的地冲击荷载一般仅作用在一定的范围之内，其波阵面也非平面，因此，其与结构的相互作用将更加复杂。

当常规武器在空中爆炸时，爆炸的能量全部以空气冲击波的形式释放，空气冲击波遇到地表面时，就会作用在地面产生感生地冲击。常规武器在土中全封闭爆炸，全部能量都会由爆炸能耦合产生直接地冲击。常规武器土中全封闭爆炸和空中爆炸两种方式，在土中产生的地冲击均是单一的波系，计算相对较简单。

当常规武器在地面或靠近地面或侵入土中浅层爆炸时，爆炸的一部分能量传入地下，形成直接的地冲击；另一部分能量通过空气传播形成空气冲击波感生的地冲击（见图3-12）。

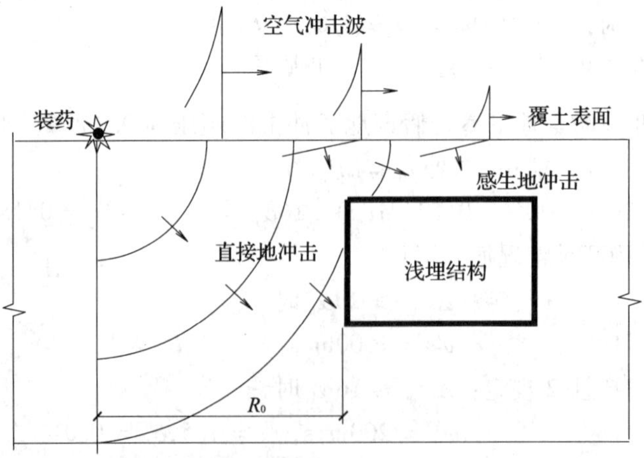

图 3-12 常规武器爆炸地冲击示意图

从图 3-12 中不难理解，工程顶板的地冲击土中荷载应分别由感生的地冲击和直接地冲击两部分组成，但由于一般防空地下室覆土厚度较小，炸药距结构外墙一定距离爆炸时，直接地冲击方向与顶板法线几乎垂直，这时顶板的爆炸动荷载主要是感生的地冲击。所以《规范》对防空地下室顶板只考虑了空气冲击波产生的感生地冲击荷载。而工程外墙主要是受到直接产生的地冲击荷载作用，常规武器爆炸产生的地冲击荷载是地下人防工程的一种主要设计荷载。地冲击可对土中结构产生严重威胁。地面或土中爆炸产生的地冲击应力通常大于其在空中爆炸的情况，且作用时间更长，地运动也得到相应的增强。在进行工程设计时，必须确定结构上的地冲击荷载，为土中结构的可靠性设计提供合理有效的数据和依据。地冲击的强度与在爆炸点直接传入地内的耦合能量或由传播中的空气冲击波对地面作用所引起的力成正比。

3.4.2 感生地冲击荷载计算

常规武器爆炸的感生地冲击和核爆炸空气冲击波产生的土中压缩波压力一样，可近似简化为一维波传播理论推导计算。计算公式仍基本沿用了核爆土中压缩波参数计算的公式形式，并针对常规武器爆炸的特点修正了局部参数。土中压缩波波形简化为图 3-13 的形式。其参数按下列公式计算：

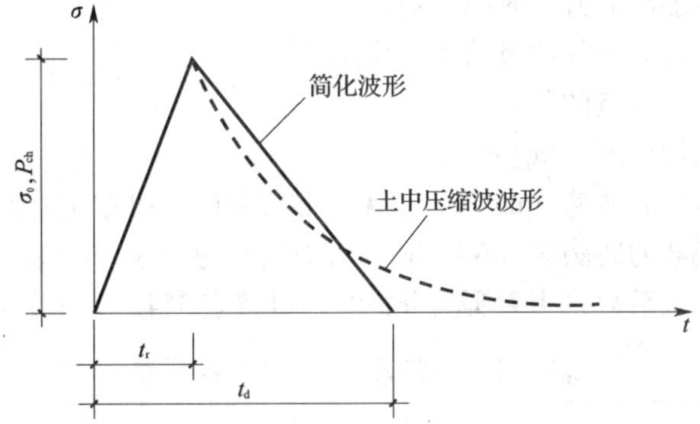

图 3-13 常规武器地面爆炸土中压缩波波形及简化波形

$$P_{ch} = \left[1 - (1 - \delta)\frac{h}{2\eta v_1 t_0}\right]\Delta P_{cm} \tag{3-17}$$

$$t_r = \frac{h}{v_0}(\gamma_c - 1) \tag{3-18}$$

$$t_d = t_r + (1 + 0.4h)t_0 \tag{3-19}$$

$$\gamma_c = v_0/v_1 \tag{3-20}$$

式中 P_{ch}——地面空气冲击波在顶板中心处感生的土中压缩波峰值压力（MPa）；

t_r——结构顶板上均布动荷载的升压时间（s）；

t_d——结构顶板上等冲量简化的等效作用时间（s）；

v_0——土的起始压力波速（m/s），当无实测资料时，可按表 3-1、表 3-2 采用；

γ_c——波速比，当无实测资料时，可按表 3-1、表 3-2 采用，对饱和土，γ_c = 1.5；

v_1——土的峰值压力波速（m/s）；

δ——土的应变恢复比，当无实测资料时，可按表 3-1、表 3-2 采用；

η——修正系数，一般可取 1.5～2；

t_0——常规武器地面爆炸空气冲击波按等冲量简化的等效作用时间；

ΔP_{cm}——常规武器地面爆炸空气冲击波最大超压（N/mm^2）。

3.4.3 直接地冲击荷载计算

常规武器土中爆炸时，在土中产生的压缩波迅速上升至峰值后按指数规律衰减，波形如图 3-13 所示。在结构计算时，该波形可取按等冲量简化的有升压时间的三角形，其参数按下列公式：

$$P_{ch} = 6.82 \times 10^{-3} \cdot \rho c \cdot \left(\frac{5.4 \cdot R}{W^{1/3}}\right)^{-n} \tag{3-21}$$

$$t_r = 0.1 \cdot \frac{R}{c} \tag{3-22}$$

$$t_d = 2 \cdot \frac{R}{c} \tag{3-23}$$

式中 P_{ch}——常规武器爆炸土中压缩波峰值（kN/m^2）；

t_r——土中压缩波的升压时间（s）；

t_d——土中压缩波按等冲量简化的作用时间（s）；

R——爆心至目标点的距离（m）；

ρ——土的质量密度（kg/m^3）；

c——土的地震波波速（m/s），当无实测资料时，可取土起始压力波速 v_0；

W——常规武器的装药量（N），$W = 7.4C$（C 为等效 TNT 装药量，单位为 kg）；

n——土的衰减系数，当无实测资料时，可按表 3-4、表 3-5 采用。

表 3-4 非饱和土 v_0、n 参数值

土的类别		起始压力波速 v_0（m/s）	衰减系数 n
碎石土	卵石、碎石	300～500	2.8～2.6
	圆砾、角砾	250～350	2.8～2.6
砂土	砾砂	350～450	2.7～2.6
	粗砂	350～450	2.7～2.6
	中砂	300～400	2.8～2.7
	细砂	250～300	2.9～2.8
	粉砂	200～300	2.9～2.8
粉土		200～300	2.9～2.8
粘性土	粉质粘土	150～250	3.0～2.9
	粘土	120～220	3.1～2.9

续表 3-4

土的类别	起始压力波速 v_0（m/s）	衰减系数 n
老粘性土	300～400	2.8～2.7
红粘土	150～250	3.0～2.9
湿陷性黄土	200～300	2.9～2.8
淤泥质土	120～150	3.05

注：1. 粘性土坚硬状态 v_0 取大值，软塑状态取小值。
2. 碎石土、砂土土体密实时，v_0 取大值。
3. 起始压力波速 v_0 取大值时，n 取小值。

表 3-5　饱和土 c、n 值

含气量 α_1（%）	4	1	0.1	0.05	0.01	0.005	<0.001
土的地震波波速 c（m/s）	150	200	370	640	910	1200	1500
衰减系数 n	3.0	2.9	2.7	2.6	2.5	2.4	2.2～1.5

注：1. 可根据式（3-16）计算确定。
2. 当 α_1 介于表中数字之间时，可按线性内插确定。

4 结构动力分析

4.1 概　　述

荷载是因直接作用而施加在结构上的一组集中力或分布力。作用力如随时间迅速改变其大小、方向或作用位置，则称为动力。作用于结构的这种荷载称为动力荷载或动荷载。结构在动力荷载作用下，其位移和内力也随着时间发生变化。结构动力分析的主要目的，就是研究动荷载作用下结构的运动规律，并确定其最大位移和内力，以便进行结构设计。

人防结构在不同工作条件下，可能受到各种动力作用。人防结构主要承受武器直接接触的冲击爆炸作用，爆炸空气冲击波及其引起的岩土压缩波荷载。这些均属瞬态脉冲荷载或短时间作用的动荷载。

4.1.1　空气冲击波荷载下的结构动力反应

先从结构动力反应的宏观现象谈起。图 4-1 是弹性梁顶面受到核爆炸空气冲击波作用时的变形情况，图中 $P(t)$ 曲线反映了冲击波压力荷载的变化规律，其特点是压力瞬时升到峰值 P_0 然后缓慢下降。$y(t)$ 曲线则表示梁在荷载作用下的跨中位移（挠度）随时间变化的规律。图 4-2 表示同样的构件受化爆冲击波荷载作用时的变形情况，化爆荷载的特点是作用时间 t_0 十分短促，只有十几毫秒甚至更短。

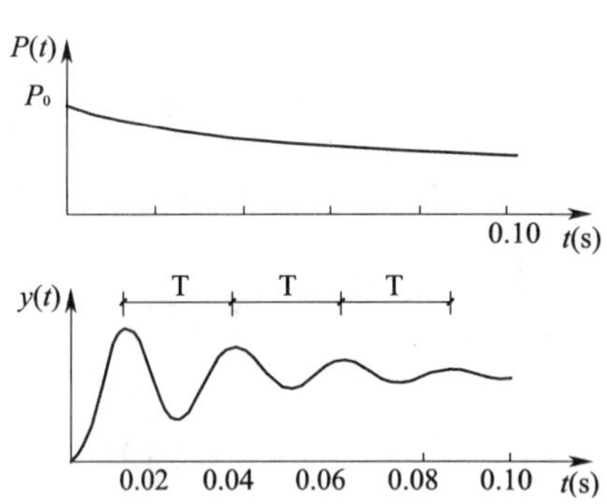

图 4-1　梁的动力反应（核爆下）

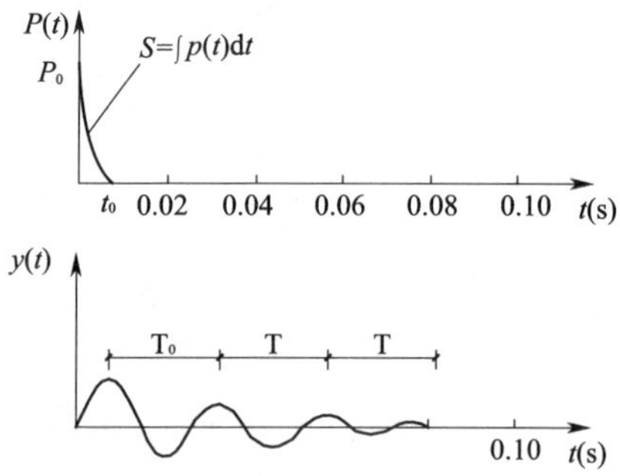

图 4-2　梁的动力反应（化爆下）

从这些图形中可以看出：

1）尽管爆炸冲击波是单调变化的一次脉冲荷载，但梁的变形却随时间上下波动，即产生了振动。振动逐渐衰减，这反映了各种阻尼力的综合作用。结构在化爆动载作用下主要是自由振动，核爆作用下主要是强迫振动。由于阻尼作用，核爆动载作用下的位移最后随着荷载的不断衰减也呈单调减小，荷载消失后不再出现明显的自由振动。

2）位移的变化规律 $y(t)$ 与荷载的变化规律 $P(t)$ 并不一致。虽然荷载瞬时达到最大值，但梁的位移达到最大值 y_m 却需要一定的时间。在化爆作用下最大位移一般发生在荷载消失之后。

3）结构自由振动时上下振动一周的时间称为自振周期，自振周期是结构固有的重要动力特性。图中只反映出梁的一种振动周期，即基振周期。

4）动载 $P(t)$ 作用下的结构最大位移 y_m，与动载峰值 P_0 作为静载作用时的静位移 y_j 大不相同。在弹性工作阶段时二者之比称为动力系数，核爆作用下的动力系数接近2，化爆作用下可能比1小。所以在爆炸动载作用下动力反应的大小不仅和荷载峰值有关，还与荷载的作用时间与自振周期的比值$\frac{t_0}{t}$有很大关系。

5）在突加的爆炸荷载作用下。结构的最大动位移发生在振动曲线中的第一个峰值，对于核爆冲击波来说，此时的压力衰减很少，所以通常可将核爆冲击波荷载简化为突加平台荷载来进行动力分析。与此相反，化爆荷载主要是使结构获得一个初始的运动速度而产生自由振动，所以荷载的冲量 $S=\int_0^t P\mathrm{d}t$ 起关键作用。化爆作用的强弱常用冲量来表示，化爆作用下还出现数值很大的反方向位移。阻尼对第一个峰值 y_m 的影响不很显著，因此在计算最大动位移时往往不考虑阻尼作用，但在估计反弹负值位移时不宜忽视阻尼的影响。

以上所产生的动力现象根本不同于静力。大家知道，在非常缓慢增减的静力作用下，弹性结构的位移随着荷载增减，二者成比例变化。产生动力现象的根本原因是由于结构在动力作用下产生加速度，因而有了惯性力。动力作用下任一瞬间的结构位移和内力，可看成是这一时刻的动载（如果有阻力，则包括阻力在内）与这一时刻的惯性力共同引起的静位移和静内力。如果加速度或惯性力的影响小到可以忽略的程度，动力作用也就变成了静力作用。因此动力作用和静力作用是相对的，主要看外力随时间变化的迅速程度相对于结构的自振周期的长短而定。爆炸冲击波荷载是瞬时突加的，所以对任何结构都有动力作用，但如荷载有一定升压时间，则当升压时间与自振周期的比值较大（超过4~5）时，这样的荷载已无明显的动力作用。同一个随时间变化的力对于某一结构来说是动载，但对另一个自振周期较短的结构来说很可能成为静载。

4.1.2 防空地下室承受的动力荷载及其简化

防空地下室的常见动力有：

（1）常规武器爆炸下的无升压时间的三角形衰减荷载（见图4-3）

常规武器爆炸下空气冲击波动荷载随时间一般是按曲线规律变化的，为简化设计计算，对荷载进行结构动力分析时，常按等冲量原则简化成直线变化规律荷载。

（2）常规武器爆炸下有升压时间的三角形衰减荷载（见图4-4）

常规武器爆炸引起的岩土中感生土中压缩波荷载或直接地冲击压缩波荷载属于有升压时间的三角形衰减荷载，为简化计算，常按等冲量原则简化成直线变化规律荷载。

（3）核武器爆炸下无升压时间的三角形衰减荷载（见图4-5）

核武器爆炸空气冲击波荷载随时间一般是按曲线规律变化的，为简化设计计算，对荷载进行结构动力分析时，常通过等冲量或切线简化成直线规律变化。在核爆情况下，荷载作用时间长，当在结构自振频率很高时（如防护门门框墙），可近似认为是无升压时间的平台（不衰减）荷载。

(4) 核武器爆炸下有升压时间的三角形衰减荷载(见图 4-6)

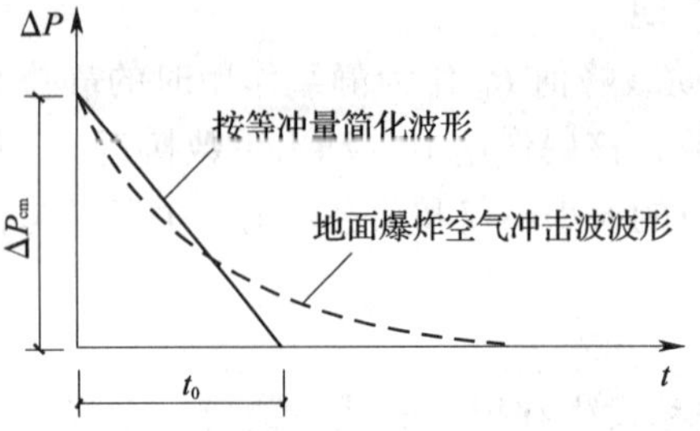

图 4-3 无升压时间的三角形荷载

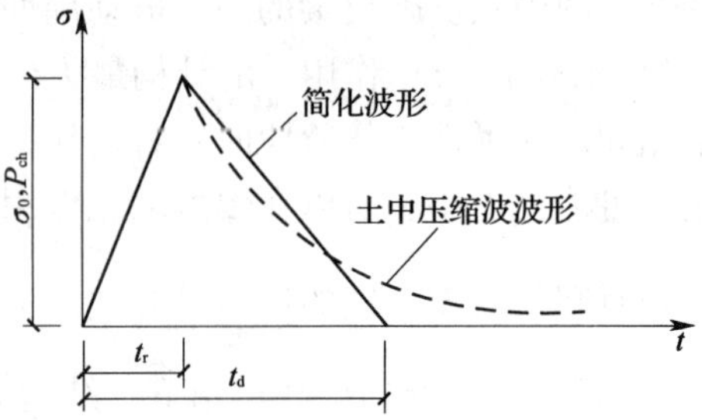

图 4-4 有升压时间的三角形荷载

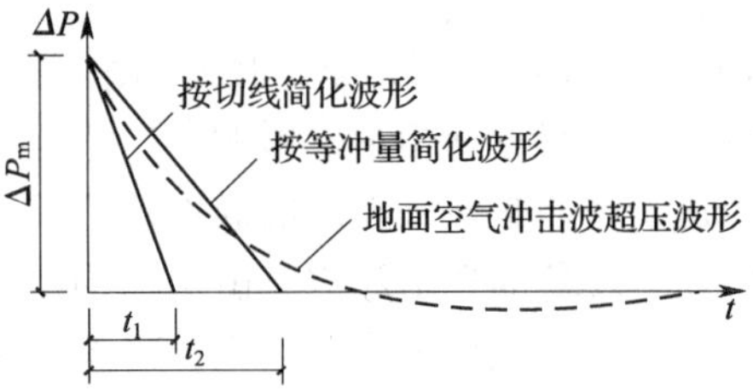

图 4-5 无升压时间的三角形荷载

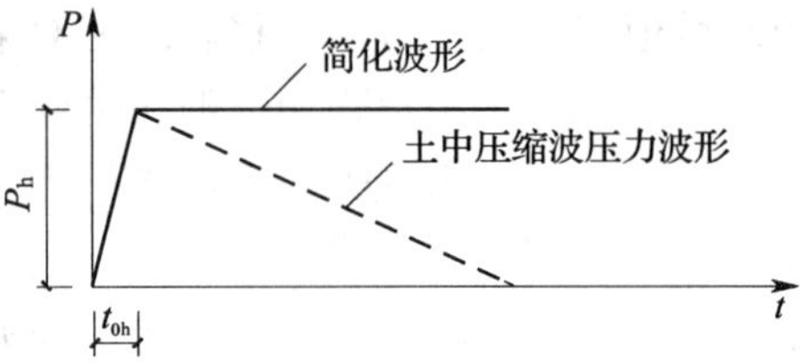

图 4-6 有升压时间的三角形荷载

核武器爆炸下岩土中压缩波荷载也属于有升压时间的三角形衰减荷载，但核爆引起的土中压缩波荷载，一般可简化为有升压时间的不衰减荷载，如图 4-6 所示。

以上两种武器作用的荷载均为一次作用的脉冲荷载，结构受到的是短暂的考验，所以结构设计时可按塑性状态考虑。这和民用结构中的塑性内力重分布是不同的，民用结构只允许超静定结构的个别截面出现塑性铰，结构仍为超静定或静定结构。而人防工程中的结构可短时间处于机构状态，当动荷载消失后，结构仍然是安全的。但是，在周期荷载作用下的结构不能进入塑性状态。

4.1.3 振动的自由度及其简化

结构动力分析时必须考虑惯性力的作用，这就需要研究质量的位置变化，因而首先要选定用来确定质量运动位置所需要的独立参数的个数。图 4-7（a）的梁具有连续分布质量，可将它分为许多微段，它们之间为弹性连接，则每一微段的质量均需有一个独立的参数确定其位置。此独立参数的数目，称为结构或构件的自由度数。因此，实际的结构或构件严格来说都是无限自由度体系。用来确定质量位置的参数，可以是直角坐标参数，也可采用其他参数，例如角度或用特定形状的变位曲线的幅度作为参数。这种参数称为广义坐标。对分布质量而言，任一时刻的变位曲线可视为一系列相互独立的位移函数之和，每一个位移函数具有固定的形状，但其幅值可以改变。这样的函数还必须满足支座边界条件。例如图 4-7（b）的简支梁的位移，可以用 $\sum_{n=1}^{\infty} A_n \sin \frac{n\pi x}{l}$ 来表示，其中的 n 为任意的正整数。这里采用的广义参数是正弦函数的振幅 A_n，共有无限个参数 A_n，相应有无限个自由度。当然，也可采用其他合适的位移函数，不一定是正弦曲线。

体系的自由度个数愈多，动力分析就愈复杂，所以在允许的误差范围内，常将无限自由度的实际结构简化成有限个自由度体系。而在人防结构的动力分析中，经常简化成单自由度体系。一般减少自由度可采用下列方法：

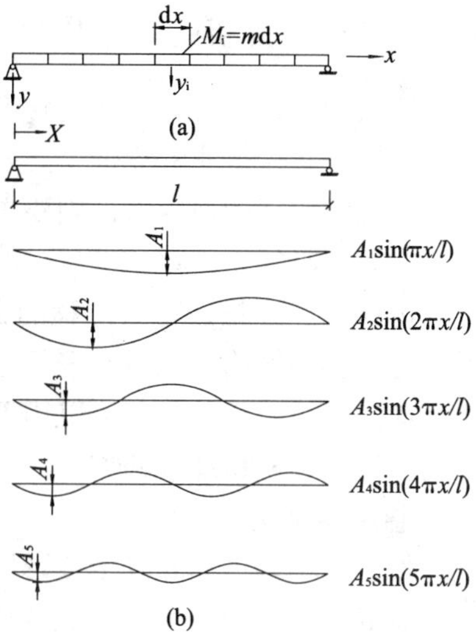

图 4-7　简支梁的位移参数

1）将质量适当集中，变成有限自由度的集中质量体系。例如图 4-8（a）的简支梁将均布质量集中后成为单自由度或两个自由度的体系；图 4-8（b）的地下框架将其质量集中后成为五个自由度体系。

2）假定振动变位曲线形状。如图 4-7 所示的简支梁，在均布动载作用下取前 5 个正弦位移函数，由于荷载和结构都对称，反对称的位移函数不可能出现，这样就只有广义坐标参数 A_1、A_3 和 A_5，简化成 3 个自由度体系。如果进一步认为均布动载下第一个位移图形 $\sin\frac{\pi x}{l}$ 应占主导成分，忽略其他项，就简化成了单自由度体系。构件的单自由度动力分析，也可以取均布荷载作用下的静挠曲线形状作为振动曲线形状，以其跨中幅度作为这个单自由度体系的坐标参数。

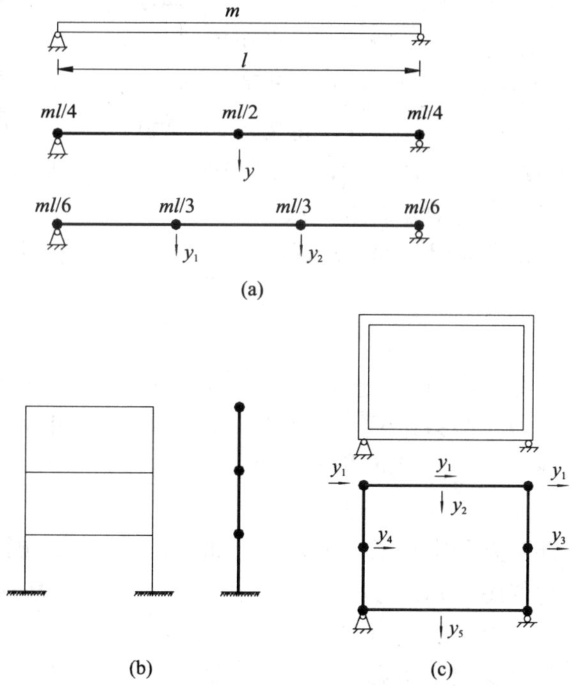

图 4-8　集中质量体系

3）将结构分段或分成单元。这种方法综合了前两种方法的某些特点，如用有限元法进行结构的动力分析。

4.1.4 动力分析的基本原理

动力体系中因惯性力由结构位移产生，反过来位移又受惯性力大小的影响。这种相互影响的关系使得分析显得非常复杂，必须将问题用微分方程表示。对于质量连续分布的实际结构，如果要确定全部的惯性力，则要求确定每一个质点的位移和加速度。此时，因为各质点的位置及时间都必须看作独立变量，故分析就须用偏微分方程来描述。若已简化为单自由度体系，其运动方程（描述动力位移的数学表达式）仅为常微分方程。求解体系的运动微分方程，就可以得到结构体系的位移和变形的规律，进而求得工程设计所需的结构内力和应力。建立动力体系的运动方程可以用不同的方法，它们对研究不同的特殊问题时，各有其特点。下面介绍两种较易理解的方法。

（1）直接平衡法

动力作用下结构运动并发生变形，在结构内部产生与这一变形相应的内力称为抗力。如图 4-9 所示的集中质量弹簧体系，设作用于质量 M 上的外力为 P，体系抗力为 R，根据牛顿第二定律有

$$M\frac{d^2y}{dt^2} = P + (-R) \tag{4-1}$$

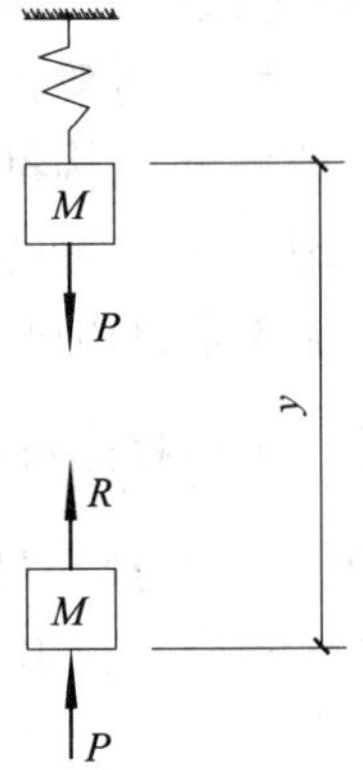

图 4-9 单自由度集中质量弹簧体系

将质量与加速度的乘积称为惯性力 I，并取其方向与加速度方向相反，则得

$$P + (-R) + I = 0 \tag{4-2}$$

上式是将运动方程表示为动力平衡方程，即可看成是一个力系的平衡方程。与静力平衡方程相比只多了一项惯性力。引入惯性力的概念，把惯性力计入在全部力系内，就可以将动力问题按照静力问题的方式来处理。这就是达朗贝尔（D′Alembert）原理。直接平衡法是应用达朗贝尔原理来建立运动方程的。

惯性力中的加速度是位移对时间的二阶导数，所以动平衡方程是微分方程，而静平衡方程则为代数方程。

（2）能量法

能量法是能量守恒原理的应用。结构在动力作用下因变形积蓄应变能，因获得速度具有动能，外力则因作用点移动而作功。在任一时刻，外力到此时为止所作的功 W，等于该时刻的结构应变能 U 与动能 K 之和，写成能量方程为

$$W = U + K \tag{4-3}$$

与静力问题相比，能量方程中多了一项动能。如为自由振动，则外力功的一项为常量。如果结构运动时还有阻力作用，则在方程（4-2）内应加入一项阻力 D，在方程（4-3）的外力功中应减去阻力消耗的能量。

动力平衡方程是向量（矢量）方程，能量方程是非向量（标量）方程。

此外，动力体系的运动方程还可以分别应用虚功方程（虚位移原理）、拉格朗日

(Lagrange) 方程、汉密尔顿 (Hamilton) 原理来建立。应当明确，这些方法是等同的，并可导出相同的运动方程。当然，应用达朗贝尔原理，直接建立作用于体系上全部力的动力平衡方程，是最简单明了的。但对于更复杂的体系，特别是对那些质量和弹性只在有限区域是分布特性的体系，建立直接的矢量平衡方程可能较困难，而应采用仅包含功和能等标量来建立方程式的方法，可能更为方便，其中又以应用虚位移原理的方法最直接。

4.1.5 无阻尼弹性体系的自振频率与振型

若 (4-1) 式中 $P=0$，则微分方程的解表示单自由度弹性体系的无阻尼自由振动 (见图 4-10)，见式 (4-4)。

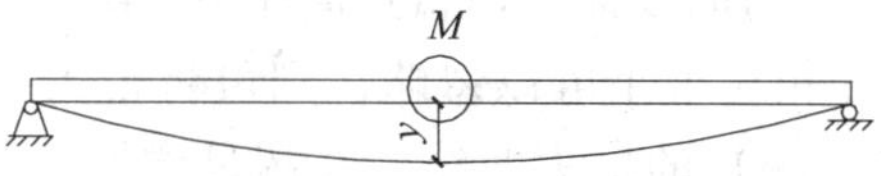

图 4-10 单自由度简化

$$y = y_0\cos\omega t + \frac{\dot{y}_0}{\omega}\sin\omega t = A\sin(\omega t + \varphi) \tag{4-4}$$

$$A = \sqrt{y_0^2 + \left(\frac{\dot{y}_0}{\omega}\right)^2},\varphi = \tan^{-1}\left(\frac{\omega y_0}{\dot{y}_0}\right),\omega = \sqrt{\frac{K}{M}}$$

式中 y_0——初始位移；

$\dot{y}_0$——初始速度。

这种自由振动是一种以正弦函数规律随时间变化的简谐振动。自振周期 $T=\frac{2\pi}{\omega}$，$\omega=\sqrt{\frac{K}{M}}$称为自振圆频率，一般简称为自振频率。体系的质量 m 愈大，或者刚度 K 愈小，则自振频率愈低。在振动最大位移 y_m、最大速度 $\dot{y}_m$ 和最大加速度 $\ddot{y}_m$ 之间有下列关系：

$$\omega = \frac{\dot{y}_m}{y_m} C\omega^2 = \frac{\ddot{y}_m}{y_m} \tag{4-5}$$

对于多自由度体系而言，在某一适当的初始条件下，体系内各质点可同时按某一固定的频率作简谐振动，在这种情况下各质点间的位移比值在任一时间内均保持不变，体系按此频率发生的无阻尼自由振动称为主振动。体系作主振动时，保持固定的振动型式，称为主振型。显然，一种主振动有一固定的频率与之相应。在主振型振动中，只需要一个参数即能确定体系全部质点的位移。

可以证明，体系有多少个自由度，就可能有多少个主振型。每一主振型相应有一个自振频率，其中最低的一个自振频率称为第一自振频率或基振频率 (基频)，相应的主振型称为第一主振型或基振型。按照频率值由低到高，依次有第二自振频率、第三自振频率等，以及第二主振型、第三主振型等。如图 4-7 所示的位移函数正好是简支梁的各个主振型。

应当明确，n 个自由度体系可以有 n 个主振型，这是弹性体系的固有特性。然而，弹性体系在动载作用下产生哪几种主振型的强迫振动，则与动载特征有密切关系。

4.2 单自由度集中质量体系的动力分析

单自由度集中质量体系是将实际结构构件（如顶板、外墙、梁等单个构件）加以理想化后得出的一种计算模型，这种体系的全部质量都集中在一个质点上，弹簧只起到提供抗力的作用（见图 4-9）。

4.2.1 结构的抗力

体系的抗力是因变形引起的内力，抗力 R 只与变形有关，二者的关系 $R(y)$ 称为抗力函数。图 4-11 表示几种典型的抗力函数曲线，R_m 为体系的最大抗力，y_u 为体系丧失抗力时的最大变形。图 4-11（a）的抗力曲线称为理想弹性体系。图 4-9（b）的抗力曲线称为理想弹塑性体系。如弹性变形部分相对很小可以忽略，则可将抗力曲线简化成图 4-11（c），称为刚塑性体系。图 4-11（d）、(e）的抗力曲线，在超过弹性极限变形后分别呈现强化或衰减状态，图 4-11（f）的抗力曲线呈现曲线变化。

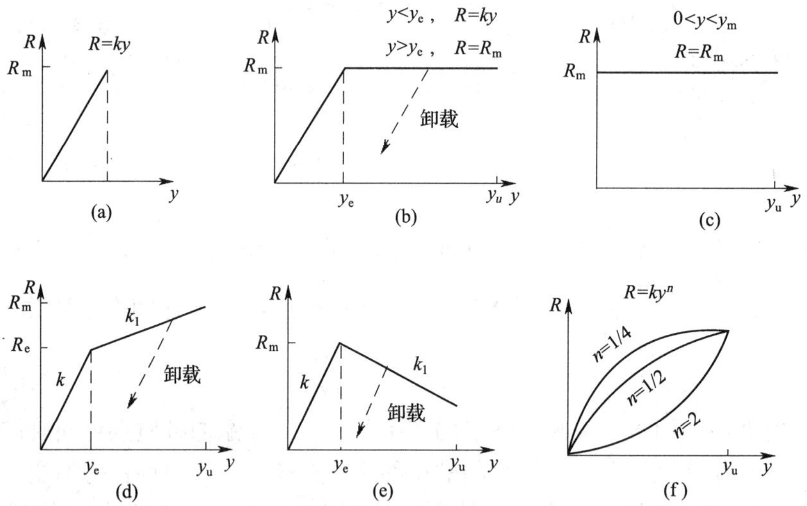

图 4-11 典型抗力函数

单自由度集中质量弹簧体系，是将实际结构构件理想化的一种计算模型。结构构件的抗力也是与其构件的变形相对应的。为便于运算，结构的抗力在数值上常用产生这一变形的外加静载来表示，所以结构的最大抗力在数值上等于结构所能承受的最大静载。抗力函数及曲线上的特征值 R_m、y_e，以及弹性阶段的弹簧常数 K 等参数，都是体系所固有的力学特性。如图 4-12 所示的体系为理想弹塑性体系，则在图 4-12（a）中 K 为弹簧单位伸长所需的静力；在图 4-12（b）中 K 为简支梁跨中产生单位挠度所需的静力；图 4-12（c）中 K 为悬臂梁顶端产生单位水平位移所需的静力；R_m 则为弹簧伸长到屈服时的外加静力［见图 4-12（a）］或梁中的最大弯矩达到断面的抗弯极限值 M_R 时的外加静力［见图 4-12（b）、(c）］。

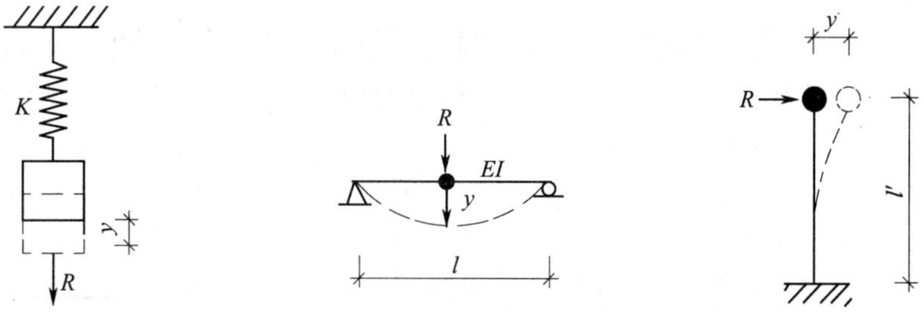

弹性阶段$K=\frac{R}{y}$；

塑性阶段R_m

(a)

$K=\frac{R}{y}=\frac{48EI}{l^3}$；

$R_m=\frac{4M_R}{l}$

(b)

$K=\frac{R}{y}=\frac{3EI}{l^3}$

$R_m=\frac{M_R}{l}$

(c)

图 4-12 单自由度集中质量体系的弹簧常数与最大抗力

人防结构在动载作用下产生动位移，构件内产生动内力。此时结构的抗力代表了结构抗动位移的能力。在数值上近似用产生相应动位移所需的与动载分布规律一致的静外载来表示。当用这种表示法时，抗力的量纲和外载的量纲是一致的，以便于进行动力分析。

4.2.2 动力系数

研究动力荷载作用下结构的运动规律并确定其最大位移和内力，是结构动力分析的目的。在实际工程设计中，为了便于理解和应用，常把动力荷载等效为静载来计算，即动载的等效静载，等效静载常用动载的最大值乘上一个系数来表示，这一系数称为动力系数，这里的动力系数与《混凝土结构设计规范》GB 50010—2002 中动力系数的含义相同。

（1）弹性体系

动载作用下的结构最大位移 y_m 与动载峰值 P_0 作为静载作用时的静位移 y_j 的比值为动力系数。

$$K_d = \frac{y_m}{y_i} \tag{4-6}$$

因为是弹性体系，

$$P = K \cdot y \tag{4-7}$$

所以有：

$$K_d = \frac{P}{P_0} \tag{4-8}$$

P 为产生相应动反应位移所需的静外载。

由上式推出：$P = K_d P_0$ (4-9)

P 为与结构所受动载相等效的静载，称为等效静载。

弹性体系动力系数 K_d 与结构的自振频率有关，与动载的变化规律 $f(t)$ 有关，与动载峰值无关。

在动载作用下，结构的位移和内力也是变化的。动力设计时只需控制其最大位移和内力，结构就不会破坏。由上面的定义可知，对于某个结构，知道其外加动载，只要求出动力系数 K_d，等效静载自然可得，所以就把动力问题转化成熟悉的静力问题。这样就可以按照静力方法来进行结构截面设计了。

（2）弹塑性体系

在静力学分析中，结构的抗力代表了结构的抵抗变形的能力，数值上可以用产生这一变形的静外力表示。因此，在静载作用下，当外载结构达到极限抗力时，体系成为了机动体系，变形会无限增加而破坏。

人防结构设计中，在动载作用下，允许发生屈服后的塑性变形。因为虽然结构暂时处于机动体系状态，由于荷载的短暂性，变形不会无限制地发展。所以，在防护动力设计时，允许结构进入塑性状态，这时只要控制它的最大变形量不超过结构破坏的极限变形，当动载消失时结构又处在稳定阶段，仅留下允许的残余变形。考虑构件在塑性阶段工作，既满足安全，又在经济上大为节省，充分利用了材料潜力，见图 4-13。

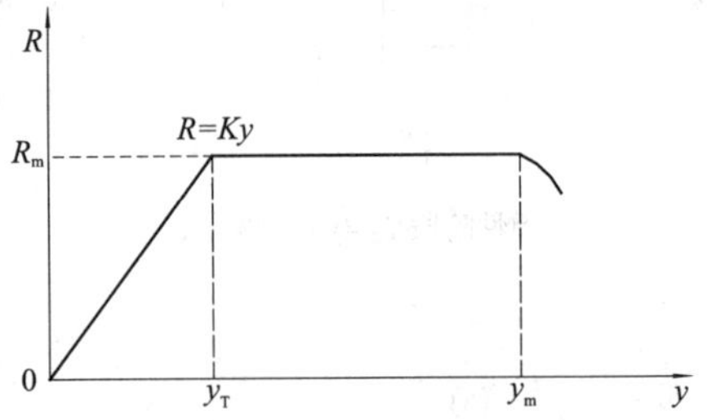

图 4-13　弹塑性体系的抗力变形关系图

控制最大变形 y_m，人防结构设计中常用延性比 β 表示：

$$\beta = \frac{y_m}{y_T} \tag{4-10}$$

防空地下室结构设计时，钢筋混凝土或构件的工作阶段及允许延性比 β 的取值范围是根据结构性质确定的，当使用要求较高且密闭或防水要求较严时，可按弹性工作阶段设计，允许延性比应取 1.0；对一般人防工程且有密闭或防水要求的，可按弹塑性工作阶段设计；对战时无人员掩蔽且无密闭和防水要求的，应按弹塑性工作阶段设计。具体允许延性比可按表 4-1 确定。

表 4-1　允许延性比［β］

结构构件使用要求	动荷载类别	受力状态			
		受弯	大偏心受压	小偏心受压	轴心受压
密闭、防水要求高	核爆动荷载	1.0	1.0	1.0	1.0
	常规爆炸动荷载	2.0	1.5	1.2	1.0
密闭或防水要求一般	核爆动荷载	3.0	2.0	1.5	1.2
	常规爆炸动荷载	4.0	3.0	1.5	1.2

动力分析可以把弹性体系看作是弹塑性体系中［β］=1 的特殊情况。弹塑性体系动力系数是用结构在动载 $\Delta P_m f(t)$ 作用下，使结构不达到变成“破坏”的结构抗力与动载的最大值 ΔP_m 的比值来表示的。

$$K_d = \frac{q_m}{\Delta P_m}$$

$$q_m = K_d \Delta P_m \tag{4-11}$$

q_m 即为等效静载。

弹塑性体系动力系数不仅与结构的自振频率 ω 和动载的变化规律有关，且和延性比 β 有关。

（3）核爆炸动荷载的动力系数计算

1）无升压时间的平台形荷载（见图 4-14）

根据结构体系的能量守恒定律，位移最大时，质点的速度为零，故动能 K 为零。体系的应变能等于抗力函数图中抗力曲线与横坐标所围成图形的面积 S，若体系抗力呈理想弹塑性（见图 4-13），这时有应变能为

$$U = \frac{1}{2}R_m y_T + R_m(y_m - y_T)$$

$$W = P_0 Y_m$$

将 W、U 代入式（4-3）得

$$R_m = \frac{1}{1 - \frac{y_t}{2y_m}}P_0 = \frac{2\beta}{2\beta - 1}P_0$$

根据弹塑性动力系数定义： $$K_d = \frac{2\beta}{2\beta - 1} \tag{4-12}$$

当 $[\beta]=1$ 时，$K_d = 2$。

2）有升压时间的平台形荷载（见图 4-15）。

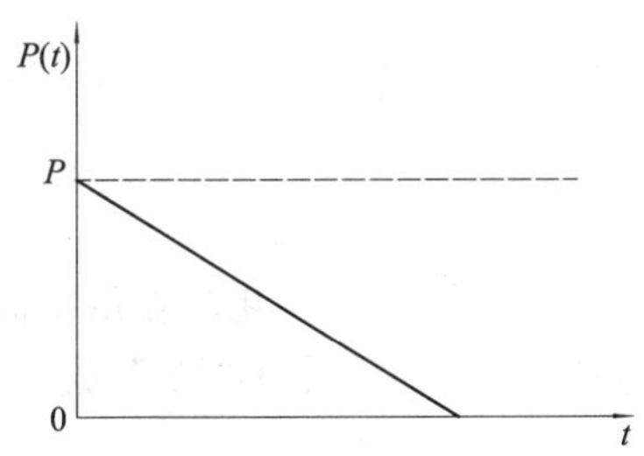

图 4-14　无升压时间的平台荷载

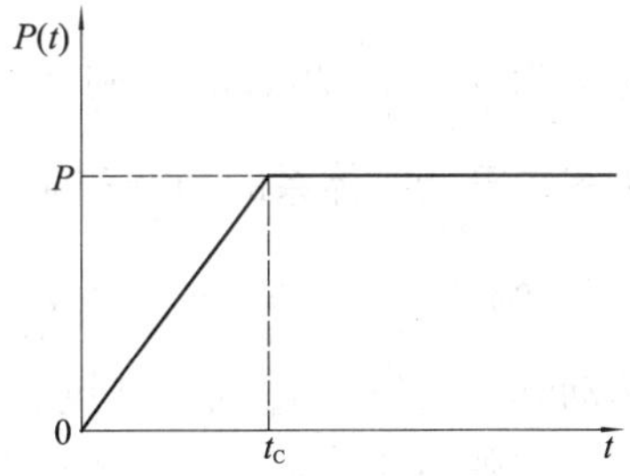

图 4-15　有升压时间的平台荷载

动力系数 K_d 与结构自振频率 ω 和升压时间 t_h 的乘积及允许延性比有关。具体可查表 4-2。

表 4-2　动力系数 K_d

ωt_{0h} \ $[\beta]$	1.0	1.2	1.5	2.0	2.5	3.0	3.5
0	2.00	1.71	1.50	1.34	1.25	1.20	1.11
1	1.96	1.68	1.47	1.31	1.23	1.19	1.10
2	1.84	1.58	1.40	1.26	1.19	1.15	1.08
3	1.67	1.44	1.28	1.18	1.13	1.10	1.05
4	1.50	1.30	1.18	1.11	1.08	1.06	1.05
5	1.40	1.22	1.13	1.07	1.05	1.05	1.05
6	1.33	1.17	1.09	1.05	1.05	1.05	1.05
7	1.29	1.14	1.07	1.05	1.05	1.05	1.05

续表 4-2

ωt_{0h} \ [β]	1.0	1.2	1.5	2.0	2.5	3.0	3.5
8	1.25	1.11	1.06	1.05	1.05	1.05	1.05
9	1.22	1.09	1.05	1.05	1.05	1.05	1.05
10	1.20	1.08	1.05	1.05	1.05	1.05	1.05
15	1.13	1.05	1.05	1.05	1.05	1.05	1.05
20	1.10	1.05	1.05	1.05	1.05	1.05	1.05

（4）常规武器爆炸荷载的动力系数

1）无升压时间的三角形荷载（见图 4-16）

常规武器爆炸空气冲击波荷载作用时间一般只有十几毫秒甚至更短，有时荷载的作用时间比结构自振周期短很多，整个荷载的作用是给质点一个冲量使其获得初始速度引起自由振动。

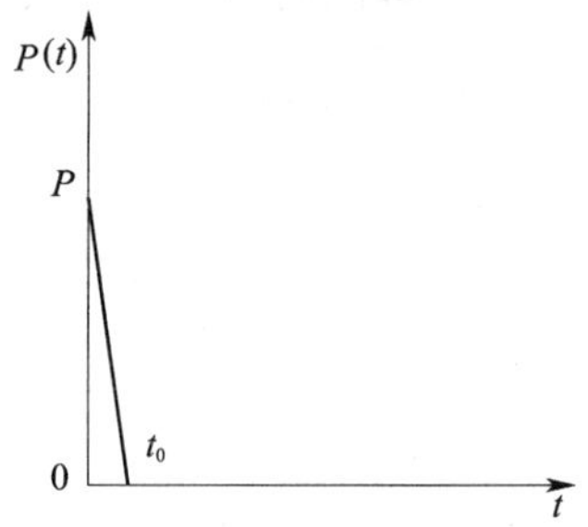

图 4-16　化爆作用下简化瞬时冲量荷载

设冲量为 $S = \int_0^{t_0} P(t)\,\mathrm{d}t$，则初始速度为$\dot{y}_0 = \frac{S}{M}$，但初位移为零，开始时体系的动能和应变能分别为

$$K_0 = \frac{1}{2}M \cdot \dot{y}_0^2 = \frac{1}{2} \cdot \frac{S^2}{M}, U_0 = 0$$

当体系运动到最大位移 y_m 时，速度和动能 K_m 为零。设抗力曲线呈理想弹塑性关系，这时的应变能为

$$U = \frac{1}{2}R_m y_T + R_m(y_m - y_T)$$

根据能量守恒定理，$(U + K)$ 应为常数，所以应有：$U_m + K_m = U_0 + K_0$，得

$$R_m = \frac{S^2}{My_T\left(\frac{2y_m}{y_T} - 1\right)}$$

代入 $y_T = R_m/K$ 可得

$$R_m = \frac{S}{\sqrt{\frac{M}{K}}} \cdot \frac{1}{\sqrt{2\frac{y_m}{y_T} - 1}} = \frac{S}{\sqrt{\frac{M}{K}}} \cdot \frac{1}{\sqrt{2\beta - 1}} = \frac{\omega S}{\sqrt{2\beta - 1}}$$

按弹性体系设计时，$\beta = 1$，则 $R_m = \omega S$。

根据弹塑性动力系数定义，可推得：　$K_d = \frac{\omega t_0}{2\sqrt{2\beta - 1}}$　（4-13）

如按理想弹塑性体系设计，取 $\beta = 1.5$，3，5 和 10，可得所需的最大抗力 R_m 分别为弹性设计时的 71%，45%，33% 和 23%。

可见冲量作用下考虑结构塑性，比突加平台动载下更为有利。这时不论体系的抗力曲线形状为强化形或衰减形，塑性变形能力对提高体系的承载能力均至关重要。另外，体系的质

量 M 对于抵抗瞬息冲量的作用也具有十分重要的影响。

在《规范》中，对常规武器爆炸动荷载简化为无升压时间的三角形时，给出了一般情况下的计算公式。

$$K_d = \left[\frac{2}{\omega t_0}\sqrt{2\beta - 1} + \frac{2\beta - 1}{2\beta\left(1 + \frac{4}{\omega t_0}\right)}\right]^{-1} \tag{4-14}$$

常规武器爆炸动荷载简化为无升压时间的三角形荷载时，动力系数可按表 4-3 确定。

表 4-3 常规武器爆炸动荷载按无升压时间的三角形荷载的动力系数 K_d

ωt_0 \ β	1.0	1.2	1.5	2.0	2.5	3.0	4
≤0.5	0.247	0.208	0.174	0.143	0.124	0.111	0.094
0.6	0.294	0.249	0.208	0.170	0.148	0.132	0.112
0.7	0.341	0.288	0.242	0.198	0.171	0.154	0.130
0.8	0.387	0.327	0.274	0.224	0.195	0.175	0.148
0.9	0.432	0.365	0.306	0.251	0.218	0.195	0.166
1	0.476	0.403	0.338	0.277	0.240	0.216	0.183
2	0.857	0.726	0.611	0.505	0.441	0.398	0.340
3	1.135	0.963	0.814	0.677	0.597	0.541	0.468
4	1.333	1.132	0.961	0.806	0.714	0.652	0.568
5	1.475	1.254	1.068	0.901	0.804	0.737	0.647
6	1.579	1.343	1.148	0.973	0.872	0.803	0.711
7	1.656	1.410	1.207	1.029	0.925	0.855	0.762
8	1.714	1.461	1.253	1.072	0.968	0.897	0.803
9	1.759	1.500	1.289	1.106	1.002	0.931	0.838
10	1.795	1.531	1.317	1.134	1.029	0.959	0.866
20	1.935	1.654	1.435	1.253	1.154	1.089	1.006
30	1.969	1.685	1.465	1.287	1.192	1.131	1.054
40	1.982	1.696	1.478	1.301	1.209	1.150	1.078
50	1.988	1.702	1.484	1.309	1.218	1.161	1.092

2）有升压时间的三角形荷载（见图 4-4）

动力系数 K_d 与结构自振频率 ω 和升压时间 t_r、降压时间 t_d 及允许延性比有关。可根据无升压时间的荷载给出的式（4-14）进行修正计算，动力系数计算公式为

$$K_d = \xi \overline{K}_d \tag{4-15}$$

$$\xi = \frac{1}{2} + \frac{\sqrt{\beta}}{\omega t_r}\sin\left(\frac{\omega t_r}{2\sqrt{\beta}}\right) \tag{4-16}$$

式中 $\overline{K}_d$——降压时间为 t_d 时，按无升压时间的三角形荷载计算的动力系数。

按式（4-16）计算所得的 ξ 应为小于 1 的系数。

由表4-2 和表4-3 比较可知，在常规武器和核武器作用下，动力系数均与荷载的作用时间变化规律、结构自振频率及结构允许延性比有关。但在核武器动荷载作用下，结构自振频率变化对动力系数产生的影响不明显，例如核爆荷载作用下结构延性比 $\beta=3$ 的情况下，结构动力系数变化范围在 1 ~1.2。但是在常规武器荷载作用下，自振频率对结构动力系数影响较大，一般与自振频率成线性比例增减。由式（4-23）可知，影响板自振频率的因素主要是板厚和板跨，所以列表给出一般情况下防空地下室的结构等效静载比较困难。

4.3 等效静载法

4.3.1 等效静载

在前面动力系数的讨论中，已初步提到等效静载的概念。按弹性分析时，由动力系数的概念，体系最大动位移：

$$y_m = K_d \cdot y_i \tag{4-17}$$

或

$$K_d = \frac{y_m}{y_i}$$

K_d 是动力系数，更确切地表述应是“位移动力系数”。它是动载作用下最大动位移与相应静载作用下静位移之比，即动力作用效果的放大倍数，它表示了动载对结构作用的动力效果。K_d 为结构自振频率 ω 及荷载随时间变化规律 $f(t)$ 的函数，而与其最大值 P_m 无关。

由实际受弯构件的无限自由度体系近似分析可以知道，确定最大动位移与最大动弯矩时均可忽略高次振型，只取相应基本主振型的动位移与动弯矩，而且该振型通常取与动载值作为静载作用的静挠曲线相同。因此，结构在动载作用下的最大动位移和最大动弯矩将与静载作用时的值保持线性关系。所以最大动弯矩为

$$M_d = K_d \cdot M_{cm} \tag{4-18}$$

这样，在实际弹性构件计算中，通常可先将动载最大值放大 K_d 倍记作 q_d，然后再确定此 q_d 静载作用下的位移与弯矩，其值与动力分析方法计算的最大动位移与最大动弯矩值完全相等。因而称 q_d 为等效静载。其计算公式定义为

$$q_d = K_d \cdot P_m \tag{4-19}$$

上述进行结构动力计算的方法称为等效静载法。由此可以看出，按弹性动力体系等效静载法进行动力分析，最后归结为动力系数的计算。求出等效静载后就可按静力方法进行结构内力计算。

等效静载法的基本假定如下：①结构的动力系数 K_d 等于相同自振频率的等效简单质量弹簧体系中的数值；②结构在等效静载作用下的各项内力如弯矩、剪力和轴力，等于动载下相应内力的最大值。应当指出，等效静载法是一种近似的动力分析方法。从前述单自由度分布质量体系的等效体系讨论中可知，由于这种体系的惯性力分布规律与动载的分布形式不可能一致，因而在等效静载作用下一般只能做到某一控制截面的内力（如弯矩）与动载下的最大值相等。实际上动载产生的最大内力 M、Q、N 与动载最大值作为静力作用时的内力

M_{cm}、Q_{cm}、N_{cm}的比值，三者并不完全相等（即等于 K_d），而是存在误差。

等效静载法原则上只适用于单个构件，但实际的结构都是由顶板、梁、外墙、柱等多个构件组成，是多构件结构体系。这些构件有的直接受不同峰值的外力动载，有的承受上部构件传来的反力，动载作用的时间有先后，动载的变化规律也不一致，而且每一部分的延性不尽相同，对这种结构做综合的精确的动力分析是较困难的，所以用等效静载法设计时，一般将结构分解成独立的构件，求出各自的等效静载。防空地下室结构计算中，常把由梁柱分割后的单块顶板、由内墙或柱分割后的单块外墙、底板、单块临空墙按单块板或框架进行结构等效静载计算。

4.3.2 结构自振频率的计算

采用等效静载法，将结构承受动载按弹性体系计算的动力分析问题，归结为求动力系数 K_d。而求动力系数 K_d 首先要确定结构的自振频率。

在防空地下室结构计算中，常把顶板、外墙和底板结构分割为按单块板或框架进行结构自振频率的计算，对双向板按板频率计算，对单向板按梁进行频率计算。

（1）梁

梁的自振频率按下式计算

$$\omega = \frac{\Omega}{l^2}\sqrt{\frac{EI}{m}} \tag{4-20}$$

式中 Ω——频率系数，查表 4-4；

m——单位长度质量；

l——跨长；

EI——抗弯刚度。对于钢筋混凝土构件要考虑裂缝的影响，一般刚度折减 0.6 倍。

对于钢筋混凝土矩形截面梁，当混凝土强度等级为 C30 时，考虑刚度折减后的梁自振频率按式（4-21）简化计算。

$$\omega = 775\Omega \cdot \frac{h}{l^2} \tag{4-21}$$

式中 h——梁矩形截面高（m）。

式（4-21）适用于 C30 钢筋混凝土，但对邻近强度等级的钢筋混凝土可近似计算。

表 4-4 单跨及等跨梁、单向板的频率系数

支承情况与振型	Ω	支承情况与振型	Ω
	3.52	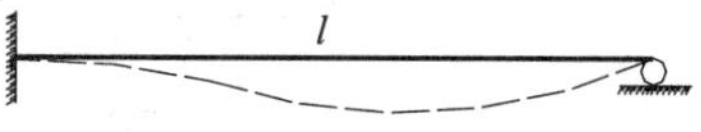	15.42
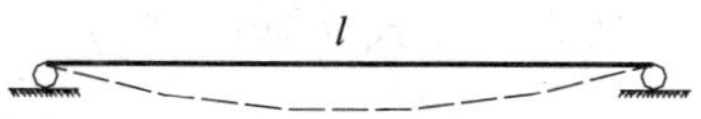	9.87	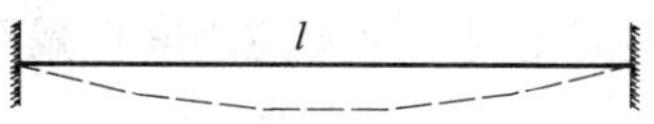	22.37

续表 4-4

支承情况与振型	Ω	支承情况与振型	Ω
	15.40	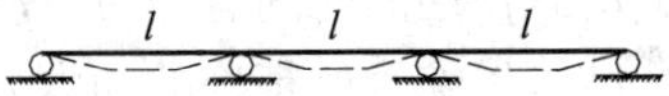	18.47
	20.80		21.20
	22.40	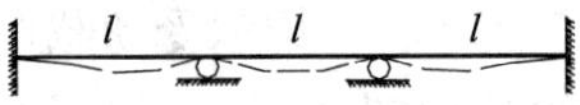	22.40

（2）板

板的自振频率按下式计算

$$\omega = \frac{\Omega}{a^2}\sqrt{\frac{D}{m}} \tag{4-22}$$

式中 Ω——频率系数，查图 4-17；

a——板的短边计算跨度；

D——板的截面刚度，$D=\frac{Eh^3}{12(1-\mu^2)}$，对于钢筋混凝土构件要考虑裂缝的影响，一般截面刚度折减 0.6 倍，其中，h 为板厚，E 为弹性模量，μ 为泊松系数；m 为单位面积质量。

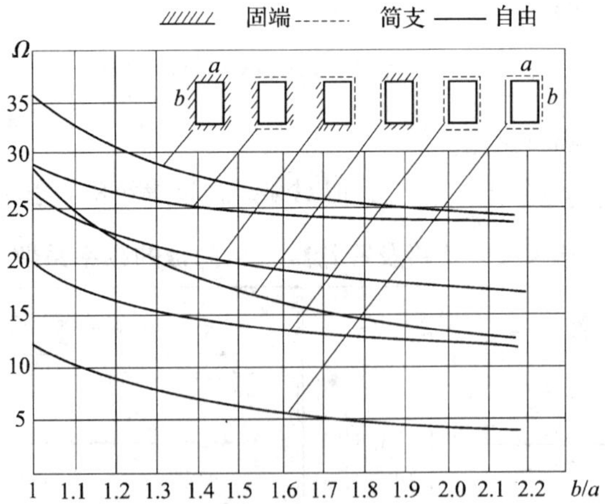

图 4-17 板的自振频率系数

当为 C30 混凝土时，可考虑刚度折减后的结构自振频率，按以下公式计算：

$$\omega = 790\Omega \cdot \frac{h}{a^2} \tag{4-23}$$

式（4-23）适用于C30钢筋混凝土，但对邻近强度等级钢筋混凝土可近似计算。

【例】 四边嵌固的矩形板受均布核爆炸动荷载作用，设动荷载波形为有升压时间的平台形荷载，升压时间为 $t_c = 0.01\text{s}$，荷载峰值为 0.12MPa，结构按弹塑性设计，取延性比 $\beta = 3$。板厚为 0.3m，宽度 × 长度为 4m × 5m。求板所受的核爆炸等效静载。

解： 计算板自振频率，$b/a = 5/4 = 1.25$，查图4-17，$\Omega = 29$，考虑板裂缝折减后，由式（4-23）计算：

$$\omega = 790\Omega \cdot \frac{h}{a^2} = 790 \times 29 \times \frac{0.3}{4^2} = 429.6(1/\text{s})$$

则 $$\omega t_c = 429.6 \times 0.01 = 4.3,\ \beta = 3$$

查表4-2 $$K_d = 1.06$$

所以 $$q_e = K_d \cdot P_0 = 1.06 \times 0.12\text{MPa} = 127\ (\text{kN/m}^2)$$

顶板所受等效静载为 127kN/m^2。

5 结构构件的动力性能及构造要求

5.1 结构材料的动力性能

在进行结构动力分析时，为确定构件的运动和受力状态，并进行截面设计，需要知道构件的抗力函数，了解构件在各种受力状态下的抗力特性、变形性能及破坏形态。

通常所说的材料强度、弹性模量等指标是在标准试验方法下得出的，其中规定了标准的加载速率。而爆炸动载下材料的性能，由于快速变形而有了改变，防空地下室结构承受爆炸动载时的应变速率约在 $0.05 \sim 0.3s^{-1}$的范围，远大于通常材料试验的应变速率。动载下结构的变形过程取决于动载随时间的变化规律和结构的自振周期 T。弹性工作状态下，结构从开始受力发生变位到最大值的时间 t_m，在化爆作用时约为 $T/4$，核爆时接近且不超过 $T/2$。如果动荷载有升压时间 t_1，则 t_m 也与 t_1 有关，但不超过 $\left(t_1 + \frac{T}{2}\right)$。结构若处于弹塑性工作状态，结构到达最大塑性变形的时间要大于弹性时的数值，而结构到达最大抗力或开始屈服的时间 t_y 则比弹性工作时的 t_m 值低。结构材料从开始变形到应力达最大值的时间，大体上就是结构变位或抗力达最大值的时间（防空地下室结构通常其值小于 50ms），从而可以大致确定防空地下室结构在动载下的应变速率范围。由于结构材料从受力变形到破坏是有一个变形过程的，在快速变形时，这一过程表现为滞后，反映在材料强度指标上就是强度提高，但变形特征如塑性性能等则一般变化不大。

防空地下室结构允许进入塑性阶段工作，承受动荷载的构件设计也就必须保证其有足够的塑性变形能力，并避免发生突然性的脆性破坏。这也与动载作用下结构构件经历的工作状态和所表现的性能密切相关。

5.1.1 钢材的动力性能

防空地下室结构中使用较多的是低碳钢的热轧钢筋。这种钢筋的应力应变曲线有明显的弹性部分和塑性部分及屈服点。塑性部分由屈服台阶和硬化段所组成。在断裂前有相当大的相对伸长，其延性比可达 20 ~ 30（见图 5-1）。另一类建筑钢材是经热处理的高碳钢、低合金钢等高强度钢材。其应力应变曲线没有明显的屈服点和屈服台阶（图 5-2）。这类无明显屈服点的钢材，作为钢材强度指标的值是以残余应变为 0.002 时的应力来定义的。

钢筋应力应变曲线在快速变形下与静载时相比的变化，见常应变速率下单轴试验的结果。

1）随着应变速率的增加，具有明显屈服台阶的各种钢筋的屈服强度均有不同程度的提高。其静屈服强度低的，快速变形下提高得多，反之则少。不同类型钢筋的屈服强度提高值见表 5-1。

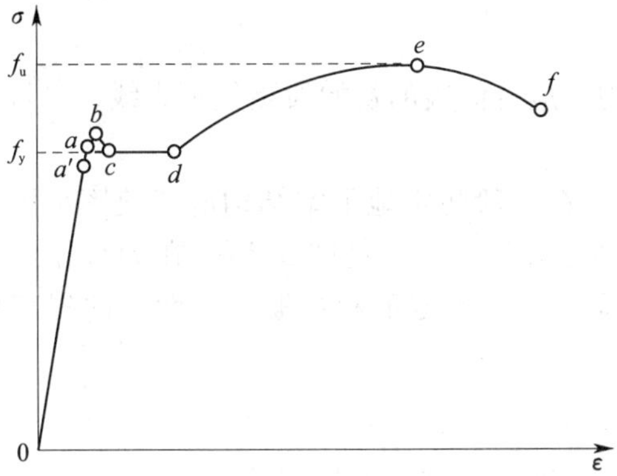

图 5-1 有屈服点钢筋的应力应变曲线

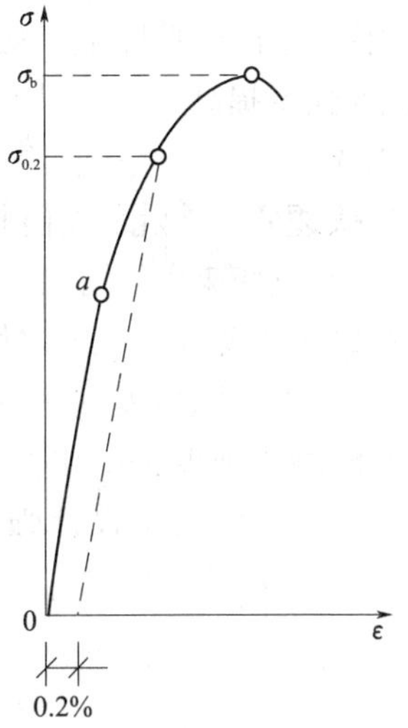

图 5-2 无明显屈服点钢筋的应力应变曲线

2）钢筋在快速变形下，极限强度提高很少（HPB235、HRB335 钢筋）或基本不变（HRB400 以上钢筋），工程设计中一般不考虑极限强度的提高。

3）钢筋抗拉与抗压具有相同的强度提高比值。

4）钢筋在快速变形下的弹性模量不变；屈服台阶长度、极限强度时的应变、极限伸长率等均无明显变化。

5）初始静应力的存在不影响屈服强度的提高。在动载作用下，如锚杆等预应力结构中的钢材，仍可采用无预应力时的提高比值。

6）钢筋动剪切屈服强度约等于动拉力屈服强度的 0.6 倍；极限剪切强度约等于极限拉力强度的 0.75 倍。

5.1.2 混凝土的动力性能

（1）静载作用下的基本特性

1）混凝土的单轴静压应力－应变曲线如图 5-3 所示。曲线的大部分范围是非线性的。

2）混凝土是脆性材料，在构件中通常都在常用钢筋的屈服应变值（0.002）附近达到最大强度，然后强度随变形的发展迅速下降。一般混凝土的最大应变值为强度极限时的应变的 2 倍。

3）应力－应变曲线的初始斜率随混凝土抗压强度的提高而增加。

4）混凝土在二向或三向受力状态下，其抗压强度将大大提高。因此，约束混凝土如钢管混凝土、钢板包裹的混凝土等具有很高的抗力。但

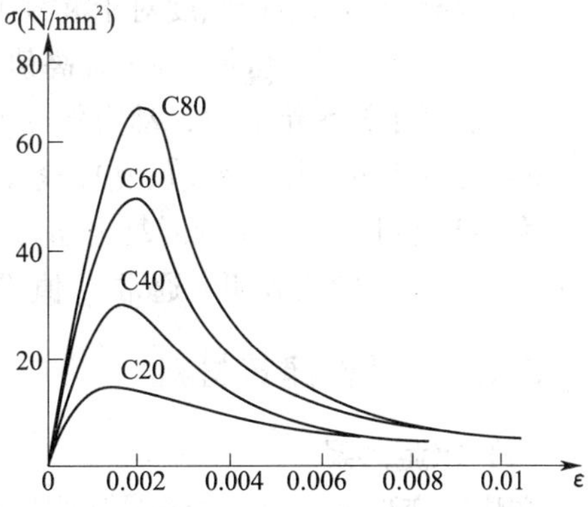

图 5-3 不同强度等级混凝土的应力－应变关系

混凝土存在侧向拉应力时，抗压强度将比单轴时显著降低。

5）混凝土抗压强度随其龄期的增加而增长。普通混凝土一年后的抗压强度至少可比28d 的标准强度提高 30% 。人防工程设计中可以考虑混凝土的后期强度提高，其提高比值可取1. 2 ~1. 3。

（2）快速变形下混凝土的性能

1）随着应变速率的增加，混凝土的应力－应变曲线的初始段更接近直线，其抗压变形模量（初始切线模量）也随之增加。

2）抗压强度随应变速率的增加而提高。在一般防空地下室结构应变速率范围内，常用标号的混凝土强度提高比值大体相同，约为 1. 2 左右（见图 5-4）。在动载作用下防空地下室结构中的混凝土设计强度，是静载强度与快速变形和龄期影响两项的提高比值的乘积。

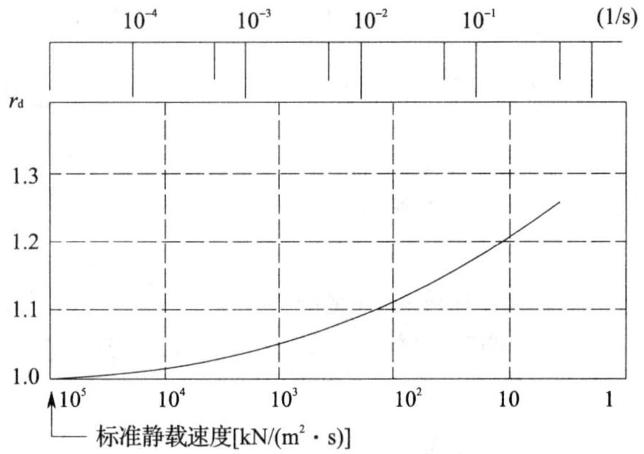

图 5-4　强度提高系数与加载速率的关系

3）混凝土的抗拉强度在快速变形下的提高比值比抗压时大，但抗拉的后期强度增长比值没有抗压多，综合二者因素，将动载作用下混凝土抗拉设计强度的提高比值取与抗压时相同。

4）混凝土动力抗压强度对于混凝土不均匀性的疵病比静载时更为敏感，即由此而引起的强度降低更多，因此动力强度提高值宜偏低取用。

5）混凝土被水饱和时，动力强度提高，而静力强度降低。

6）混凝土的极限应变值、泊松系数基本不受应变速率影响。

表 5-2 是可参考采用的混凝土动力强度提高系数，其值未考虑混凝土的后期强度。防空地下室结构设计实践表明，通常 t_m 值均小于 50ms。

5. 1. 3　其他建筑材料

（1）水泥砂浆

在快速变形下，水泥砂浆抗压强度提高比值及变形模量提高比值，与混凝土没有重大差异可取值一致。

（2）砖砌体

在快速变形下，砖砌体抗压强度随加载速率的增加而提高。当快速加载过程的 t_m 为 150ms 和 10ms 时，强度提高比值可达 1.3 和 1.45。其弹性模量亦有提高的趋势，但规律性不明显。在各种加载速率下，砖砌体的抗压极限变形均在（1.1～2.0）$\times 10^{-4}$之间。各种应变速率下砖砌体的强度提高比值见表 5-1。

表 5-1 材料强度综合提高系数 r_d

材料种类		综合调整系数 r_d
钢筋	HPB235 级（Q235 钢）	1.50
	HRB335 级（Q345 钢）	1.35
	HRB400 级（Q390 钢）	1.20（1.25）
	RRB400 级（Q420 钢）	1.20
混凝土	C55 及以下	1.50
	C60～C80	1.40
砌体	料石	1.20
	混凝土预制块	1.30
	普通粘土砖	1.2

注：1. 表中同一种材料或砌体的强度综合提高系数，可适用于受拉、受压、受剪和受扭等不同受力状态。

2. 对于采用蒸汽养护或掺入早强剂的混凝土，其强度综合提高系数应乘以 0.9 折减系数。

（3）钢丝网水泥

在快速变形下，钢丝网水泥的抗压强度及变形模量的提高比值，可取与混凝土相同的数值。一般可取强度提高比值为 1.15。其抗压极限变形及泊松系数在快速变形下无明显变化，与混凝土无多大差异，约为 3.5×10^{-3} 及 0.22。

（4）木材

木材在动载作用下的设计强度取值需要考虑两个因素。其一是应变速率的影响，快速变形下动力强度试验值比静力强度试验值提高约 15%～30%。另一个因素是一般的木材构件设计所用的静载设计强度，考虑了静载的持久作用条件，取值较静载试验强度值低 50%～60%。由于防空地下室结构是承受瞬时动荷载作用，所以其木材构件的动力设计强度可取为静力设计强度的 2 倍，变形模量较静载时提高 12%。

5.1.4 材料动力强度的确定

在动荷载单独作用或动荷载与静荷载同时作用下，材料强度设计值可按下式计算确定：

$$f_d = r_d \cdot f \tag{5-1}$$

式中 f_d——动荷载作用下材料强度设计值（N/mm^2）；

f——静荷载作用下材料强度设计值（N/mm^2）；

r_d——动荷载作用下材料强度综合提高系数，按表 5-1 的规定采用。

静载作用下，材料强度的标准值、设计值、弹性模量、泊松比等应按照国家现行有关标准执行。

在动荷载单独作用下或动荷载与静荷载同时作用下，混凝土和砌体的弹性模量可取静荷载作用时的1.2倍；钢材的弹性模量以及各种材料的泊松比可取静荷载作用下的数值。

5.2 钢筋混凝土受弯构件

5.2.1 构件的抗力曲线

钢筋混凝土受弯构件（如梁）的抗力曲线，随其配筋率及破坏形式的差别有很大不同。受弯构件依配筋率的多少可分为适筋梁、欠筋梁和超筋梁，破坏形态有弯曲破坏和剪切破坏。

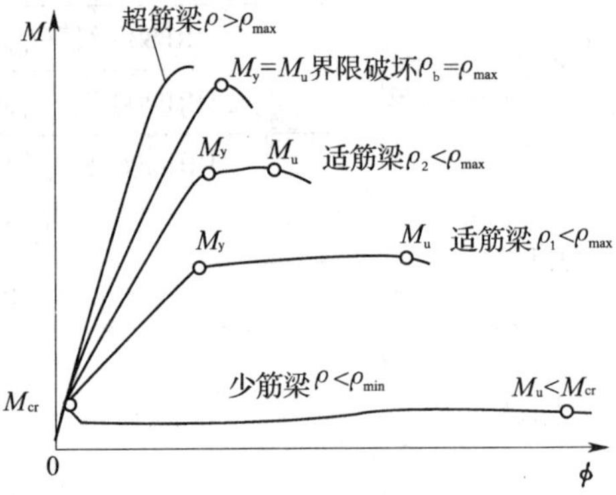

图5-5 不同配筋率的梁 $M-\phi$ 关系

欠筋梁配筋太少，钢筋不足以承受受拉区混凝土在开裂前承受的拉应力。因此，受拉区混凝土出现裂缝后，挠度会突然迅速增长。导致在混凝土受压区边缘达到极限变形前，受拉钢筋就屈服、强化以致断裂。这种构件受拉区只有一、二条较宽的裂缝。梁的抗力很低（见图5-5）。超筋梁配筋率过高，当受拉区钢筋尚未达到屈服时，受压区混凝土就已破损开裂，导致承载能力急剧降低，构件发生脆性破坏。这种破坏易造成体系的突然塌毁，工程中应当避免。

适筋梁受力过程经历了Ⅰ—Ⅰ$_a$—Ⅱ—Ⅱ$_a$—Ⅲ—Ⅲ$_a$几个阶段。在各个受力阶段中钢筋与混凝土的受力状态及其发展过程可从图5-6中看出。在最后一个阶段的后期处于Ⅲ$_a$阶段时，构件控制截面中的受拉钢筋达到屈服强度，受压区混凝土达到抗压极限强度。这时构件的抗弯能力达到最大值（极限弯矩 M_u）。

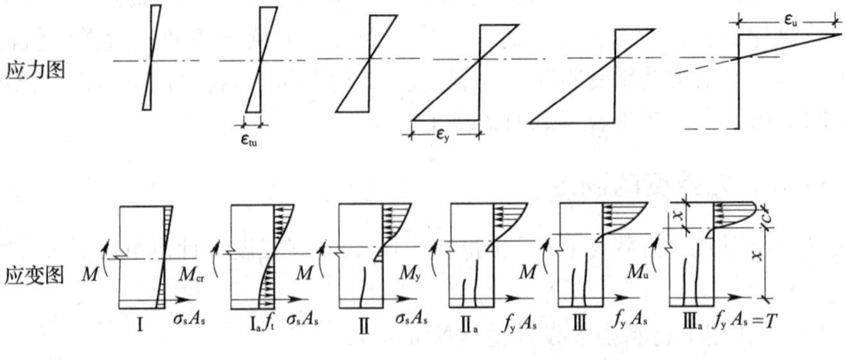

图5-6 钢筋混凝土适筋梁各阶段应力分布图

如前所述，受弯构件的抗力变形关系可以有不同的表示方法。在防空地下室结构的应力分析中经常将构件简化为单自由度体系，并取构件有代表性的总变形（如跨中挠度 y）作为运动微分方程的参变数，构件的抗力变形关系则表示为 $R-y$ 的关系。R 是相应于这一变形下的内力或恢复力，用产生变形 y 的外加总静载来表示。构件达到最大抗力 R_m 时，构件产生屈服变形 y_s，受弯构件相应的极限弯矩为 M_u。适筋简支梁的抗力曲线如图 5-7 所示。

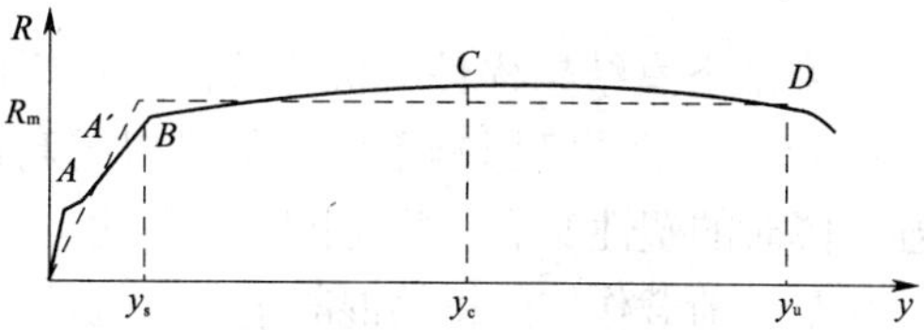

图 5-7 受弯构件的抗力曲线（简支梁）

A—拉区混凝土开裂；B—钢筋开始屈服；C—压区混凝土开始破损；D—抗力明显下降；R_m—根据截面抗弯能力计算得出的最大抗力

由图可见，适筋梁既有较高的抗力，又具有良好的延性，是防空地下室结构正截面强度设计的依据。

5.2.2 纵向受拉钢筋配筋范围

提高混凝土的标号和选用较低的配筋率，可以增加抗弯构件的延性。配筋率增大会降低受弯构件的延性。现行混凝土结构设计规范为防止受弯构件发生超筋破坏，对矩形截面规定最大配筋率为 $\rho_{max}=0.55f_y/f_c$，f_y 和 f_c 为混凝土和钢筋的设计强度。对于高强钢筋或高标号混凝土受弯构件，取值约在 $(0.3\sim0.4)f_y/f_c$ 之间。配筋率高又容易剪坏，所以防空地下室结构中的受弯构件最大配筋率宜取偏低数值。为保证其延性比 β（构件最大变形/弹性极限变形）>1.5，可约取最大配筋率 $\mu_{max}\approx0.3f_y/f_c$。

配筋率过低时，截面的抗裂强度大于屈服强度，受拉区混凝土一开裂，抗力会骤然下降。最小配筋率是根据下列原则定出：①截面的抗裂强度不大于截面的抗弯极限强度；②在压区混凝土应变到达破损之前，拉区钢筋不应发生颈缩。根据大量的试验结果，可以定出不同钢筋种类在不同强度等级的混凝土构件中的最小配筋率 ρ_{min}。由于我国的民用混凝土结构设计规范中所给出的钢筋最小配筋率，是世界各国结构设计规范中较小的，且考虑到钢筋混凝土结构在动荷载作用下的受力特性，以及防空地下室结构的混凝土强度等级比一般民用建筑结构较高，故防空地下室结构或构件的纵向钢筋最小配筋率，应比民用结构设计规范中所规定的数值要大一些。

经过综合分析，防空地下室结构按弹塑性工作阶段设计时，其纵向受拉钢筋的最大配筋率不应大于表 5-2 规定的数值。

表 5-2 纵向受拉钢筋最大配筋百分率（%）

钢筋种类	混凝土强度等级	
	C25	≥C30
HRB335	2.2	2.5
HRB400 RRB400	2.0	2.4

5.2.3 受压区钢筋和箍筋

防空地下室结构构件的抗弯截面，应当配置适当的构造压筋和封闭式箍筋。它们虽然对截面抗弯强度的提高影响不大，但可以提高构件振动反弹的抗力，尤其是可以延长最大抗力明显下降时的塑性变形，并使抗力缓慢地丧失，故对结构的防塌甚为重要。

承受动荷载作用的钢筋混凝土受弯构件应双面配筋。梁、板等受弯构件按计算不需配筋的受压区构造钢筋的配筋率，不宜小于由表5-3确定的纵向受拉钢筋的最小配筋率。整体现浇钢筋混凝土板、墙、拱每面的非受力钢筋的配筋率不宜小于0.15%，间距不应大于250mm。

箍筋配置除按一般混凝土结构设计规范要求外，对于承受动载作用的连续梁支座及框架、刚架节点，其箍筋体积配筋率不应小于0.15%，其构造要求也有较严格的规定。

人防工程承受动荷载的钢筋混凝土结构构件，其纵向受力钢筋的最小配筋率不应小于表5-3规定的数值。

表5-3 纵向受力钢筋的最小配筋率（%）

分　类	混凝土强度等级		
	C25 ~ C35	C40 ~ C55	C60 ~ C80
受压构件的全部纵向钢筋	0.6（0.4）	0.6（0.4）	0.7（0.4）
偏心受压及偏心受拉构件一侧的受压钢筋	0.2	0.2	0.2
受弯构件、偏心受压及偏心受拉构件一侧的受拉钢筋	0.25	0.30	0.35

注：1. 受压构件的全部纵向钢筋最小配筋率，当采用HRB400级、RRB400级钢筋时，应按表中规定减小0.1。
2. 当为墙体时，受压构件的全部纵向钢筋最小配筋百分率采用括号内值。
3. 受压构件的受压钢筋以及偏心受压、小偏心受拉构件的受拉钢筋的最小配筋百分率按构件的全截面面积计算，受弯构件、大偏心受拉构件的受拉钢筋的最小配筋百分率按全截面面积扣除位于受压边或受拉较小边翼缘面积后的截面面积计算。
4. 受弯构件、偏心受压及偏心受拉构件一侧的受拉钢筋的最小配筋百分率不适用于HPB235级钢筋。当采用HPB235级钢筋时，应符合《混凝土结构设计规范》GB 50010—2002中的有关规定；
5. 对卧置于地基上的核5级、核6级和核6B级甲类防空地下室底板，当其内力系数由平时设计荷载控制时，板中受拉钢筋最小配筋率可适当降低，但不应小于0.15%。

5.2.4 构件的延性

承受动荷载作用并允许进入塑性阶段工作的防空地下室结构构件的延性，是保证受弯构件不出现突发脆性破坏的重要力学特征。如前所述，构件的延性通常用参数延性比β（β=构件最大变形/弹性极限变形）表示。构件设计可提供的最大延性比，必须满足按弹塑性工作阶段设计的允许延性比的要求。过高的配筋率会降低构件的延性。若结构构件按弹塑性工作阶段设计，对一般工程受拉钢筋的配筋率不宜超过1.5%。当必须超过时，受弯构件或大偏心受压构件的允许延性比应符合下列表达式的要求：

$$[\beta] \leqslant \frac{0.5}{x/h_0} \tag{5-2}$$

$$\frac{x}{h_0} = (\rho - \rho')\frac{f_{yd}}{\alpha_c f_{cd}} \tag{5-3}$$

式中 x/h_0——混凝土受压区高度与截面有效高度之比；

ρ、ρ'——纵向受拉钢筋配筋率及纵向受压钢筋配筋率；

f_{cd}——动荷载作用下混凝土轴心抗压强度设计值（N/mm^2）；

α_c——混凝土强度调整系数，应按表5-4取值；

f_{yd}——动荷载作用下钢筋抗拉强度设计值（N/mm^2）。

表5-4 混凝土强度调整系数 α_c

混凝土强度等级	≤C50	C55	C60	C65	C70	C75	C80
α_c	1	0.99	0.98	0.97	0.96	0.95	0.94

5.2.5 构件的抗弯刚度

结构动力分析中需要知道自振频率与构件截面的刚度，截面刚度又取决于受拉区混凝土是否开裂的应力状态。试验表明，抗弯截面的刚度在拉区开裂前可按整体刚度计算，即：

$$D_0 = \frac{1}{12}bh^3E_c \tag{5-4}$$

为计算自振频率所用的截面刚度值可近似采用下式：

$$D = 0.6D_0 \tag{5-5}$$

5.2.6 构件的抗剪性能

钢筋混凝土梁的抗剪性能相当复杂，抗剪能力受多种因素的影响，抗剪机理仍不十分清楚，其设计计算方法基本上是经验性的。剪坏可以有斜拉、压剪、斜压等不同的破坏类型。在动荷载作用快速变形下，梁的剪坏类型一般不会转化，最大抗剪能力有所提高，提高的幅值与剪坏的形态有关。斜拉剪坏时提高最多，大体与相应变形速度下的混凝土抗拉强度的提高幅值相当。斜压剪坏时提高最少，大体与混凝土抗压强度的提高幅值相当。而压剪破坏时的提高幅度大体介于二者之间。箍筋在快速变形下的强度提高也会对抗剪强度的增长做出贡献，但对其变形速度很难做出估计。

抗剪破坏呈脆性，特别是斜拉破坏。由于防空地下室结构简化动力分析中常忽略高次振型影响，这会给剪力的计算值带来较大误差，而工程设计又常忽略一些对抗弯有利的因素，这些都会增加剪坏的危险，所以处理构件的抗剪问题时宁可偏于安全考虑。设计防空地下室结构钢筋混凝土梁、柱构件时，抗剪计算公式中的混凝土抗压设计强度的取值宜予以折减，可乘以折减系数0.8。

通常讨论钢筋混凝土构件的抗剪强度问题，都是指主筋屈服前发生的剪坏，即构件的承载能力是剪坏控制而不是受弯屈服。防空地下室结构一般以受拉主筋屈服后的塑性工作状态为其正常工作状态，所以设计时必须考虑屈服后的抗剪性能。屈服后的剪坏有两种：①由于受拉主筋强化或内力重分布等原因，使构件的作用剪力在主筋屈服后仍有所增加，于是因抗剪强度不足而剪坏。这种剪坏的机理与屈服前剪坏没有根本区别，因此设计时应对可能产生的最大作用剪力有足够的估计或给抗剪以更多的安全储备。②典型的屈服后剪坏，发生在同时有较大负弯矩和较大剪力作用的截面，例如框架节点或连续梁支座处及其附近。其机理是主筋屈服后拉区裂缝迅速向深处发展，压区混凝土面积不断缩小，于是在剪力作用下出现斜截面剪坏。屈服后剪坏时剪力大小是由构件的抗弯屈服能力确定的，并不代表构件的实际抗剪能力。因此屈服后剪坏的实际效应是限制了弯曲延性的充分发挥，剪力的存在使弯曲屈服截面（或区段）在变形过程中提前遭到剪坏。屈服后剪坏是斜截面破坏，但在跨高比较小的构件中也可能出现接近正截面的剪坏。目前，防空地下室结构的设计规范中，考虑屈服后剪坏的延性要求是采取如下的工程处理方法，即计算构件斜截面承载能力，对于跨高比大于8时，分别乘以相应的影响修正系数。

《规范》规定对均布荷载作用下的钢筋混凝土梁，斜截面承载能力验算需做跨高比影响的修正。当仅配置箍筋时，斜截面受剪承载力应符合下列公式。

$$V \leqslant 0.7\varphi_1 f_{td} b h_0 + 1.25 f_{yd} \frac{A_{sv}}{s} h_0 \tag{5-6}$$

$$\varphi_1 = 1 - (l/h_0 - 8)/15 \tag{5-7}$$

式中 V——受弯构件斜截面上的最大剪力设计值（N）；

f_{td}——混凝土轴心抗拉动力强度设计值（N/mm^2）；

b——梁截面宽度（mm）；

h_0——梁截面高度（mm）；

f_{yd}——钢筋抗拉动力强度设计值（N/mm^2）；

A_{sv}——配置在同一截面内箍筋各肢的全部截面面积（mm^2）；

$A_{sv} = nA_{sv1}$，此处 n 为同一截面内箍筋的肢数，A_{sv1} 为单肢截面积。

s——沿构件长度方向的箍筋间距（mm）；

l——梁的计算长度（mm）；

φ_1——梁跨高比影响系数。当 $l/h_0 \leqslant 8$ 时，取 $\varphi_1 = 1$；当 $l/h_0 > 8$ 时，φ_1 应按式(5-7)计算确定，当计算 $\varphi_1 < 0.60$ 时，取 $\varphi_1 = 0.6$。

5.3 钢筋混凝土受压构件

5.3.1 轴心受压短柱

钢筋混凝土轴心受压构件的抗力曲线如图5-8所示。快速变形下的最大抗力，随钢材及混凝土材料在动力作用下强度的提高而增大，极限变形值则没有显著的增大，极限应变约为 2×10^{-3}。

轴心受压柱是脆性材料，抗力曲线只反映出少量的塑性变形，简化成理想弹塑性体系后，能提供的延性比较小，约为1.3~1.5，而高标号混凝土的延性比则接近于1。

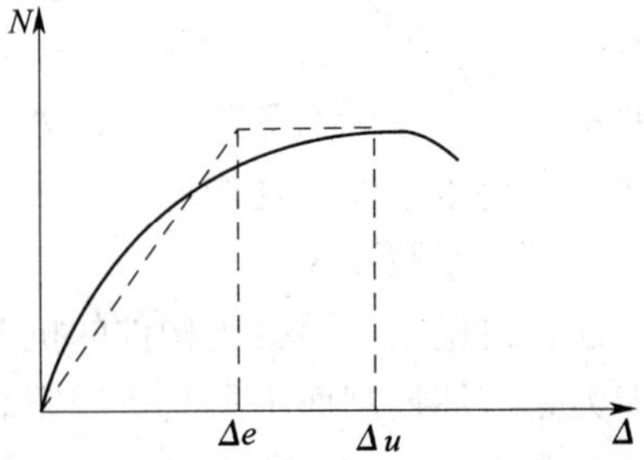

图5-8 轴心受压柱的抗力曲线

根据动荷载试验，钢筋混凝土柱的纵向配筋率超过2.5%，仍有一定的延性。国外有关资料规定，钢筋混凝土柱在动荷载作用下，纵向钢筋配筋率可达8%。在防空地下室结构设计中，规定在动荷载作用下，柱中全部纵向钢筋配筋率不得超过5%，当柱中的纵向受力钢筋配筋率超过3%时，应对柱的箍筋直径、间距及配箍方式做严格的限制。

箍筋有利于提高构件的延性，密集配置的箍筋可以约束混凝土的侧向崩裂，从而提高混凝土的极限强度和防止纵筋过早压屈。因而也就可以大幅度提高构件的极限抗力。密排箍筋能使轴心受压构件抗力达到最大值后的抗力曲线段缓慢下降，所以防空地下室结构的柱子配置箍筋比静载作用时更为重要，应予以足够重视。

5.3.2 钢管混凝土柱

钢管混凝土柱中的外壁钢管在柱充分承载时，处于环向受拉状态，其中心混凝土受到钢管的侧向约束，呈三向受压状态，大大提高了构件的纵向抗压强度和塑性性能。与一般配筋柱比较，钢管截面积对提高柱子承载力的作用，相当于同样面积纵向钢筋作用的2倍，而且可省去箍筋。在动荷载作用下，由于混凝土和钢管材料强度的提高，更进一步提高了钢管混凝土柱的抗力。其强度计算可以按民用混凝土结构设计规范进行，但应计入材料的动力强度提高因素。防空地下室结构中多为短粗的柱子构件，设计时一般不必考虑纵向的压屈稳定问题。

钢管混凝土柱的优点还在于变中心受压为延性构件。钢管混凝土柱具有良好的延性，在最大承载力时，构件的纵向应变已超过5×10^{-3}，继续加载可保持抗力不变而变形继续发展，直至应变达5×10^{-2}以上。

防空地下室结构体系中，结构柱的计算内力很大时，采用钢管混凝土柱具有很好的效果，其对于多种原因造成的轴力偏心具有较好的承受能力，而且施工较方便。

5.3.3 钢筋混凝土偏心受压构件

偏心受压构件承受弯矩M和轴力N的联合作用。它同时反映有梁和柱的性能，其中哪一种性能占优势取决于两种荷载效应M与N的相对量。

试验表明，在动载作用下偏心受压构件抗力有所提高，其最大抗力可以用静力作用时的公式计算，只须将其中的材料强度值取为动力设计强度即可。

偏心受压构件的抗力曲线形态介于梁式受弯构件与轴心受压构件之间。大偏心受压构件的抗力曲线与配筋较多的梁式构件相似；小偏心受压构件的抗力曲线与中心受压构件相似。

5.4 防空地下室结构构造要求

5.4.1 防空地下室结构构件强度要求

防空地下室结构选用的材料强度等级不应低于表5-5的规定。

表 5-5　材料强度等级

构件类别	混凝土		砌体			
	现浇	预制	砖	料石	混凝土砌块	砂浆
基础	C25	—	—	—	—	—
梁、楼板	C25	C25	—	—	—	—
柱	C30	C30	—	—	—	—
内墙	C25	C25	MU10	MU30	MU15	MU5
外墙	C25	C25	MU15	MU30	MU15	MU7.5

注：1. 防空地下室结构不得采用硅酸盐砖和硅酸盐砌块。
2. 严寒地区，饱和土中砖的强度等级不应低于 MU20。
3. 装配填缝砂浆的强度等级不应低于 M10。
4. 防水混凝土底板的混凝土垫层，其强度等级不应低于 C15。

5.4.2　防空地下室结构构件厚度要求

防空地下室结构构件最小厚度应符合表 5-6 的规定。

表 5-6　结构构件最小厚度（mm）

构件类别	材料种类			
	钢筋混凝土	砖砌体	料石砌体	混凝土砌块
顶板、中间楼板	200	—	—	
承重外墙	250	490（370）	300	250
承重内墙	200	370（240）	300	250
临空墙	250	—	—	—
防护密闭门门框墙	300	—	—	—
密闭门门框墙	250	—	—	—

注：1. 表中最小厚度不包括甲类防空地下室的防早期核辐射对结构厚度的要求。
2. 表中顶板最小厚度系指实心截面，如为密肋板，其厚度不宜小于 100mm，且折合厚度不小于 200mm。
3. 砌体项括号内最小厚度仅适用于乙类防空地下室和核 6 级、核 6B 级甲类防空地下室。
4. 砌体包括烧结普通砖、烧结多孔砖以及非粘土砌体。

5.4.3　防空地下室结构变形缝的设置要求

防空地下室结构变形缝的设置应符合下列规定：

防护单元内不应设置沉降缝、伸缩缝；上部地面建筑需设置伸缩缝、抗震缝时，防空地下室可不设置；室外出入口与主体结构连接处，应设沉降缝；钢筋混凝土结构设置伸缩缝最大间距应按现行有关标准的规定执行。

5.4.4 配筋构造要求

1）钢筋混凝土受弯构件，宜在受压区配置构造钢筋，构造钢筋面积不小于按受拉钢筋的最小配筋百分率的计算量；在连续梁支座和框架节点处，且不小于受拉主筋的1/3。

2）连续梁及框架在距支座边缘1.5倍梁的截面高度范围内，箍筋配筋百分率应不低于0.15%，箍筋间距不宜大于$h_0/4$，且不宜大于主筋直径的5倍。对受拉钢筋搭接处，宜采用封闭箍筋，箍筋间距不应大于主筋直径的5倍，且不应大于100mm。

3）承受动荷载的钢筋混凝土板、墙等双面配筋构件，应设置梅花形排列的拉结筋，拉结筋长度应能拉住最外层受力钢筋，直径不宜小于6mm，间距不应大于600mm，两端弯钩不应小于135°，弯钩的直线长度不应小于6倍拉结筋的直径。当拉结筋兼作受力箍筋，其直径及间距应符合箍筋的计算和构造要求（见图5-9）。

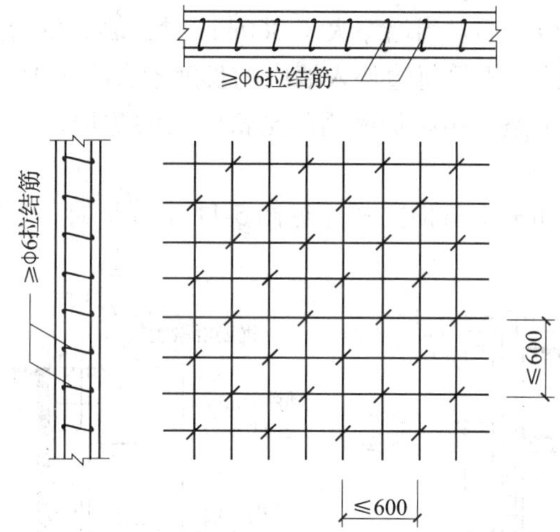

图5-9 拉结钢筋配置形式

4）防空地下室非承重墙的构造应符合下列规定：

①非承重墙宜采用轻质隔墙，当抗力等级为核4级、核4B级时，不宜采用砌体墙。轻质隔墙与结构的柱、墙及顶、底板应有可靠的连接措施。

②非承重墙当采用砌体墙时，与钢筋混凝土柱（墙）交接处应沿柱（墙）全高每隔500mm设置2根直径为6mm的拉结钢筋，拉结钢筋伸入墙内长度不宜小于1000mm。非承重砌体墙的转角及交接处应咬槎砌筑，并应沿墙全高每隔500mm设置2根直径为6mm的拉结钢筋，拉结钢筋每边伸入墙内长度不宜小于1000mm。

5）防空地下室砌体结构应按下列规定设置圈梁和过梁：

①当防空地下室顶板采用叠合板结构时，沿内、外墙顶应设置一道圈梁，圈梁应设置在同一水平面上，并应相互连通，不得断开。圈梁高度不宜小于180mm，宽度应同墙厚，上、下应各配置3根直径为12mm的钢筋。箍筋直径不宜小于6mm，间距不宜大于300mm。当圈梁兼作过梁时，应另行验算。顶板与圈梁的连接处（见图5-10），应设置直径为8mm的锚固钢筋，其间距不应大于200mm，锚固钢筋伸入圈梁的锚固长度不应小于240mm，伸入顶板内锚固长度不应小于$l_0/6$（l_0为板的净跨）。

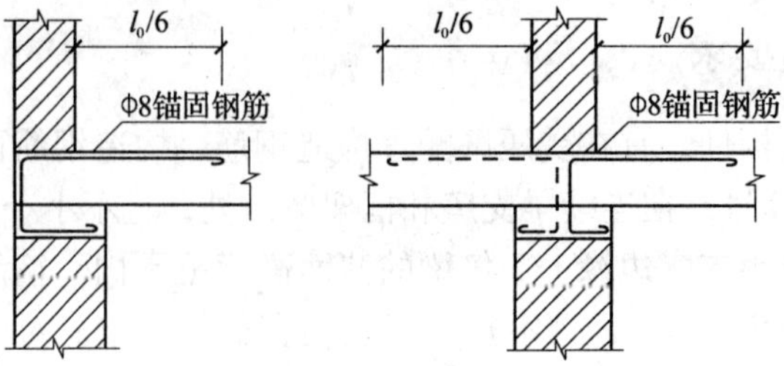

图 5-10　顶板与砌体墙锚固钢筋

②当防空地下室顶板采用现浇钢筋混凝土结构时，沿外墙顶部应设置圈梁。在内隔墙上，可间隔设置，其间距不宜大于 12m，配筋①要求。

③砌体结构的门洞处应设置钢筋混凝土过梁，过梁伸入墙内的长度应不小于 500mm。

6）防空地下室砌体结构墙体转角及交接处，当未设构造柱时，应沿墙全高每隔 500mm 配置 2 根直径为 6mm 的拉结钢筋。当墙厚大于 360mm 时，墙厚每增加 120mm，应增设 1 根直径为 6mm 的拉结钢筋。拉结钢筋每边伸入墙内的长度不宜小于 1500mm。

7）砌体结构的防空地下室，由防护密闭门至密闭门的防护密闭段，应采用整体现浇钢筋混凝土结构。

8）当战时采用挡窗板加覆土防护方式［见图 5-11（a）］时，通风采光窗的洞口构造应符合下列规定：

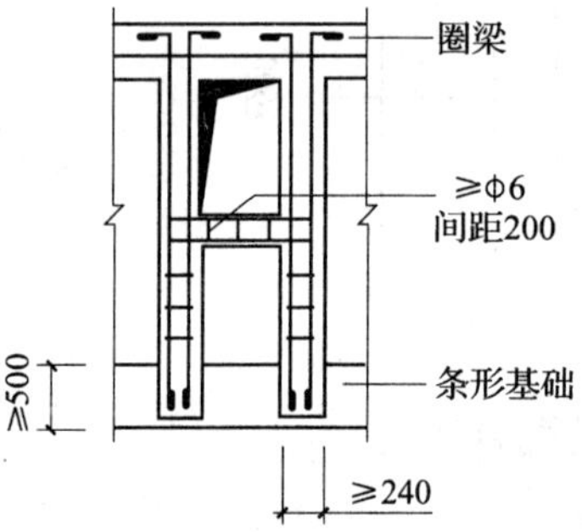

(a)砌体外墙洞口加强图

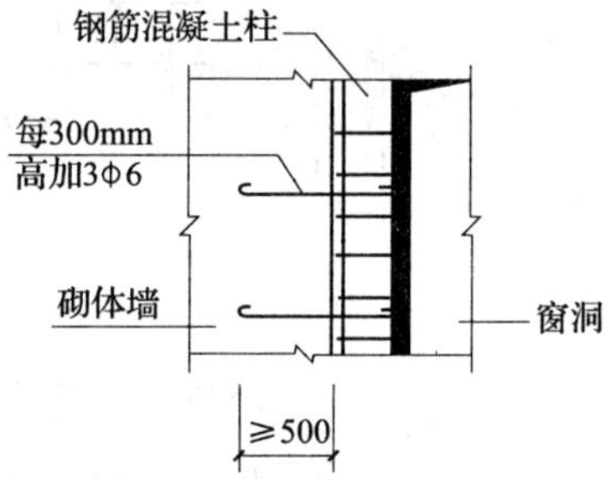

(b)砌体外墙洞口两侧拉接钢筋

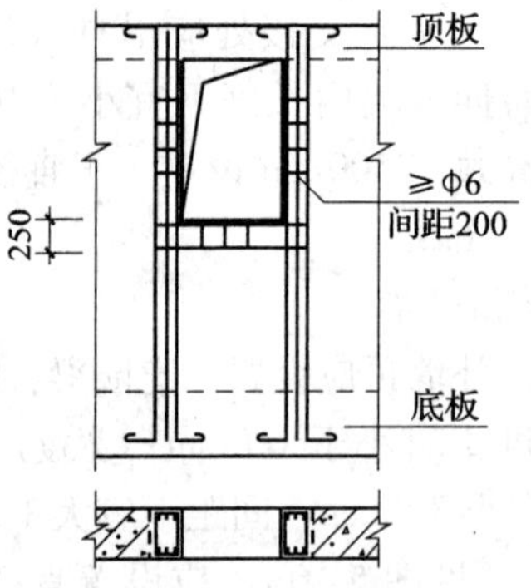

(c)钢筋混凝土洞口加强图

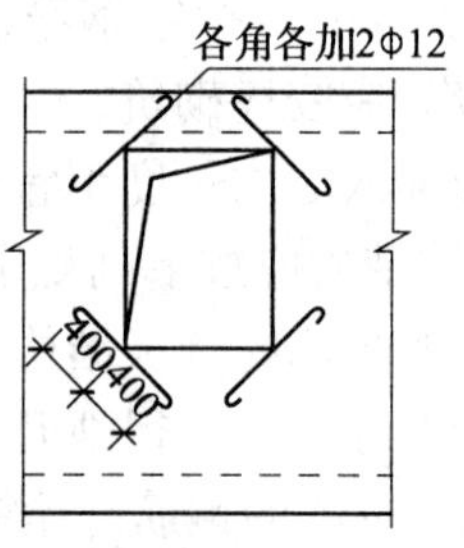

(d)钢筋混凝土洞口四角加筋

图 5-11　通风采光窗洞口构造

①对砌体外墙，在洞口两侧应设置钢筋混凝土柱，柱上端主筋应伸入顶板，并应满足锚固长度要求，柱下端如为条形基础，应嵌入室内地面以下500mm［见图5-11（a）］：当采用钢筋混凝土整体基础时，应将主钢筋伸入底板，并应满足锚固长度要求，柱断面不应小于240mm×墙厚。

②对砌体外墙，在洞口两侧每6皮砖应加3根Φ6拉结钢筋，其伸入墙身长度不宜小于500mm，另一端应与柱内钢筋扎结［见图5-11（b）］。

③对钢筋混凝土外墙，在洞口两侧应设置钢筋混凝土柱，柱上、下端主筋应伸入顶、底板，并应满足锚固长度要求（见图5-11c），且应在洞口四角各设置2Φ12斜向构造钢筋，其长度为800mm［见图5-11（d）］。

6 防空地下室结构荷载

6.1 概　　述

岩土中人防结构所受到的荷载与许多因素有关，主要有：①地面空气冲击波压力，引起岩土压缩波向下传播；②压缩波在自由场中传播时的参数变化；③压缩波遇到结构时产生反射，这个反射压力取决于波与结构的相互作用；④结构构件的动力反应。

6.1.1　土中压缩波荷载

土中结构所承受的压缩波荷载，是因地面空气冲击波的作用经由土体传给的，所以结构受到的荷载首先与压缩波本身的传播特性有关。由分析知道，随传播深度的增加，压缩波的峰值近似按指数规律衰减，而升压时间近似按线性比例增长，其效果是降低对结构的动力作用。若单以这一点而论，则结构埋置愈深，受力愈小。

6.1.2　土中压缩波与结构的相互作用

在埋置不深的情况下，地表自由面的影响不容忽视。压缩波遇到结构顶盖时产生反射压缩波往回传播，反射波所到之处介质压力增高，当它返回自由地表时，因地表无阻挡必然使土壤有疏松的趋势，形成向下传播的拉伸波。拉伸波所到之处压力迅速降低。当它传到顶盖上时，顶盖上的压力亦随之减少。如果结构埋置较深，则拉伸波到来的时间较晚，在此以前，结构可能已经达到了最大变形，因而拉伸波来不及起到卸载作用。如果结构埋置很浅，由于拉伸波造成的卸载有可能大部抵消入射压缩波在顶盖上的反射作用，因此可认为顶盖受到的压力荷载等于地面空气冲击波超压。从这个角度来看，似乎结构埋深以靠近地表为好。如果同上面所说的衰减等因素综合起来考虑，对于某一种人防工程顶板，有可能在某一个埋深处，结构受到的荷载最大。

顶盖的横向尺寸对荷载也有影响。顶盖的大小是有限的，它的四周是上下连续的土壤介质。压缩波遇到顶盖反射，但通过四周的土壤时不存在反射。因此在顶盖的边缘上将产生压力差。顶盖上方的土壤因受较大的反射压力，有向四周挤压的趋势，并逐次向中间疏松，致使顶盖上的反射压力降低。这种现象称为环流效应。顶盖尺寸较小时，反射压力很快疏散，结构受到压缩波荷载的动力作用减弱。此外，由于顶盖上面的土壤受阻不能与四周土壤一起向下运动，并由于土壤内部的摩擦力和粘结力，使结构顶盖四周边缘上的压力又有所增加。由此可见，顶盖上的反射压力并非均匀分布，就其平均值来讲，顶盖的横向尺寸愈大，受到的平均反射压力也愈大。

当压缩波作用于结构顶盖上时，结构将发生整体位移和变形，这些又会反过来影响原来的压缩波荷载。这种力学现象称为介质与结构之间的动态相互作用，或简称相互作用。这个影响体现在动态反应的过程之中，不能事先以定量的方式给定。但对平顶结构而言，压缩波作用下顶盖的变形是顺着波的传播方向的，所以结构的变形使得压缩波荷载减小。同理，柔性地基有较大的沉陷，使结构获得较大的整体位移，所以柔性地基结构的顶盖荷载要比刚性地基时小。至于拱形结构，总体上可以减少压缩波的反射，虽然结构有些部位会发生与压缩波传播方向相反的变形，但是这些部位增加的荷载却是起着类似于静力问题中的弹性抗力作用，使得结构承载能力提高。所以可以认为考虑相互作用有利于发挥土中结构的潜力。

从波在多层介质中的传播理论可知，当结构上方有两层波阻抗悬殊的土壤，如果上层松软，下层坚硬，则通过介质分界面进入下层介质的压缩波峰值将有所增加，对下边的结构将产生不利的作用。但如土层的厚度较薄，由于波在介质层内的来回反射结果（参考第3章图3-8），可以近似不考虑分界面存在的影响。

压缩波荷载与土壤含水量关系极大。当结构处于地下水位较高的地区，更要考虑地下水的影响。压缩波在饱和土层中传播时甚少衰减，同时因为饱和土的压缩性极小，使得结构所受的荷载大幅度增加。

压缩波荷载与土体力学特征密切有关。比如具有抗剪强度的非饱和土壤，当结构埋深较大时，一般使结构的荷载减少，而饱和土则不能。不同土体给出的侧压更为悬殊。由于土体性能多变，很难用固定的模型去模拟，所以在解决不同的问题时常采用不同的模型。有时视土体为散体，有时视土体为固体、液体或者多相介质。

结构构件的动力反应已在第4章中介绍，这里不再赘述。

6.2 防空地下室结构的核爆炸等效静载

6.2.1 防空地下室结构的核爆炸动荷载

(1) 核爆炸地面冲击波参数

如前所述，核爆炸地面空气冲击波波形简化为无升压时间的三角形。土中压缩波波形简化为有升压时间的平台形。空气冲击波的等效正压作用时间 t_1（或 t_2），土中压缩波的升压时间 t_{0h}，其计算方法如第2章、第3章所述。

(2) 地面建筑物对防空地下室结构核爆动荷载的影响

由于地面建筑与冲击波之间的相互作用过程，冲破建筑物底层门窗的地面冲击波，经过绕流和扩散作用进入室内，一方面使冲击波超压峰值降低，同时明显出现升压时间。底层门窗开孔面积与正对冲击波传播方向的墙面面积的比值愈小，则底层建筑物的绕流和扩散作用愈明显。同时地面建筑物对防空地下室迎爆面的土中外墙核爆动荷载有反射增大作用。具体计算方法可参照第2章第2.2节。

(3) 防空地下室的核爆动荷载

全埋式防空地下室结构上的核爆动荷载，可按同时均匀作用在结构各部位设计［见图6-1（a）］。当 $\Delta P_m = 0.05$MPa 抗力的防空地下室顶板底面高出室外地面时，尚应验算地面空气冲击波对高出地面外墙的单向作用［见图6-1（b）］。

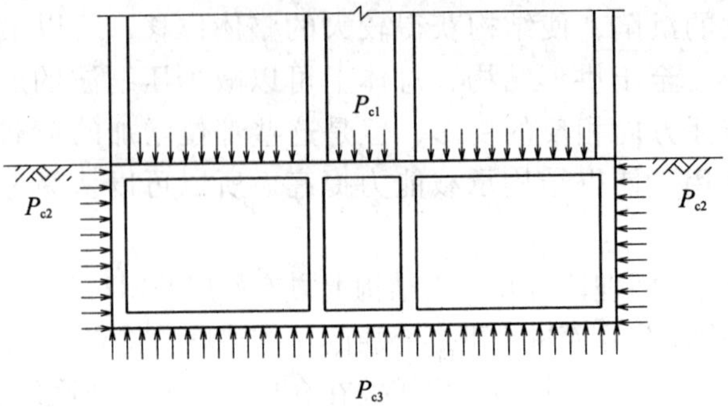

(a) 全埋式防空地下室

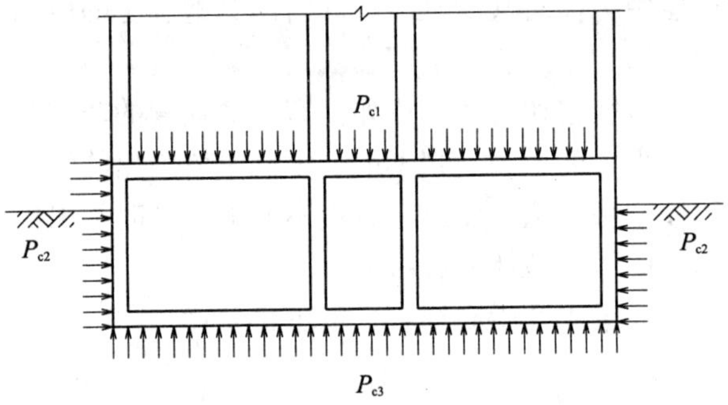

(b) 顶板高出地面的防空地下室

图 6-1 结构周边核爆动荷载作用方式

防空地下室采用等效静载法设计结构时，其周边动荷载宜按同时作用设计，并可按下式计算确定：

$$P_{c1} = KP_{h1} \tag{6-1}$$

$$P_{c2} = \xi P_{h2} \tag{6-2}$$

$$P_{c3} = \eta P_{c1} \tag{6-3}$$

式中 P_{c1}、P_{c2}、P_{c3}——分别为结构顶盖、外墙、底板的核爆动荷载（MPa）；

P_{h1}——顶盖埋深处的土中压缩波峰值压力（MPa）；

P_{h2}——地表面至外墙中点深度处的土中压缩波峰值压力（平均压力）（MPa）；

K——顶盖综合反射系数；

ξ——侧压系数，可按表 6-1 确定；

η——底压系数，非饱和土可取 0.7～0.8（核 4B 级及核 4 级时，取下限值）；饱和土可取 0.8～1.0（含气量不大于 0.1% 时，可取上限值）。

（4）顶盖综合反射系数

顶盖综合反射系数是根据土中一维平面应变波与土中结构动力相互作用的理论分析，并结合试验结果提出的工程设计值。

表 6-1 侧压系数

土的类别		侧压系数
碎石土		0.15～0.25
砂土	地下水位以上	0.25～0.35
	地下水位以下	0.70～0.90
粉土		0.33～0.43
粘性土	坚硬、硬塑	0.20～0.40
	可塑	0.40～0.70
	软塑、流塑	0.70～1.00
老粘性土		0.20～0.33
红粘土		0.30～0.45
湿陷性黄土		0.25～0.40
淤泥质土		0.70～0.90

注：1. 密实的碎石土及非饱和砂土，宜取小值。
2. 非饱和粘性土的液性指数为下限值时，宜取小值。
3. 含气量不大于 0.1% 的饱和土，宜取大值。

核爆炸空气冲击波感生的土中压缩波在土体中传播，在未遇到结构前可视为一维平面应变波。遇到土中结构后，与结构的动力相互作用呈现出十分复杂的状态过程。入射压缩波遇到结构发生反射，使得作用于结构上的压力增大上升为反射压力。随之结构在动载作用下发生整体运动和构件变形。在反射压力达到峰值压力后，因反射压力的下降及结构运动、变形的影响，首先在紧邻结构表面的土层中的压缩加载状态转变为卸载状态。在弹塑性土介质中卸载产生的这种新扰动（称结构卸载波）将不断向上发展，从而导致结构上和结构卸载波到达的土体中的压力较快地下降。另一方面，入射压缩波遇结构后的反射压缩波更快地向地表面传播，遇到地表自由面发生反射。这时又以反射拉伸波的形态（称地表卸载波）返回向土层中传播，影响土体中的应力，使之下降。因此，在地表面与结构顶盖间的浅层覆土中，出现复杂的波动过程。结构顶盖上的动荷载，决定于压缩波参数、土介质性质和结构特性等多种因素的耦合影响。一般来说，在一定条件下可能在某一埋置深度处结构上的动荷载会最大，此即所谓的结构不利覆土厚度。

通过一定的理论分析、试验和工程分析处理，防空地下室结构顶盖的综合反射系数，可按以下原则取值：

1）当顶盖覆土厚度为零时，综合反射系数可取 1.0。

2）当顶盖覆土厚度等于或大于结构不利覆土厚度 h_m 时，且为非饱和土时，综合反射系数可按表 6-2 确定。

3）当顶盖覆土为饱和土时，综合反射系数可按下列规定确定：

①当 ΔP_m（N/mm^2）$\geqslant 20\alpha_1$ 时，平顶结构 $K=2.0$，非平顶结构 $K=1.8$；

②当 ΔP_m（N/mm^2）$\leqslant 16\alpha_1$ 时，K 值应按非饱和土确定；

表 6-2 顶盖覆土厚度等于或大于结构不利覆土厚度时综合反射系数

抗核武器级别	覆土厚度（m）						
	1	2	3	4	5	6	7
6B 级、6 级、5 级	1.45	1.40	1.35	1.30	1.25	1.22	1.20
4B 级、4 级	1.52	1.47	1.42	1.37	1.31	1.28	1.26

注：1. 多层结构综合反射系数应取表中数值的 1.05 倍。
2. 非平顶结构，取表中的 0.9 倍。

③当 $16\alpha_1 \leqslant \Delta P_m$（$N/mm^2$）$\leqslant 20\alpha_1$ 时，综合反射系数可按①、②计算结果线性内插确定。

4）顶盖覆土厚度小于结构不利覆土厚度时，综合反射系数可按线性内插确定，对主体结构，当结构顶板覆土厚度 h 不大于 0.5m 时，综合反射系数 K 值取 1.0。

5）土中结构顶板不利覆土厚度按表 6-3、表 6-4 确定。

表 6-3 抗核武器级别为 6B 级、6 级、5 级时结构不利覆土厚度（m）

l_0（m）	≤2.0	2.5	3.0	3.5	4.0	4.5	5.0	5.5
h_m（m）	1.0	1.2	1.5	1.7	2.0	2.2	2.5	2.7
l_0（m）	6.0	6.5	7.0	7.5	8.0	8.5	≥9.0	
h_m（m）	2.9	3.0	3.2	3.4	3.6	3.8	4	

注：1. l_0 为结构净跨，对双向板取短边净跨；对于多跨结构，l 应取其中最大短边的净跨。
2. h_m 为取 $[\beta]=3$ 时与 l_0 对应的土中结构不利覆土厚度。

表 6-4 抗核武器级别为 4B 级、4 级时结构不利覆土厚度（m）

l_0（m）	≤3.0	3.5	4.0	4.5	5.0	5.5	6.0	6.5
h_m（m）	1.0	1.2	1.4	1.6	1.8	1.9	2.1	2.3
l_0（m）	7.0	7.5	8.0	8.5	9.0	9.5	≥10.0	
h_m（m）	2.5	2.7	3.0	3.2	3.5	3.7	4.0	

注：h_m、l_0、$[\beta]$ 的定义同表 6-3。

（5）作用于结构的核爆动荷载压力波形

当按等效静载法设计人防工程时，作用在结构上的压力波的波形可按有升压时间的平台形荷载确定，作用在顶盖和外墙上动压力的升压时间按相应位置处的土中压缩波升压时间计算，即按式（3-14）计算确定。

6.2.2 防空地下室结构上的等效静载

一般人防工程结构动力计算，可采用等效静载法，按单自由度的弹性或弹塑性体系计算（见第 4 章）。

结构周边上的等效静荷载可按下列公式计算。

$$q_1 = K_{d1} P_{c1} \tag{6-4}$$

$$q_2 = K_{d2}P_{c2} \quad (6\text{-}5)$$

$$q_3 = K_{d3}P_{c3} \quad (6\text{-}6)$$

式中 q_1、q_2、q_3——分别为顶盖竖向等效静荷载、外墙水平等效静荷载和底板竖向等效静荷载（MPa）；

K_{d1}、K_{d2}、K_{d3}——分别为顶盖、外墙、底板的动力系数。

结构或构件的动力系数 K_d 可计算或查表 4-2 确定。

由于底板压力波形的升压时间较长，近似可将动荷载视为静荷载作用，即取底板动力系数 $K_d \approx 1$，或按工程设计规范的有关规定计算。

6.2.3 防空地下室常用结构等效静载

由于防空地下室设计是与其上部建筑物的设计相互协调的，其建筑尺寸、结构类型和体系均限于有限范围内变化，因此就有可能预先计算出常用结构等效静荷载值，以便于工程设计应用。

（1）顶板等效静载

防空地下室顶板为钢筋混凝土梁板结构时，其顶板的等效静荷载 q_{e1} 可按表 6-5 采用。

表 6-5　顶板等效静荷载 q_{e1}（kN/m^2）

顶板覆土厚度 h（m）	顶板区格最大短边净跨 l_0（m）	防核武器抗力等级				
		6B	6	5	4B	4
$h \leqslant 0.5$	$3.0 \leqslant l_0 \leqslant 9.0$	40（35）	60（55）	120（100）	240	360
$0.5 < h \leqslant 1.0$	$3.0 \leqslant l_0 \leqslant 4.5$	45（40）	70（65）	140（120）	310	460
	$4.5 \leqslant l_0 \leqslant 6.0$	45（40）	（70）60	135（115）	285	425
	$6.0 \leqslant l_0 \leqslant 7.5$	45（40）	（65）60	130（110）	275	410
	$7.5 \leqslant l_0 \leqslant 9.0$	45（40）	65（60）	130（110）	265	400
$1.0 < h \leqslant 1.5$	$3.0 \leqslant l_0 \leqslant 4.5$	50（45）	75（70）	145（135）	320	480
	$4.5 \leqslant l_0 \leqslant 6.0$	45（40）	70（65）	135（120）	300	450
	$6.0 \leqslant l_0 \leqslant 7.5$	40（35）	70（60）	135（115）	290	430
	$7.5 \leqslant l_0 \leqslant 9.0$	40（35）	70（60）	130（115）	280	415

注：表中带括号项为计入上部建筑物影响的顶板等效静荷载。

上表计算中采用的有关条件为：混凝土强度等级为 C25，起始压力波速 v_0 取 200m/s，波速比 γ 取 2，顶板四边按固定考虑，构件允许延性比［β］=3，板的计算厚度参考工程经验。

（2）外墙等效静载查表确定

防空地下室土中外墙的等效静荷载 q_{e2}，当未计入上部建筑物对外墙影响时，可按表 6-6、表 6-7 采用；当计入上部建筑物影响时，应按表中数值乘以系数 λ 采用。核 6B 级、核 6 级时，$\lambda = 1.1$；核 5 级时，$\lambda = 1.2$；核 4B 级时，$\lambda = 1.25$。

表中有关的计算条件为：土壤的起始压力波速 v_0 取 200m/s，波速比 γ 取 2。混凝土强度等级选用 C25～C30。构件计算尺寸参考工程经验。

表 6-6 非饱和土中外墙等效静荷载 q_{e2}（kN/m^2）

土的类别		防核武器抗力等级							
		6B		6		5		4B	4
		砖砌体	钢筋混凝土	砖砌体	钢筋混凝土	砖砌体	钢筋混凝土	钢筋混凝土	钢筋混凝土
碎石土		10 ~ 15	5 ~ 10	15 ~ 25	10 ~ 15	30 ~ 50	20 ~ 35	40 ~ 65	55 ~ 90
砂土	粗砂、中砂	10 ~ 20	10 ~ 15	25 ~ 35	15 ~ 25	50 ~ 70	35 ~ 45	65 ~ 90	90 ~ 125
	细砂、粉砂	10 ~ 15	10 ~ 15	25 ~ 30	15 ~ 20	40 ~ 60	30 ~ 40	55 ~ 75	80 ~ 110
粉土		10 ~ 20	10 ~ 15	30 ~ 40	20 ~ 25	55 ~ 65	35 ~ 50	70 ~ 90	100 ~ 130
粘性土	坚硬、硬塑	10 ~ 15	5 ~ 15	20 ~ 35	10 ~ 25	30 ~ 60	25 ~ 45	40 ~ 85	60 ~ 125
	可塑	15 ~ 25	15 ~ 25	35 ~ 55	25 ~ 40	60 ~ 100	45 ~ 75	85 ~ 145	125 ~ 215
	软塑、流塑	25 ~ 35	25 ~ 30	55 ~ 60	40 ~ 45	100 ~ 105	75 ~ 85	145 ~ 165	215 ~ 240
老粘性土		10 ~ 25	10 ~ 15	20 ~ 40	15 ~ 25	40 ~ 80	25 ~ 50	50 ~ 100	65 ~ 125
红粘土		20 ~ 30	10 ~ 20	30 ~ 45	15 ~ 30	45 ~ 90	35 ~ 50	60 ~ 100	90 ~ 140
湿陷性黄土		10 ~ 15	10 ~ 15	15 ~ 30	10 ~ 25	30 ~ 65	25 ~ 45	40 ~ 85	60 ~ 120
淤泥质土		30 ~ 35	25 ~ 30	50 ~ 55	40 ~ 45	90 ~ 100	70 ~ 80	140 ~ 160	210 ~ 240

注：1. 表内砖砌体数值是按防空地下室净高≤3m，开间≤5.4m 计算确定；钢筋混凝土墙数值是按计算高度≤5m 计算确定。
2. 砖砌体按弹性工作阶段计算，钢筋混凝土按弹塑性工作阶段计算，[β] 取 2.0。
3. 碎石土及砂土，密实、颗粒粗的取小值；粘性土，液性指数低的取小值。

对于高出室外地面的 6B 级和 6 级防空地下室，直接承受空气冲击波单向作用的钢筋混凝土外墙按弹塑性工作阶段设计时，其等效静荷载的 q_{e2} 当核 6B 级时取 80kN/m²；当核 6 级时取 130kN/m²。

表 6-7 饱和土中钢筋混凝土外墙等效静载 q_{e2}（kN/m^2）

土的类别	防核武器抗力等级				
	6B	6	5	4B	4
碎石土、砂土	30 ~ 35	45 ~ 55	80 ~ 105	185 ~ 240	280 ~ 360
粉土、粘性土、老粘性土、红粘土、淤泥质土	30 ~ 35	45 ~ 60	80 ~ 115	185 ~ 265	280 ~ 400

注：1. 表中数值是按外墙计算高度≤5.0m，允许延性比 [β] 取 2.0 确定。
2. 含气量 $\alpha_1 \leq 0.1\%$ 时取大值。

（3）底板等效静载

当工程顶板受向下的动荷载作用时，整个工程产生向下运动，如果底板是筏板基础时，就会相应产生底板与地基之间的相互作用动压力，底板荷载就是地基的反力。由于工程四周均为土体，土体与结构相互作用，当底板下土质坚硬时，地基阻止工程向下运动的能力强，这时底板所受等效静载大，反之底板下土质松软，底板所受等效静载小。如果采用桩基础，顶板荷载通过竖向构件（墙、柱）将荷载直接传至桩基础，从而大大减少了底板所受荷载的量值。所以《规范》按基础类型分别给出了底板所受等效静载。

防空地下室无桩基时钢筋混凝土底板的等效静荷载 q_{e3}，可按表 6-8 采用。

表 6-8 钢筋混凝土底板等效静荷载 q_{e3}（kN/m²）

顶板覆土厚度 h（m）	顶板短边净跨（m）	防核武器抗力等级					
		6B		6		5	
		地下水位以上	地下水位以下	地下水位以上	地下水位以下	地下水位以上	地下水位以下
$h \leqslant 0.5$	$3.0 \leqslant l \leqslant 9.0$	30	30～35	40	40～50	75	75～95
$0.5 < h \leqslant 1.0$	$3.0 \leqslant l \leqslant 4.5$	30	35～40	50	50～60	90	90～115
	$4.5 < l \leqslant 6.0$	30	30～35	45	45～55	85	85～110
	$6.0 < l \leqslant 7.5$	30	30～35	45	45～55	85	85～105
	$7.5 < l \leqslant 9.0$	30	30～35	45	45～55	80	80～100
$1.0 < h \leqslant 1.5$	$3.0 \leqslant l \leqslant 4.5$	35	35～45	55	55～70	105	105～130
	$4.5 < l \leqslant 6.0$	30	30～40	50	50～60	90	90～115
	$6.0 < l \leqslant 7.5$	30	30～35	45	45～60	90	90～110
	$7.5 < l \leqslant 9.0$	30	30～35	45	45～55	85	85～105

顶板覆土厚度 h（m）	顶板短边净跨（m）	防核武器抗力等级			
		4B		4	
		地下水位以上	地下水位以下	地下水位以上	地下水位以下
$h \leqslant 0.5$	$3.0 \leqslant l \leqslant 9.0$	140	160～200	210	240～300
$0.5 < h \leqslant 1.0$	$3.0 \leqslant l \leqslant 4.5$	190	215～270	280	320～400
	$4.5 < l \leqslant 6.0$	170	195～245	255	290～365
	$6.0 < l \leqslant 7.5$	160	185～230	245	280～350
	$7.5 < l \leqslant 9.0$	155	180～225	235	265～335
$1.0 < h \leqslant 1.5$	$3.0 \leqslant l \leqslant 4.5$	205	235～295	305	350～440
	$4.5 < l \leqslant 6.0$	190	215～270	280	320～400
	$6.0 < l \leqslant 7.5$	175	200～250	260	300～375
	$7.5 < l \leqslant 9.0$	165	190～240	250	285～355

注：1. 表中核 6 级及核 6B 级防空地下室底板的等效静荷载对计入或不计入上部建筑物影响均适用。

2. 表中核 5 级防空地下室底板的等效静荷载按计入上部建筑物影响计算，对不计入上部建筑影响时，可按表中数值除以 0.95 后采用。

3. 位于地下水位以下的底板，含气量 $\alpha_1 \leqslant 0.1\%$ 时取大值。

防空地下室有桩基时钢筋混凝土底板的等效静荷载 q_{e3}，可按表6-9采用。

当防护地下室采用条形基础或独立柱基础加防水底板时，底板上的等效静载，对核6B级取15kN/m^2，对核6级可取25kN/m^2，对核5级可取50kN/m^2。

表6-9 有桩基钢筋混凝土底板等效静荷载 q_{e3}（kN/m^2）

底板下土的类型	防核抗力等级					
	6B		6		5	
	端承桩	非端承桩	端承桩	非端承桩	端承桩	非端承桩
非饱和土	—	7	—	12	—	25
饱和土	15	15	25	25	50	50

【例6-1】 有一防空地下室，假设抗核爆炸地面冲击波超压 $\Delta P_m=0.1$MPa，采用整浇式钢筋混凝土梁板柱结构，地下顶板上覆土层厚800mm（原土夯实），墙厚350mm，顶板厚350mm。单块顶板尺寸为3m×5m，防空地下室外墙中点埋深为4m。地上为4层办公楼，框架结构，外墙为24砖墙，开孔率小于50%，原地土为老粘土，场区地下水位-6m，地下外墙和顶板上土壤均为原地土回填夯实。试计算防空地下室顶板、外墙和底板的等效静载。

解：

（1）计算确定结构等效静载

1）参数确定。

查《规范》表4.4.3-1，取老粘性土参数 $v_0=300$，$\gamma_c=1.5$，$\delta=0.3$，计算老粘土的峰值波速为 $v_1=\dfrac{v_0}{\gamma_c}=300/1.5=200$；查《规范》表4.4.1，地面冲击波等冲击简化作用时间 $t_2=0.78$s。

2）顶板等效静载确定。

①顶板地面冲击波荷载确定。

根据《规范》4.4.4条，工程外墙24砖墙，开孔率小于50%，地面空气冲击波超压应相应折减。

$$\Delta P_{ms}=0.95\Delta P_m=0.95\times0.1\text{MPa}=95(\text{kN/m}^2)\text{，升压时间可取 } t_c=0.025\text{s。}$$

②顶板埋深处土中压缩波荷载确定。

根据《规范》4.4.3条，当土的计算深度小于或等于1.5m时，P_h 可近似取 ΔP_{ms}。

$$t_{0h}=0.025+(\gamma_c-1)\frac{h}{v_0}=0.025+(1.5-1)\frac{0.8}{300}=0.026(\text{s})$$

③顶板综合反射系数确定。

a. 根据《规范》4.5.4条表4.5.4-1，结构顶板最不利覆土厚度为：$h_m=1.5$m。

b. 由《规范》表4.5.3，顶板最不利覆土厚度时的综合反射系数为：$K=1.425$，（1m和2m时取 K 的插值）

c. 根据《规范》4.5.4条，顶板覆土为0.8m时的 K 值应为：顶板覆土为0m时的 $K=1$ 和顶板覆土为1.5m时的 $K=1.425$ 之间的插值。

$$K=\frac{(0.8-0)}{(1.5-0)}\times(1.425-1)+1=1.23$$

④结构顶板动载计算。

$$P_{c1} = KP_h = 1.23 \times 95 = 116.9(\text{kN/m}^2)$$

$$t_{0h} = 0.026$$

⑤结构等效静载计算。

a. 顶板结构自振频率的计算。

$b/a=5/3=1.67$，查图 4-17，$\Omega=27$，由式（4-23）计算：

$$\omega = 790\Omega \cdot \frac{h}{a^2} = 790 \times 27 \times \frac{0.35}{3^2} = 829.5(1/\text{s})$$

b. 结构等效静载确定。

则 $\omega t_{0h}=829.5 \times 0.026=21.6$，$\beta=3$

查《规范》表 4.6.5，$K_d=1.05$

所以　$q_{e1}=K_d \cdot P_{c1}=1.05 \times 116.9=122.7$（$\text{kN/m}^2$）

顶板所受等效静载为 122.7（kN/m^2）。

3）结构外墙的等效静载确定

①外墙上部地面冲击波荷载确定。

根据《规范》4.4.7 条，对外墙地面空气冲击波超压进行调整。

$$\Delta P_{ms} = 1.2\Delta P_m = 1.2 \times 0.1\text{MPa} = 120(\text{kN/m}^2)$$

②外墙中点埋深处土中压缩波荷载确定。

土中压缩波荷载随深度增加而衰减，严格来说，外墙所受压缩波为梯形分布，考虑到单层地下室时，外墙高度不大，在工程计算时，对外墙所受等效静载和静荷载一般可取外墙中点处的荷载作为外墙所受的均布荷载。

根据《规范》4.4.3 条，土的计算深度为 4m。

$$P_h = \left[1 - \frac{h}{v_1 t_2}(1-\delta)\right]\Delta P_{ms} = \left[1 - \frac{4}{200 \times 0.78}(1-0.3)\right] \times 120 = 117.8(\text{kN/m}^2)$$

$$t_{0h} = (\gamma_c - 1)\frac{h}{v_0} = (1.5-1)\frac{4}{300} = 0.007(\text{s})$$

③外墙动载计算（动载波形见图 3-9）

a. 查《规范》表 4.5.2，$\xi=0.3$

b. $P_{c2}=\xi P_h=0.3 \times 117.8=35.3$（$\text{kN/m}^2$）

$t_{0h}=0.007\text{s}$。

④结构等效静载计算。

a. 外墙结构自振频率的计算。

外墙结构自振频率的计算同顶板，取外墙结构 $\omega=500$（1/s）

b. 结构等效静载确定。

$$\omega t_{0h}=500 \times 0.007=3.5,\ \beta=2$$

查《规范》表 4.6.5，$K_d=1.15$（ω 等于 3 和 4 所查 K_d 的插值）

所以　$q_{e2}=K_d \cdot P_{c2}=1.15 \times 35.3=40.6$（$\text{kN/m}^2$）

外墙所受等效静载为 40.6kN/m^2。

4）结构底板的等效静载。

①结构底板上的核爆动荷载最大压力。

根据《规范》4.5.7 条，底压系数 η 取 0.8，

$$P_{c3}=\eta P_{c1}=0.8\times116.9=93.5\ (\mathrm{kN/m^2})$$

②结构底板上的等效静载。

根据《规范》4.6.6 条，$K_d=1.0$

$$q_{e3}=K_d\cdot P_{c3}=93.5\ (\mathrm{kN/m^2})。$$

（2）查表确定结构等效静载

1）顶板等效静载查表确定。

根据《规范》表 4.8.2，由 $h=0.8$m，顶板短边净跨 $l_0=3$m，$q_{e1}=115$kN/m^2。

2）外墙等效静载查表确定。

查《规范》表 4.8.3-1，外墙外侧为老粘性土，不考虑地面建筑的影响作用，$q_{e2}=$ 35kN/m^2（取中间值）。

3）底板等效静载查表确定。

查《规范》表 4.8.4，$h=0.8$m，底板在地下水位以上，顶板短边净跨 $l_0=3$m，$q_{e3}=$ 90kN/m^2。

说明：上例用两种方法分别确定了结构荷载，不难看出，两种方法所得的结构等效静载不完全相同，但均可作为结构计算结果。在可用查表确定结构荷载条件下，宜尽可能采用查表法确定，以减少设计计算中的工作量和失误，如设计条件不能满足查表时，可计算确定，同时可参照相近条件的查表结果。

6.3 防空地下室结构的常规武器爆炸等效静载

防空地下室防常规武器作用按距结构外墙一定距离地面爆炸计算（见图 6-2），且按常规武器地面爆炸的整体破坏效应进行设计。设计中采取的常规武器等效 TNT 装药量、爆心至主体结构外墙外侧的水平距离以及爆心至口部的水平距离，均参考国家现行有关标准执行。

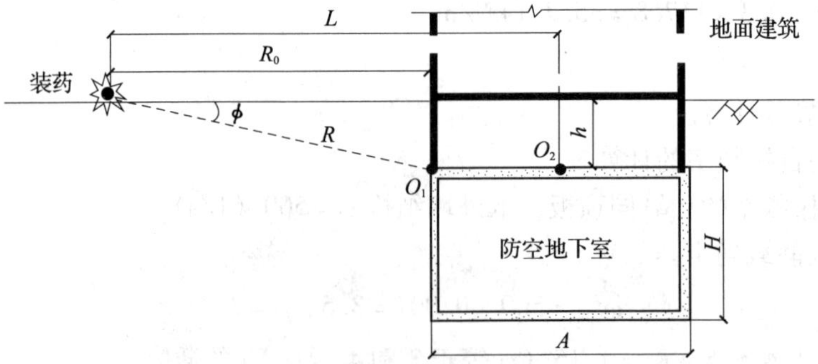

图 6-2 常规武器非直接命中示意图

6.3.1 常规武器爆炸顶板动荷载

1）地面空气冲击波超压

炸药的爆炸作用是形成空气冲击波，其高压波阵面自爆心向外传播，压力强度随距离而衰减。常规武器地面冲击波最大超压和按等冲量简化的无升压时间的三角形等效作用时间可按式（2-15）和式（2-16）计算。

2）地面建筑物影响

与核爆空气冲击波相比，常规武器空气冲击波绕过障碍物的能力大大减小。当按本章2.2节规定计入上部建筑物对地面空气冲击波超压作用的影响时，常规武器爆炸空气冲击波最大超压可乘以0.8的折减系数。

3）由地面冲击波超压引起的感生地冲击，可简化为一维波竖直向下传播，可按式（3-17）~式（3-20）计算确定。

4）顶板的均布动荷载

防空地下室顶板的均布动荷载最大压力 $\bar{p}_{c1}$ 可按下式计算：

$$\overline{P}_{c1} = C_e K P_{ch} \tag{6-7}$$

式中 $\overline{P}_{c1}$——常规武器地面爆炸作用到结构顶板上的均布动荷载峰值（MPa）；

P_{ch}——常规武器地面爆炸空气冲击波感生的土中压缩波最大压力（MPa）；

C_e——顶板荷载均布系数，当顶板覆土厚度≤0.5m 时，C_e 可取1；当覆土厚度大于0.5m 时，C_e 可取0.9；

K——顶板综合反射系数，当顶板覆土厚度≤0.5m 时，K 可取1；当覆土厚度大于0.5m 时，K 可取1.5。

6.3.2 常规武器爆炸外墙动荷载

（1）直接引起的地冲击荷载

结构外墙主要是承受常规武器地表爆炸引起的直接地冲击荷载的作用，直接地冲击荷载，可按式（3-21）~式（3-23）计算确定。

（2）外墙动荷载

直接地冲击荷载，并不是垂直作用于外墙之上，而是与外墙成一定角度，这一角度与工程埋深和外墙高度有关，直接地冲击荷载转变为外墙所受的动荷载，经过一个复杂的过程，根据前面章节所述，这一过程可以分两种，一是地冲击荷载与外墙的反射作用，一种是通过侧压作用于外墙。综合计算公式如下：

$$\overline{P}_{c2} = C_e \cdot P_{o1} \tag{6-8}$$

$$P_{o1} = f\sigma_0 \left[\xi + (1 - \xi) \cos^2\phi \right] \tag{6-9}$$

$$\tan\phi = \left[\left(\frac{R}{R_0} \right)^2 - 1 \right]^{1/2} \tag{6-10}$$

$$\cos^2\phi = \frac{1}{\tan^2\phi + 1} \tag{6-11}$$

式中 $\overline{P}_{c2}$——常规武器地面爆炸作用到结构外墙的均布动荷载峰值（MPa）；

P_{o1}——土中结构外墙顶点 O_1 上的法向动荷载峰值（MPa）；

C_e——外墙荷载均布系数，按表 6-10 采用；

f——土中压缩波遇到结构外墙时的综合反射系数，一般可取 1.5；

σ_0——常规武器地面爆炸在 O_1 点直接产生的土中压缩波峰值（MPa）；

ξ——土的侧压系数，当无实测资料时，可按表 6-1 采用；

ϕ——爆心至 O_1 点连线与结构外墙法向的夹角（°）；

R——爆心至作用点的距离（m）；

R_0——爆心至作用点的水平距离（m）。

表 6-10 外墙荷载均布系数 C_e

顶板覆土厚度 h (m)	外墙区格短跨 (m)	外墙区格长跨与短跨比		
		1	2	3
$0<h\leq1.5$	3	0.92	0.89	0.83
	4	0.88	0.82	0.74
	5	0.82	0.74	0.65
$1.5<h\leq3.0$	3	0.86	0.82	0.77
	4	0.80	0.74	0.68
	5	0.74	0.67	0.59
$3.0<h\leq5.0$	3	0.80	0.78	0.73
	4	0.74	0.70	0.64
	5	0.68	0.62	0.55

6.3.3 常规武器爆炸荷载的等效静载

一般人防工程结构动力计算，可采用等效静载法，按单自由度的弹性或弹塑性体系计算（见第 4 章）。

结构周边上的等效静荷载可按下列公式计算。

$$q_1 = K_{d1}P_{c1} \tag{6-12}$$

$$q_2 = K_{d2}P_{c2} \tag{6-13}$$

式中 q_1、q_2——分别为顶盖竖向等效静荷载、外墙水平等效静荷载（MPa）；

K_{d1}、K_{d2}——分别为顶盖、外墙动力系数。

结构或构件的动力系数 K_d 可计算或查表 4-3 确定。

6.3.4 常规武器爆炸结构等效静载查表确定

常规武器地面爆炸作用在防空地下室结构各部位的等效静荷载，除可按上述方法计算确定外，也可按直接查表选用。

(1) 顶板等效静载查表确定

防空地下室钢筋混凝土梁板结构顶板的等效静荷载 q_{ce1} 可按下列规定采用：

当防空地下室设在地下一层时，顶板等效静荷载 q_{ce1} 可按表 6-11 选用。当顶板覆土厚度对于常5级、常6级分别大于2.5m、1.5m时，顶板可不计入常规武器地面爆炸产生的等效静荷载，但顶板设计应符合《规范》规定的构造要求。

表6-11 顶板等效静载 q_{ce1}（kN/m^2）

顶板覆土厚度 h（m）	防常规武器抗力等级	
	5	6
$0<h\leqslant0.5$	110~90（82~72）	50~40（40~32）
$0.5<h\leqslant1.0$	90~70（72~56）	40~30（32~24）
$1.0<h\leqslant1.5$	70~50（56~40）	30~15（24~12）
$1.5<h\leqslant2.0$	50~30（40~24）	
$2.0<h\leqslant2.5$	30~15（24~12）	

注：1. 顶板按弹塑性工作阶段计算，允许延性比［β］取4.0。
2. 顶板覆土厚度 h 为小值时，q_{ce1} 取大值。
3. 当符合规范规定的计入上部建筑物影响时，可取用表中括号内数值。

（2）外墙等效静载查表确定

土中外墙等效静荷载 q_{ce2} 可按表6-12、表6-13采用。

表6-12 非饱和土中外墙等效静荷载（kN/m^2）

顶板顶面埋置深度 h（m）	土的类别	防常规武器抗力等级			
		5		6	
		砌体	钢筋混凝土	砌体	钢筋混凝土
$0\leqslant h\leqslant1.5$	碎石土、粗砂、中砂	85~60	70~40	45~25	30~20
	细砂、粉砂	70~50	55~35	35~20	25~15
	粉土	70~55	60~40	40~20	30~15
	粘性土、红粘土	70~50	55~35	35~25	20~15
	老粘土	80~60	65~40	40~25	30~15
	湿陷性黄土	70~50	55~35	35~20	25~15
	淤泥质土	50~40	35~25	25~15	15~10
$1.5<h\leqslant3.0$	碎石土、粗砂、中砂	/	40~30	/	25~15
	细砂、粉砂	/	35~25	/	15~10
	粉土	/	40~25	/	15~10
	粘性土、红粘土	/	35~25	/	15~10
	老粘土	/	40~25	/	15~10
	湿陷性黄土	/	35~20	/	15~10
	淤泥质土	/	25~15	/	10~5

注：1. 表内砌体外墙数值是按防空地下室净高≤3.0m，开间≤5.4m计算确定；钢筋混凝土墙数值是按计算高度≤5.0m计算确定。
2. 砌体外墙按弹性工作阶段计算，钢筋混凝土外墙按弹塑性工作阶段计算，［β］取3.0。
3. 顶板埋置深度 h 为小值时，取大值。

表 6-13 饱和土中外墙等效静荷载 q_{ce2}（kN/m^2）

顶板顶面埋置深度 h（m）	饱和土含气量 α_1（%）	防常规武器抗力等级	
		5	6
$0<h\leqslant 1.5$	1	100～80	50～30
	$\leqslant 0.05$	140～100	70～50
$1.5<h\leqslant 3.0$	1	80～60	30～25
	$\leqslant 0.05$	100～80	50～30

注：1. 表内数值是按钢筋混凝土外墙计算高度≤5.0m，允许延性比［β］取3.0计算确定。

2. 当含气量 $\alpha_1>1\%$ 时，按非饱和土取值，当 $0.05\%<\alpha_1<1\%$ 时，按线性内插法确定。

3. 顶板埋置深度 h 为小值时，q_{ce2} 取大值。

当顶板底面高出室外地面的常5级、常6级防空地下室，直接承受空气冲击波作用的钢筋混凝土外墙按弹塑性工作阶段设计时，其等效静荷载 q_{ce2} 对常5级可取 $400kN/m^2$，对常6级可取 $180kN/m^2$。

另外，防空地下室底板可不计入常规武器地面爆炸产生的等效静荷载，但底板设计应符合《规范》规定的构造要求。

【例6-2】 某防空地下室防常规武器为常6级，采用整浇式钢筋混凝土梁板柱结构，地下顶板上覆土层厚300mm（原土夯实），墙厚350mm，顶板厚300mm。单块顶板尺寸为3.3m×5m，防空地下室外墙高5m，水平支承距离8m。地上为4层办公楼，框架结构，外墙为24砖墙，开孔率大于50%，原地土为老粘土，场区地下水位－6m，地下外墙和顶板上土壤均为原地土回填夯实。试计算常规武器作用下防空地下室顶板、外墙的等效静载（假设常规武器装药117.5kg，距外墙10m爆炸）。

解：

（1）顶板等效静载计算

查《规范》表4.4.3-1，取老粘性土参数 $v_0=300m/s$，$\gamma_c=1.5$，$\delta=0.3$，计算老粘土的峰值压力波速为 $v_1=\dfrac{v_0}{\gamma_c}=300/1.5=200m/s$；$\rho_c=0.6\times10^6kg/(m^2\cdot s)$。

1）常规武器地面爆炸空气冲击波最大超压 ΔP_m。

$$\Delta P_m=1.316\left(\frac{\sqrt[3]{C}}{R}\right)^3+0.369\left(\frac{\sqrt[3]{C}}{R}\right)^{1.5}$$
$$=1.316\left(\frac{\sqrt[3]{117.5}}{10}\right)^3+0.369\left(\frac{\sqrt[3]{117.5}}{10}\right)^{1.5}$$
$$=1.316\,(0.49)^3+0.369\,(0.49)^{1.5}=0.28\ (MPa)$$

$$t_0=4.0\times10^{-4}\Delta P_{cm}^{-\frac{1}{2}}C^{\frac{1}{3}}=4.0\times10^{-4}\times0.28^{-\frac{1}{2}}\times117.5^{\frac{1}{3}}=0.0037\ (s)$$

2）地面爆炸空气冲击波感生的土中压缩波最大压力 P_{ch}。

$$P_{ch}=\Delta P_{cm}\left[1-(1-\delta)\frac{h}{2\eta v_1 t_0}\right]$$

$$=0.28\left[1-(1-0.3)\frac{0.3}{2\times2\times200\times0.0037}\right]$$

$$=0.26(\text{MPa})$$

$$t_r=\frac{h}{v_0}(\gamma_c-1)=\frac{0.3}{300}\times(1.5-1)=0.0005(\text{s})$$

3）结构顶板上均布动荷载

由公式（6-7）得：

$$\overline{P}_{c1}=C_eKP_{ch}=1\times1\times0.26=0.26(\text{MPa})$$

4）结构等效静载计算。

①顶板结构自振频率的计算。

$b/a=5/3.3=1.52$，查图4-17，$\Omega=27.5$，由式（4-23）计算：

$$\omega=790\Omega\cdot\frac{h}{a^2}=790\times27.5\times\frac{0.30}{3.3^2}=598\ (1/\text{s})$$

②结构等效静载确定。

$$\omega t_0=598\times0.0037=2.2,\qquad[\beta]=4。$$

无升压时间计算的动力系数

$$\overline{K}_{d1}=\left[\frac{2}{\omega t_0}\sqrt{2\beta-1}+\frac{2\beta-1}{2\beta(1+4/\omega t_0)}\right]^{-1}$$

$$=\left[\frac{2}{2.2}\sqrt{2\times4-1}+\frac{2\times4-1}{2\times4\times(1+4/2.2)}\right]^{-1}=0.37$$

也可按表4-3确定，$\overline{K}_{d1}=0.37$

有升压时间时，应对$\overline{K}_d$进行修正计算

$$\xi=\frac{1}{2}+\frac{\sqrt{\beta}}{\omega t_r}\sin\left(\frac{\omega t_r}{2\sqrt{\beta}}\right)=0.5+\frac{2}{0.3}\sin\left(\frac{0.3}{4}\right)=0.51$$

$$K_d=\xi\times\overline{K}_{d1}=0.51\times0.37=0.19$$

所以 $q_{e1}=K_d\cdot P_{c1}=0.19\times0.26\text{MPa}=49.4\ (\text{kN/m}^2)$

顶板所受等效静载为 $q_{e1}=49.4\text{kN/m}^2$

查表6-11得，q_{e1}在40～50kN/m^{2}之间，取平均值$q_{e1}=45\text{kN/m}^2$

（2）外墙等效静载计算

1）常规武器地面爆炸直接产生的土中压缩波峰值σ_0：

$$\sigma_0=6.82\times10^{-3}\cdot\rho c\cdot\left(\frac{5.4\cdot R}{W^{1/3}}\right)^{-n}$$

$$=6.82\times10^{-3}\times0.6\times10^6\times\left(\frac{5.4\times10}{869.5^{1/3}}\right)^{-2.5}=53.7(\text{MPa})$$

2）外墙动荷载计算。

由图6-2可知，$R_0=10\text{m}$，$h=0.3\text{m}$，

$$\cot\phi=\frac{H}{R}=0.3/10=0.03,\ \cos^2\phi\approx1$$

$$P_{c1}=f\sigma_0[\xi+(1-\xi)\cos^2\phi]=1.5\times53.7\times[0.4+(1-0.4)\times1]=80.55\ (\text{kN/m}^2)$$

$$\overline{P}_{c2}=C_e\cdot p_{c1}=0.88\times80.55=70.9\ (kN/m^2)\ (查表6\text{-}10,\ C_e=0.88)$$

$$t_r=0.1\cdot\frac{R}{c}=0.1\times(10/300)=0.0033\ (s)$$

$$t_d=2\cdot\frac{R}{c}=2\times(10/300)\ =0.067\ (s)$$

3）外墙等效静载计算。

①结构自振频率的计算。

$b/a=8/5=1.6$，查图4-17，$\Omega=24$，由式（4-22）计算：

$$\omega=790\Omega\cdot\frac{h}{a^2}=790\times24\times\frac{0.35}{5^2}=265\ (1/s)$$

$$\omega t_0=\omega t_d=0.067\times265=17.8,\ \omega t_r=265\times0.0033=0.87$$

②动力系数计算。

$$\overline{K}_{d2}=\left[\frac{2}{\omega t_0}\sqrt{2\beta-1}+\frac{2\beta-1}{2\beta\ (1+4/\omega t_0)}\right]^{-1}\ (其中\beta=3)$$

$$=\left[\frac{2}{17.8}\sqrt{2\times3-1}+\frac{2\times3-1}{2\times3\times\ (1+4/17.8)}\right]^{-1}=1.07$$

也可按表4-2确定，$\overline{K}_{d2}=1.07$

有升压时间时，应对 $\overline{K}_d$ 进行修正计算

$$\xi=\frac{1}{2}+\frac{\sqrt{\beta}}{\omega t_r}\sin\left(\frac{\omega t_r}{2\sqrt{\beta}}\right)=0.5+\frac{\sqrt{3}}{0.87}\sin\left(\frac{0.87}{2\sqrt{3}}\right)=0.51$$

$$K_d=\xi\times\overline{K}_{d2}=0.51\times1.07=0.55$$

所以　$q_{e2}=K_d\cdot P_{c2}=0.55\times70.9=39\ (kN/m^2)$

顶板所受等效静载为 $q_{e2}=39kN/m^2$

查表6-12得，q_{e2}在30～15kN/m² 之间，根据注3可取 $q_{e2}=30kN/m^2$，比查表确定略大。

6.4 防空地下室荷载组合

6.4.1 防空地下室结构的静荷载

（1）顶盖的静荷载

作用在顶盖上的静荷载包括顶盖以上覆土重、顶板自重，以及战时不搬迁的设备荷载和其他静荷载。其计算方法与一般结构相同。

（2）外墙的静荷载

外墙上水平静荷载有土壤侧压力与水压力，其计算方法与一般结构相同。

外墙上垂直静荷载有顶盖传来的静荷载、外墙自重及上部地面建筑传来的自重。

（3）底板的静荷载

作用在底板上的静荷载包括地面建筑物传来的自重、顶盖传来的静荷载及地下室墙体和中间柱等自重。底板位于地下水位以下时，还应考虑水压力。

6.4.2 防空地下室结构的荷载组合

防空地下室既要满足平时使用状态下的结构设计要求，又要满足战时使用状态下的结构设计要求。以下主要讨论战时使用状态下的荷载组合。

(1) 荷载组合的类型

防空地下室结构一般既要抗御常规武器又要抗御核武器的作用。因此结构所承受的荷载，有不同的类型，即静荷载（结构自重、土压力、水压力等）、常规武器爆炸动荷载的等效静荷载和核爆炸压缩波动荷载的等效静荷载（见图6-3）。因而结构的内力计算，应采取不同的荷载组合。

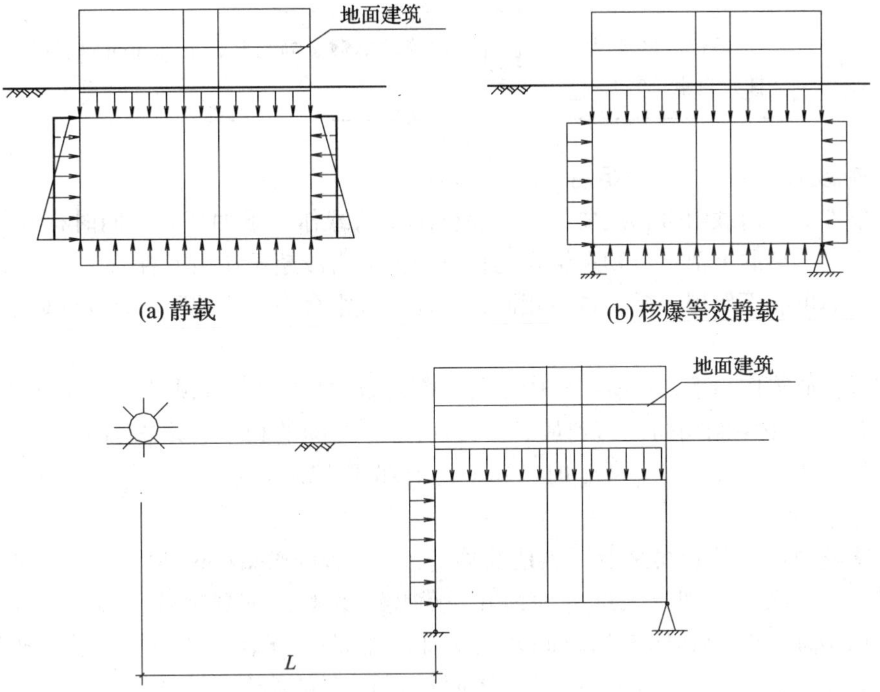

(a) 静载　(b) 核爆等效静载

(c) 常规武器爆炸等效静载

图6-3 荷载组合示意图

结构承受动载的情况有下列两种荷载组合：①常规武器爆炸的等效静荷载与静荷载的组合（a+c）；②核爆压缩波动荷载的等效静荷载与静荷载的组合（b+c）。由于常规武器作用不明确敌方袭击方向，所以对结构所有外墙，顶板结构均应分别计算组合荷载，并分别进行内力分析。

甲类防空地下室结构应按照上述两种荷载组合，乙类防空地下室结构应按照上述第①种荷载组合，并应取各自的最不利的效应组合进行设计。

在设计顶板、侧墙和底板时，各构件计算内力应分别采用最不利的荷载组合。设计结构时，确定结构自重、计算构件自振频率等，都需要预先选定结构断面尺寸。在有资料可供参考时，可根据已建结构尺寸由类比法选定。

（2）防常规武器条件下的荷载组合

常规武器爆炸条件下一般不必考虑上部建筑物倒塌，荷载组合可按表6-14确定。

表6-14　常规武器条件下防空地下室荷载组合

结构部位	荷载组合
顶板	顶板常规武器爆炸等效静载，顶板静荷载（包括覆土、战时不拆迁的固定设备、顶板自重及其他静荷载）
外墙	顶板传来的常规武器地面爆炸等效静载、静荷载，上部建筑物自重、外墙自重；常规武器地面爆炸产生的水平等效静载，土压力、水压力
内承重墙（柱）	顶板传来的常规武器地面爆炸等效静载、静荷载，上部建筑物自重，内承重墙（柱）自重

（3）防核爆条件下的荷载组合

核爆条件下的荷载组合，主要是解决在核爆动荷载作用下如何确定同时存在的静荷载。由于各种不同类型的上部建筑物在给定的核爆地面冲击波超压作用下有的倒塌，有的可能局部倒塌，有的可能不倒塌，反应各不相同，因此荷载组合中主要的困难是如何确定上部建筑物自重。

在核爆动荷载作用下，荷载组合中考虑上部建筑物自重值，原则上可按上部建筑物倒塌时间 t_w 与防空地下室结构构件达到最大变位时间 t_m 之间的相互关系来确定。当 $t_w > t_m$ 时，考虑整个上部建筑自重；当 $t_w < t_m$ 时，不考虑上部建筑物自重；t_m 与 t_w 相近时，考虑上部建筑物自重的一半。

从我国核效应试验资料来看，当地面冲击波超压为 $100kN/m^2$ 时，一般工业与民用建筑将会遭受彻底破坏，即绝大部分地面建筑倒塌，并被抛掷到远处。国外试验资料也基本一致。但地面建筑的具体倒塌时间及其规律，则是一个十分复杂的问题。例如我国核试验表明，地面超压为 $117kN/m^2$ 时，地面单层混合结构的倒塌时间实测约为0.06～0.08s，该值比室内出现最大超压值时间约滞后0.04～0.05s，如结构出现最大动变位时间 t_m 按（$t_0 + T/2$）计算，试验建筑物自振周期 T 约为0.01～0.03s，则结构出现最大变位时间约在超压峰值之后0.005～0.015s。由此接近 $\Delta P_m = 0.1MPa$ 抗力标准的效应实例可以看出，如果地面建筑为混合结构，其倒塌时间与结构达最大变位时间相近即 $t_w \approx t_m$。而试验表明，抗力标准近于 $\Delta P_m = 0.05MPa$ 时，$t_w > t_m$。又参考国外资料，当框架结构的填充墙与框架密填时，300mm厚墙体可抵抗 $0.08N/mm^2$ 超压；周边有空隙时，其抗力将下降到约 $0.03N/mm^2$，而框架主体结构要到超压相当于约 $\Delta P_m = 0.2MPa$ 抗力时才倒塌。从偏于安全考虑，在外墙荷载组合中，$\Delta P_m = 0.05MPa$ 时取上部建筑物全部自重；$\Delta P_m = 0.1MPa$ 时取上部建筑物自重之半；$\Delta P_m = 0.3$、$0.2MPa$ 时不计上部建筑物自重，即对大偏压构件轴力取偏小值。在内墙及基础荷载组合中，$\Delta P_m = 0.1$、$0.05MPa$ 取上部建筑物自重；$\Delta P_m = 0.3$、$0.2MPa$ 时取上部自重之半，即在中心受压或小偏压受弯构件中轴力取偏大值。对外墙为钢筋混凝土承重墙时，据国外资料，一般在超压相当于 $\Delta P_m = 0.2MPa$

以上时方倒塌，考虑到结构破坏后可能仍留在原处，因此荷载组合中取其全部自重。

核爆条件下防空地下室结构设计的荷载组合可按表 6-15 确定。

表 6-15 核爆条件防空地下室结构荷载组合

结构部位	防核武器抗力等级	荷载组合
顶板	6B、6、5、4B、4	顶板核爆等效静载，顶板静荷载（包括覆土、战时不拆迁的固定设备、顶板自重及其他静荷载）
外墙	6B、6	顶板传来的核爆等效静载、静荷载，上部建筑物自重、外墙自重； 核爆动荷载产生的水平等效静载，土压力、水压力
	5	顶板传来的核爆等效静载、静荷载； 当上部建筑物外墙为钢筋混凝土承重墙时，上部建筑物自重取全部；其他结构形式，上部建筑物自重取之半； 外墙自重； 核爆动荷载产生的水平动荷载、土压力、水压力
	4B、4	顶板传来的核爆等效静载、静荷载； 当上部建筑物外墙为钢筋混凝土承重墙时，上部建筑物自重取全部；其他结构形式，不计入上部建筑物自重； 外墙自重； 核爆动荷载产生的水平等效静载，土压力、水压力
内承重墙（柱）	6B、6	顶板传来的核爆等效静载、静荷载，上部建筑物自重，内承重墙（柱）自重
	5	顶板传来的核爆等效静载、静荷载； 当上部建筑物为砌体结构时，上部建筑物自重取标准值之半；其他结构形式，上部建筑物自重取全部标准值； 内承重墙（柱）自重
	4B	顶板传来的核爆等效静载、静荷载； 当上部建筑物外墙为钢筋混凝土承重墙时，上部建筑物自重取全部标准值；当上部建筑物为砌体结构时，不计入上部建筑物自重；其他结构形式，上部建筑物自重取标准值一半； 内承重墙（柱）自重
	4	顶板传来的核爆等效静载、静荷载； 当上部建筑物外墙为钢筋混凝土承重墙时，上部建筑物自重取全部标准值；其他结构形式，不计入上部建筑物自重； 内承重墙（柱）自重

续表 6-15

结构部位	防核武器抗力等级	荷载组合
基础	6B、6	底板核爆等效静载（条、柱、桩基为墙柱传来的核爆等效静载）； 上部建筑物自重、顶板传来静荷载，地下室墙体（柱）自重
	5	底板核爆等效静载（条、柱、桩基为墙柱传来的核爆等效静载）； 当上部建筑物为砌体结构时，上部建筑物自重标准值取之半；其他结构形式，上部建筑物自重取全部标准值； 顶板传来静荷载； 地下室墙体（柱）自重
	4B	底板核爆等效静载（条、柱、桩基为墙柱传来的核爆等效静载）； 当上部建筑物外墙为钢筋混凝土承重墙时，上部建筑物自重取全部标准值；当上部建筑物为砌体结构时，不计入上部建筑物自重；其他结构形式，上部建筑物自重标准值取之半； 顶板传来静荷载，地下室墙身自重
	4	底板核爆等效静载（条、柱基为墙柱传来的核爆等效静载）； 当上部建筑物外墙为钢筋混凝土承重墙时，上部建筑物自重取全部标准值；其他结构形式不计入上部建筑物自重； 顶板传来静荷载；地下室墙体（柱）自重

表 6-15 中上部建筑物自重，是指防空地下室上部建筑物的墙体（柱）和楼板传来的静荷载，即墙体（柱）、屋盖、楼板自重及战时不拆迁的固定设备等。

在确定核武器爆炸等效静荷载与静荷载同时作用下防空地下室基础荷载组合时，当地下水位以下无桩基防空地下室基础采用箱基或筏基，且按表 6-14 及表 6-15 规定的建筑物自重大于水的浮力，则地基反力按不计入浮力计算时，底板荷载组合中可不计入水压力；若地基反力按计入浮力计算时，底板荷载组合中应计入水压力。对地下水位以下带桩基的防空地下室，底板荷载组合中应计入水压力。

7 孔口结构构件荷载与设计

人防工程由于人员和设备的进出口，以及通风、给排水、排烟等的需要，构筑有少量与外部连通的孔口。爆炸冲击波、毒剂、生物战剂和放射性微粒等，都有可能从这些孔口进入工程内部杀伤人员或破坏设备。实践表明，上述各种孔口是人防工程中的薄弱环节。

本章介绍直接承受空气冲击波作用的防护门、防护密闭门、门框墙、扩散室临空墙、以及门外通道等口部结构的选取和设计。口部结构的强度有时能决定整个工事的防护等级，因此在可能条件下宜将它们设计得较强些。

7.1 防护门构造及选取

7.1.1 防护门（防护密闭门）的组成与构造

跨度较小的防护门，主要由门扇、门框、铰页、闭锁装置等组成。防护密闭门的门扇周边还有胶条等密闭措施。防护门需具有与工程主体结构相应的抗力，即能承受相适应的冲击波正压及负压。核效应试验实测的负压虽仅 20～30kPa，但它对防护门产生的吸力作用，可能引起门扇铰页及闭锁装置的破坏。因而防护门的铰页、闭锁装置也应保证相应的强度。防护密闭设备设计，应符合结构简单、工作可靠、轻便灵活、加工方便及易于维修等要求。

（1）门扇

门扇材料目前广泛采用钢筋混凝土。这种材料可塑性、抗压、抗弯强度均好，材料易取得，制作方便，结构刚度大，耐腐蚀性能好，实践证明钢筋混凝土是各种跨度和抗力的防护门门扇和门框的良好材料。其次是钢材，钢材的抗拉抗压强度都很高，可铸、可焊接便于加工，可用于高强度和大跨度的防护门。

防护门门扇可以做成一扇或二扇以上，但在启闭条件允许的情况下，门扇的数量应尽量少，以利于使用方便，提高防护性能。门扇周边尺寸应比门孔略大以便支承，一般平板门每边约大 8～10cm。

（2）门框与门框墙

试验表明，有的工程其防护门的破坏可能并不是由门扇的直接破坏引起，而首先是由于门框或门框墙的破坏。因此，对门框和门框墙也应和门扇同样重视，保证足够的强度，一般可通过计算或按构造确定。门框通常用型钢焊接或用钢筋混凝土制成（见图 7-1）。平板钢筋混凝土门门框多为预制，在打筑门框墙时同时锚固，也可在打筑后用螺栓固定。拱形门门框支座必须保证有足够的刚度，以防止门扇拱脚的位移。钢筋混凝土门框宜做型钢包边的构造处理。金属门框的背面应与门框墙钢筋焊接，或用其他方式与门框墙锚固。

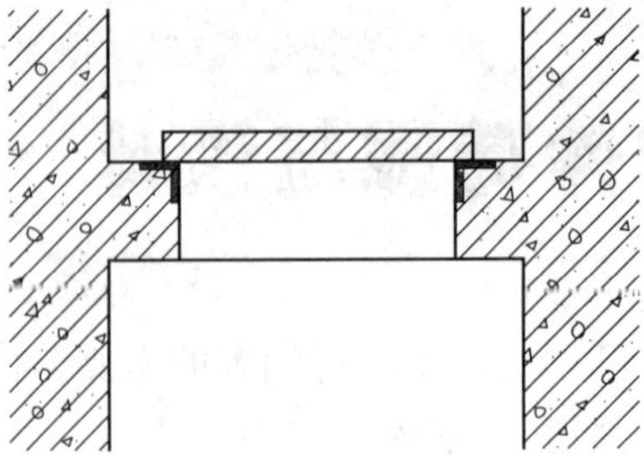

(a)

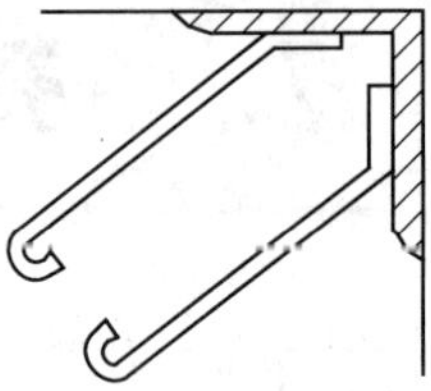

(b)

图 7-1 门框形式及构造

为了保证门扇所受荷载能正常传递给门框，门扇关闭时必须与门框贴合紧密。因此，在门框墙打筑完毕安装门扇时应当进行调整。对于门扇与门框不贴合的缝隙，可在门框上填补环氧砂浆等材料垫平。

(3) 铰页、闭锁、启闭装置

铰页装置用来连接门扇与门框，应保证门扇开启迅速、轻便，并在门扇承受少量超载作用产生微小变形时仍能开启，门扇被破坏后能迅速拆卸。

闭锁装置的主要功能是抵抗冲击波负压等反向压力的作用，并使门扇关闭紧密。闭锁装置要求使用轻便，保证强度，构造简单，便于维修，门扇内外均可启闭。

启闭装置。防空地下室防护密闭门的启闭通常只设置各种形式的把手，完全用人力启闭。

铰页、闭锁、启闭装置按机械零件原理进行设计。

应当强调指出，为了防止防护门承受冲击波荷载时，其机械零部件如铰页、闭锁等受到损坏，在设计时应充分注意使冲击波荷载全部直接传递给门框承受，而不应使冲击波荷载的作用有可能传递给这些零部件。

7.1.2 定型防护门（防护密闭门）的选用

如前所述，多年来的工程实践，我国在中、小跨度的防护门设计方面取得了比较丰富的经验，根据化爆和核效应试验的结果，人防工程的有关设计科研部门已提出了多种防护门、防护密闭门的定型设计，可供工程设计时选用。因此，通常情况下一般工程的防护门（防护密闭门）设计，都选用定型标准设计的图纸与产品。仅在有特殊要求，并在个别情况下才单独设计防护门。一般工程人员出入口常用的钢筋混凝土防护门（防护密闭门）定型设计型号，参考有关图册选用。

此外，防护工程使用的防护密闭盖板，以及防毒通道用的密闭门，通常也有定型设计产品也可选用。

选用定型设计防护门（防护密闭门）主要依据两个参数：

1）防护门（防护密闭门）超压设计值。防护门（防护密闭门）的设计压力是由其所承受的爆炸冲击波荷载确定的。它根据工程战术技术要求规定的抗力等级，工程出入口位置及型式决定，可由相应的设计规范查得。

2）门孔尺寸。门孔尺寸由该防护门所处出入口的功能（人员或设备条件）决定。

7.2 门框墙设计

门框墙是受弯工作的开孔平板，由于门洞尺寸相对较大，所以往往将它分成侧墙、上挡墙、门槛等几部分独立计算。通常门洞两边的侧墙宽度同其高度相比甚窄，所以侧墙的计算图形可取为一端固定的悬臂构件。平板门的上挡墙一般分两种情况，上挡墙高度和宽度比小于1/2（$H/B<1/2$）时，可按上端嵌固的悬臂构件计算；当 $H/B \geqslant 1/2$ 时，平板门的上挡墙可在紧挨门洞的上方设置一个横向的加强梁（见图 7-2），将其看作四边支承的板进行计算。遇到墙面较宽的侧墙不能视作悬臂牛腿时，也可采用增加工程内侧柱的方式，将侧墙转化为四边支承的板计算。

这里要强调指出，如果取悬臂牛腿的计算图形，就必须要求与门框相连的邻接构件能够承受牛腿根部的巨大弯矩，比如图 7-2 的通道墙如过薄，就不能保证门框侧墙按固端工作，这时应将侧墙荷载的全部或一部向上、下方向传到顶板和底板。

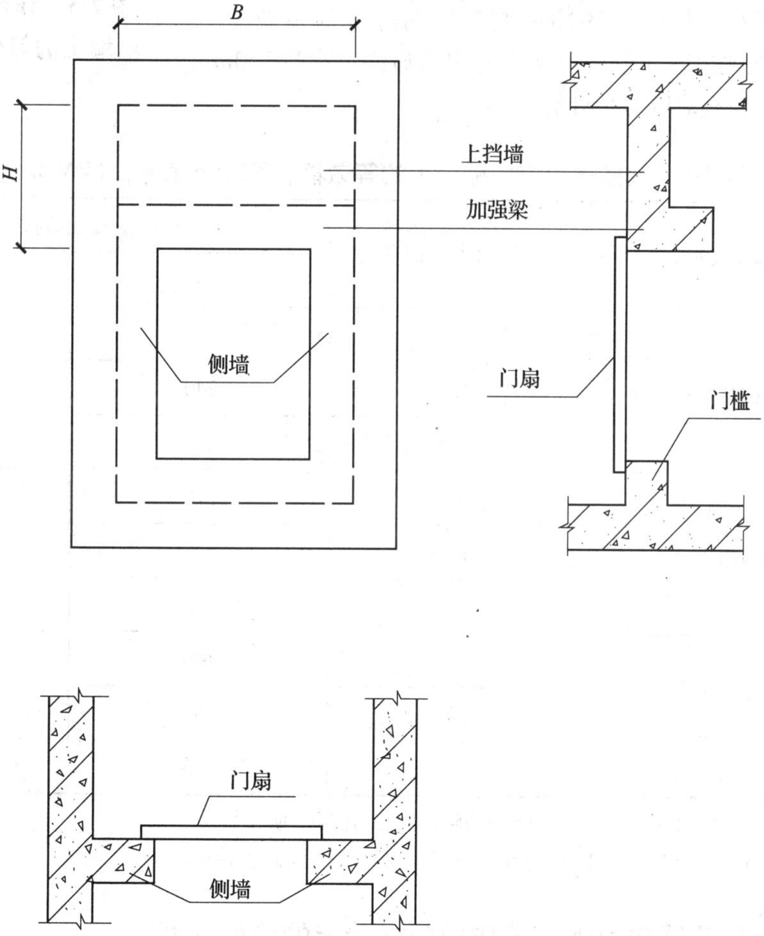

图 7-2 门框墙墙面划分

对于重要工程或门框墙受力状况较复杂，必要时也可应用有限元法进行较详细的力学分析。

7.2.1 常规武器作用下直接作用门框墙上的等效静载

作用在门框墙上的荷载由两部分组成。一部分是门扇传递给门框的力，它数值上等于防护门所受的支座动反力；另一部分是门框墙直接承受的冲击波荷载，与防护门门扇所受的冲击波压力是相同的。因此，门框墙承受门扇传递的荷载是一个动荷载。一般来说，按照动反力换算的门框墙的等效静载，与按照门扇的等效静载算得的门扇反力直接作为门框墙的等效静载是不相等的。其值和门扇与门框墙自振频率的比值，以及构件受力的工作阶段有关。在工程设计精度要求的条件下，门扇传递给门框墙的荷载值允许取为相应于门扇等效静载的支反力。防护门（防护密闭门）的门框墙承受由门扇传递的动荷载和直接作用在墙面上的冲击波超压荷载，设计时应按二者同时作用进行计算。

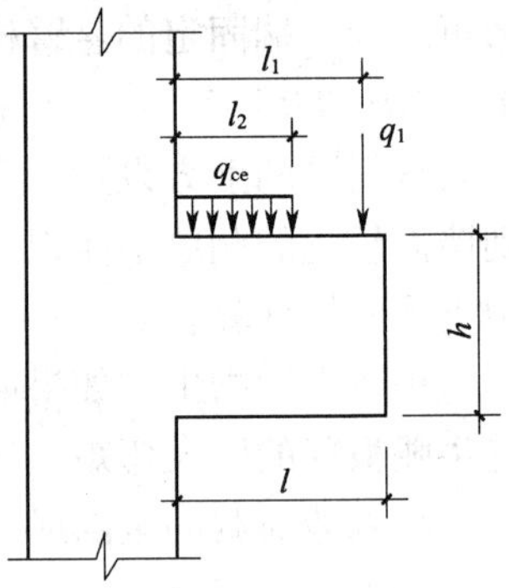

图 7-3 作用于门框墙上的等效静载

直接作用在门框墙上的冲击波超压的等效静荷载 q_{ce}（见图 7-3），可按表 7-1 选取，当室外出入口净宽大于 3.0m 时，可将表中数值乘以 0.9 计算。

表 7-1 直接作用在门框墙上的等效静荷载标准值 q_{ce}（kN/m^2）

出入口部位及形式	距离 L（m）	防常规武器抗力	
		6	5
室外直通出口	5	290	580
	10	240	470
	≥15	210	400
室外单向出入口	5	270	530
	10	220	430
	≥15	190	370
室外竖井，楼梯，穿廊出入口	5	160	320
	10	130	260
	≥15	115	220

注：1. L 为室外出入口至防护密闭门的距离（如图 2-17 所示）。
2. 当 $5m < L < 10m$ 及 $10m < L < 15m$ 时，可按线性内插法确定。

7.2.2 核武器作用下直接作用门框墙上的等效静载

直接作用在门框墙上的冲击波超压的等效静荷载（见图 7-3），按可按表 7-2 选取。

表 7-2 直接作用在门框墙上的等效静荷载标准值 q_e（kN/m^2）

出入口部位及形式		防核武器抗力等级				
		6B	6	5	4B	4
顶板荷载计入上部建筑物影响的室内出入口		120	200	380	—	—
顶板荷载未计入上部建筑影响的室内出入口，室外竖井、楼梯、穿廊式出入口		120	200	400	800	1200
室外直通、单向出入口	$\xi<30°$	135	240	550	1200	1800
	$\xi\geqslant30°$	120	200	480		

注：ξ 为直通、单向出入口坡道的坡度角。

7.2.3 由门扇传给门框墙的垂直力的等效静荷载

（1）单扇平板门

常规武器和核武器爆炸下单扇平板门门扇传给门框墙的垂直力的等效静荷载标准值 q_{ca}、q_{cb}，按下列公式计算：

$$q_{ca}=\gamma_a q_e a \tag{7-1}$$

$$q_{cb}=\gamma_b q_e a \tag{7-2}$$

式中 q_{ca}、q_{cb}——分别为沿门洞短边和长边单位长度作用的标准值（kN/m）；

γ_a、γ_b——分别为沿门洞短边和长边的反力系数，按表 7-3 取值；

q_e——作用在防护门上的等效静荷载标准；

a——门扇的短边长度（m）。

表 7-3 单扇平板门反力系数

a/b	0.40	0.50	0.60	0.70	0.80	0.90	1.00	1.25	1.50
γ_a	0.37	0.37	0.37	0.36	0.36	0.35	0.34	0.31	0.28
γ_b	0.48	0.47	0.44	0.42	0.39	0.36	0.34	0.29	0.24

注：表中 a/b 为门扇短边长度与长边长度的比值。

（2）双扇平板门

常规武器和核武器爆炸下双扇平板门门扇传给门框墙的垂直力的等效静荷载标准值 q_a、q_b，按下列公式计算：

$$q_{ca}=\gamma_a q_e a \tag{7-3}$$

$$q_{cb}=\gamma_b q_e a \tag{7-4}$$

式中 q_{ca}、q_{cb}——分别为沿门洞短边和长边单位长度作用的标准值（kN/m）；

γ_a、γ_b——分别为沿门上、下门框和两侧门框的反力系数，按表 7-4 取值；

q_e——作用在防护门上的等效静荷载标准；

a——单个门扇垂直于自由边的长度（m）。

表 7-4 双扇平板门反力系数

a/b	0.50	0.60	0.70	0.80	0.90	1.00	1.25	1.50
γ_a	0.50	0.48	0.47	0.44	0.42	0.40	0.35	0.31
γ_b	0.60	0.54	0.49	0.44	0.40	0.36	0.30	0.25

注：表中 a/b 为单个门扇垂直于自由边的边长与中间自由边边长的值。

表 7-3 和表 7-4 中反力系数是按下列原则确定的。门扇传给门框的力，其大小和门扇的动反力值相等、方向相反，沿门孔周边的分布规律假设与门扇静切力的分布规律相同，且取各边中点切力系数作为计算门框墙的反力系数。这样取值较合理，使得门框墙既能承受门扇处于弹性阶段传给它的力，也能承受门扇处于弹塑性阶段传给它的力。

7.2.4 门框墙截面设计

门框墙在门孔两侧的部分受力情况比较复杂，既有门扇传来的动荷载，又有冲击波荷载的直接作用。其受力性态既类似于一般钢筋混凝土结构的实腹牛腿，但又有不同之处。影响牛腿承载能力的因素，除了截面尺寸和材料强度外，尚有剪跨比、纵向钢筋配筋百分率、水平箍筋配筋率等，其中以前两者对承载能力的影响较大。牛腿的破坏形态随着剪跨比的增大，主要有剪切破坏、斜压破坏、弯压破坏等形态。门框墙受力状态的静力和动力试验也得到类似的结论。但一般牛腿的剪跨比通常在 0.1～0.75 的范围内，而防护门门框墙的剪跨比通常介于 0.5～2.0 之间（门框墙厚度一般为 300～500mm）。结构静力试验表明，门框结构主要是弯曲破坏和斜剪破坏两种破坏形态，多数又由受弯控制，当门框墙的牛腿（或悬臂梁）符合 $c/h_0 \leq 1$ 的规定时，应按牛腿计算与配筋；当 $c/h_0 > 1$ 时，可采用下列公式按悬臂梁进行设计。

$$C = \frac{M}{V} \tag{7-5}$$

$$M = q_b \cdot l_3 \cdot d + \frac{q_e l_2^2 d}{2} \tag{7-6}$$

$$V = q_b d + q_e l_2 d \tag{7-7}$$

式中 C——换算剪跨；

M——门框侧墙单位长度内牛腿（或悬臂梁）根部的弯矩设计值；

V——门框侧墙单位长度内牛腿（或悬臂梁）根部的剪力设计值；

h_0——牛腿（或悬臂梁）根部垂直截面的有效高度；

q_e——直接作用在门框侧墙上冲击波超压的等效静荷载；

l_2——等效静荷载的分布长度，（见图 7-3）；

l_3——门扇传给门框墙的等效静荷载作用点距外墙内边缘距离；

d——计算宽度。

7.2.5 门框墙的构造规定

1）与门框墙邻接的通道墙等构件，应能承受由牛腿或悬臂梁根部传来的固端弯矩、剪力及轴力。当通道墙外侧为松散土（岩）体时，应采取防止通道墙变形的措施。

2）门框墙混凝土强度等级宜为 C30。

3）门框墙的厚度不宜小于 300mm；门槛高度不宜大于 200mm。

4）平板门门框墙在门孔两侧均宜配置水平受力钢筋和竖向受力钢筋（见图 7-4）。水平受力钢筋的配筋率不应小于 0.25%，直径不应小于 12mm，间距不宜大于 200mm。竖向受力钢筋的直径不应小于 12mm，间距不宜大于 250mm。

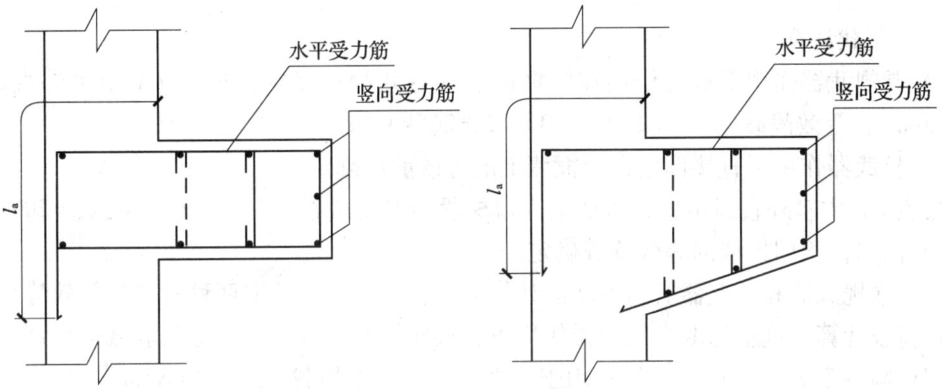

图 7-4　平板门门框墙

5）上挡墙应按计算配筋，纵向受力钢筋配筋率不应小于 0.25%，钢筋直径不应小于 12mm，间距不应大于 250mm。

6）门洞四角的内外层，均应配置直径为 16mm 的斜向加强钢筋，其长度不应小于 1000mm（见图7-5）。

7）门框墙应与通道结构整体浇筑，其受力钢筋伸入通道结构内的长度不应小于钢筋的锚固长度，且不应小于钢筋直径的 30 倍；门框墙下部应嵌入底板结构 300mm。

【例 7-1】 某甲类防空地下室工程，工程抗核爆炸地面冲击波超压 $\Delta Pd = 0.05\text{MPa}$，抗常规武器等级为 6 级。室外出入口采取直通式，直通段长度 $L = 7.5\text{m}$，直通出入口梯段的坡度角 $\xi = 35°$。第一道防护密闭门门孔尺寸如图 7-6 所示，试对防护门的门框墙进行结构设计，门框墙的材料采用 C30 混凝土，主筋采用 HRB335 级钢筋；试计算门框墙（侧墙、上挡板和门槛）的配筋。

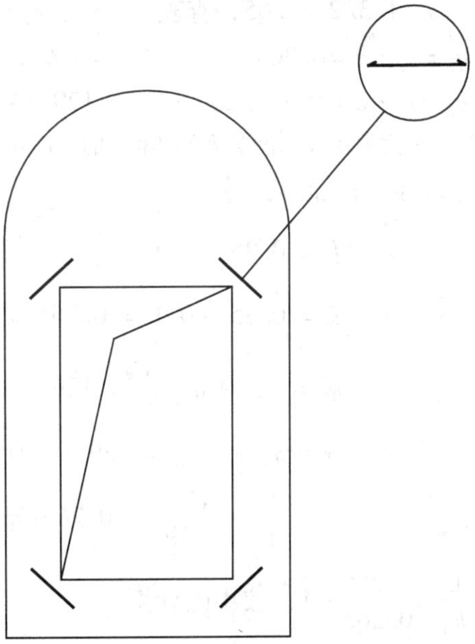

图 7-5　门洞四角斜向加强钢筋

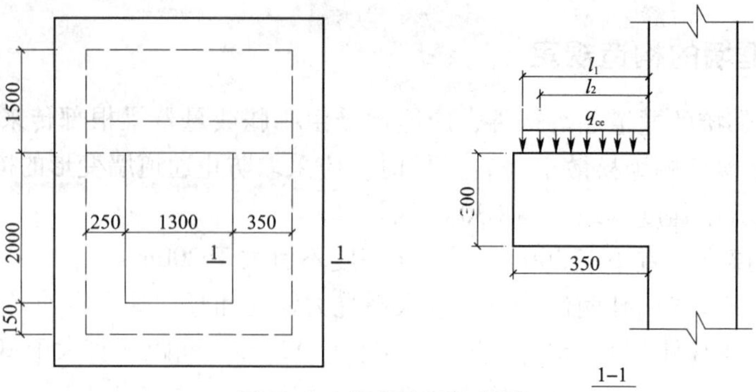

图 7-6 门框墙尺寸图

解：

（1）荷载计算

1）常规武器作用下直接作用在门框墙上的等效静载确定，按表 7-1 中室外直通出口，$L=7.5$m时，等效静载 $q_{ce}=(290+240)/2=265\text{kN/m}^2$。

2）核武器作用下直接作用在门框墙上的等效静载确定。

按表 7-2 中室外直通出口，直通出入口梯段的坡度角 $\xi=35°$，等效静载 $q_e=200\text{kN/m}^2$。

3）门扇传给门框墙的等效静载确定。

由于常规武器和核武器对门框墙的计算公式相同，可以选取两种武器的等效静载大者作为计算荷载计算。这里选取常规武器作用下直接作用在门框墙上的等效静载进行计算。防护密闭门框墙厚度为 300mm。直接作用于门框墙上的等效静载 $q_{ce}=265\text{kN/m}^2$。

$$l_1=0.35-0.1\times\frac{1}{3}=0.32\text{m},l_2=0.35-0.1=0.25\text{m},h_0=0.30-0.035=0.265\text{m}$$

门扇传给门框墙上的等效静载

$a/b=1.3/2=0.65$，查表 7-3 得：$r_a=0.365$，$r_b=0.43$，

$q_a=r_a\cdot a=0.365\times200\times1.5=109.5$（kN/m）

$q_b=r_b\cdot a=0.43\times200\times1.5=129$（kN/m）

注：公式中代入 a 含支承在门框上的长度 0.1m。

（2）内力及配筋计算

$$l_1=0.35-0.1\times\frac{1}{3}=0.32(\text{m})$$

$$l_2=0.35-0.1=0.25(\text{m})$$

$$M=q_bl_1+q_{ce}\frac{l_2^2}{2}=129\times0.32+200\times\frac{0.25^2}{2}=47.5(\text{kN}\cdot\text{m})$$

$$V=q_b+q_{ce}l_2=129+200\times0.25=179(\text{kN})$$

$$C=\frac{M}{V}=\frac{47.5}{179}=0.265(\text{m})$$

$\frac{C}{h_0}=\frac{0.265}{0.265}\leqslant1$，按牛腿计算

$$A_s=\frac{M}{0.85f_{df}h_0}=\frac{47.5\times10^6}{0.85\times405\times265}=520.7(\text{mm}^2)$$

取Φ14@200，实配 $A_s = 770mm^2$

配筋率验算 $\rho = \frac{A_s}{A} = \frac{770}{1000 \times 265} = 0.29\%$，不超筋。

门框墙左侧墙和门槛均较右侧墙受力有利，可以参照右侧墙配筋，也可重新计算配筋。

（3）上挡墙结构计算

上挡墙简化，根据 $H/B = 1.5/2 > 1/2$，所以上挡墙设加强明梁，明梁尺寸取宽为 250mm，高 500mm。受力如下：

门扇传到梁上的均布荷载为 $q_a = 145kN/m$。

上挡墙作为板传到梁上荷载简化为均布荷载：$265 \times 0.75 = 199$（kN/m）

分布荷载叠加：344kN/m. 按 2m 长两边嵌固受均布荷载的梁计算。

经计算 $A_s = 1251mm^2$，取 3Φ25，$A_s = 1473mm^2$，

$\rho = \frac{A_s}{A} = \frac{1473}{250 \times 365} = 1.6\%$。

箍筋Φ6@200。

右侧墙配筋如图 7-7 所示。

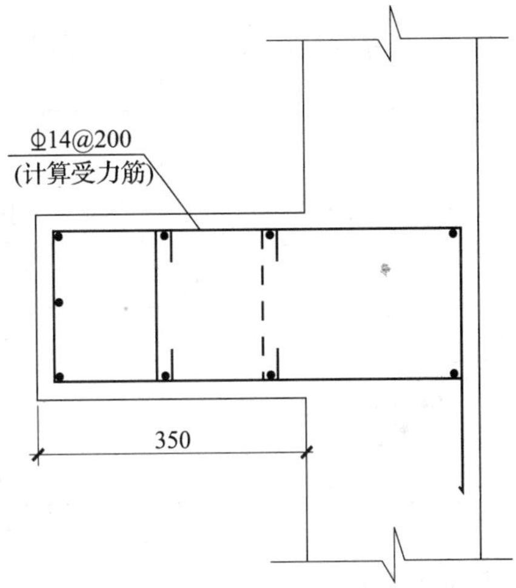

图 7-7 门框墙侧墙配筋图

7.3 出入口通道其他构件设计

7.3.1 临空墙

（1）临空墙及其受力分析

临空墙是指一侧在工程防护门以外受空气冲击波荷载作用，一侧在工程防护门以内不受冲击波荷载作用的墙体。其位置一般在出入口或通风井附近。临空墙除受竖向荷载作用外，还受水平的爆炸荷载作用，其受力如图 7-8 所示。

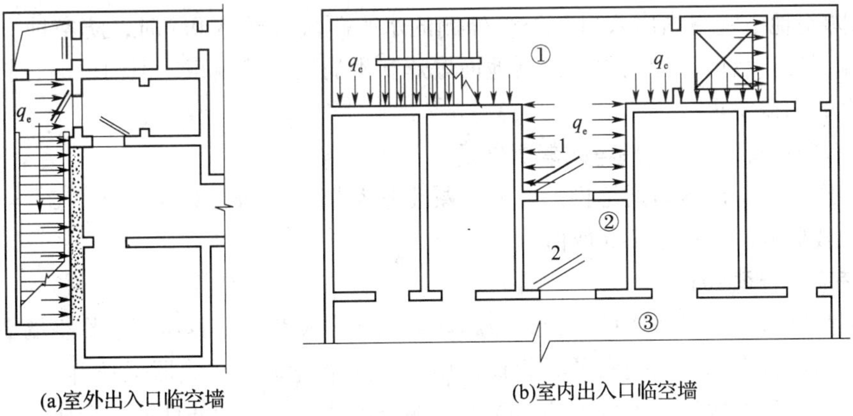

图 7-8 临空墙受力示意图

①楼梯；②密闭通道；③室内

1—防护密闭门；2—密闭门

（2）常规武器作用下临空墙等效静载确定

室外出入口通道内的钢筋混凝土临空墙，其等效静载标准值可按表 7-5 采用。

表 7-5　出入口临空墙等效静荷载标准值（kN/m^2）

出入口部位及形式	距离 L（m）	防常规武器抗力等级	
		6	5
室外直通出入口	5	200	390
	10	160	320
	≥15	140	280
室外单向入口	5	180	360
	10	150	300
	≥15	130	260
室外竖井、楼梯、穿廊出入口	5	110	210
	10	90	170
	≥15	70	150

注：1. L 为室外出入口至防护密闭门的距离（见图 2-18）。

2. 当 $5m < L < 10m$ 及 $10m < L < 15m$ 时，可按线性内插法确定。

由于化爆空气冲击波在空气中衰减较快，绕过障碍物的能力弱，所以，在常规武器作用下，对室内出入口支承钢筋混凝土平板防护密闭门的门框墙及临空墙的等效静荷载标准值，可按下列规定确定：

1）当防空地下室室内出入口至外墙外侧的水平距离小于等于 5.0m 时，防空地下室室内出入口门框墙、临空墙的等效静荷载标准值可分别按表 7-1、表 7-5 中室外竖井、穿廊出入口项的数值乘以 0.5 采用。

2）当防空地下室室内出入口至外墙外侧的水平距离大于 5.0m 时，防空地下室室内出入口门框墙、临空墙可不计入常规武器地面爆炸产生的等效静荷载，但门框墙、临空墙设计应符合相应的构造要求。

（3）核武器作用下临空墙等效静载确定

核武器作用下，出入口通道内的钢筋混凝土临空墙，当按允许延性比 $[\beta]=2$ 计算时，其等效静荷载标准值可按表 7-6 取值。

（4）临空墙截面设计

平时临空墙为竖向受力构件，当武器爆炸空气冲击波荷载垂直作用于临空墙墙面时，临空墙既受竖向荷载作用，又受水平面荷载作用，一般情况下，在武器爆炸等效静载作用下，临空墙为大偏心受力构件，可按大偏心受力构件分析其内力及配筋计算；众所周知，大偏心受力构件不考虑轴力的影响是偏于安全的，为计算方便，通常也可按四边嵌固的受弯板计算。

表 7-6 出入口临空墙的等效静荷载标准值（kN/m^2）

出入口部位及形式		防核武器抗力等级				
		6B	6	5	4B	4
顶板荷载计入上部建筑物影响的室内出入口		65	110	210	—	—
顶板荷载未计入上部建筑物影响的室内出入口，室外穿廊、楼梯、竖井出入口		80	130	270	530	800
室外直通式、单向式出入口	$\xi < 30°$	90	160	370	800	1200
	$\xi \geqslant 30°$	80	130	320		

注：ξ 为直通式、单向式出入口坡道的坡度角。

【例 7-2】 某甲类 6 级防空地下室，室外出入口为单向式，出入口梯段的坡度角$\xi = 35°$，通道长度 $L = 10m$，临空墙宽度为 5m，高 4m，厚 300mm。材料采用 C30 混凝土，主筋采用 HRB335 级钢筋，试计算临空墙配筋。

解：

（1）荷载计算

1）常规武器作用下直接作用在门框墙上的等效静载确定。

按表 7-1 中室外直通出口，$L = 10m$ 时，$q_e = 160kN/m^2$。

2）核武器作用下直接作用在门框墙上的等效静载确定。

按表 7-2 中室外单向式出入口，出入口梯段的坡度角 $\xi = 35°$，等效静载 $q_e = 200kN/m^2$。

3）由两种武器荷载比较，选取最不利的荷载作设计荷载，即按 $q_e = 200kN/m^2$ 计算。

（2）内力计算

不考虑轴力的影响按四边嵌固的受弯板计算。可按弹塑性板计算，也可用手算或采用软件计算。计算弯矩如图 7-9 所示。

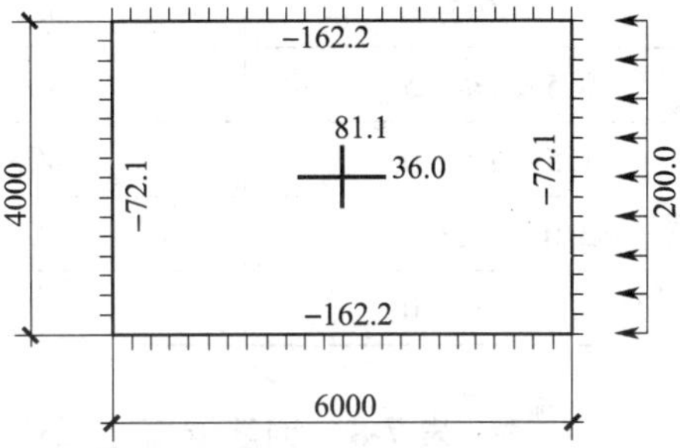

图 7-9 临空墙弯矩图

（3）配筋计算

受弯配筋计算选取弯矩最大截面，弯矩值 $M = 162.2kN \cdot m$

$f_{cd} = f_c \times r_d = 14.3 \times 1.5 = 21.45(N/mm^2)$

$f_y = f_y \times r_d = 300 \times 1.35 = 405(N/mm^2)$

截面尺寸 $b \times h = 1000mm \times 300mm$，$h_0 = h - a_s = 300 - 25 = 275$（mm）

相对界限受压区高度 ξ_b：

$$\xi_b = \beta_1/[1 + f_{yd}/(E_s \times \varepsilon_{cu})] = 0.8/[1 + 405/(200000 \times 0.0033)] = 0.496$$

受压区高度 $x = h_0 - \sqrt{h_0^2 - 2M/(\alpha_1 fb)} = 272 - \sqrt{272^2 - 2 \times 62200000/(1 \times 21.45 \times 1000)} = 29$（mm）

相对受压区高度 $\xi = x/h_0 = 29/275 = 0.106 \leqslant \xi_b = 0.496$

纵向受拉钢筋 $A_s = \alpha_1 f_c b_x / f_y = 1 \times 21.45 \times 1000 \times 29/405 = 1538mm$

配筋率 $\rho = A_s/(b \times h_0) = 1538/(1000 \times 275) = 0.56\%$

选取Φ18@150，实配筋面积 $A_s = 1696mm$

抗剪计算和其他截面计算略。

7.3.2 防护密闭门外通道

（1）常规武器作用荷载确定

应当指出，出入口通道的防护功能要求实际可以略低于工程主体结构。通道墙大多与岩体或土体接触，这种墙体受两种压力作用，一是通道内侧的空气冲击波超压；二是通道外侧的土中压缩波作用。虽然这两种压力分别作用在构件的内外两侧，并且方向相反，但是，两种荷载一般认为不是同时作用在结构上，所以不能简单地相互抵消。由于所受内侧的空气冲击波压力是使通道向外侧变形，外侧有土体或岩体产生弹性抗力，结构受力非常有利，一般不用计算就能满足要求，所以不要求计算。

无顶板敞开段通道结构，可以认为通道内外侧的空气冲击波荷载和土中压缩波同时作用，有基本相互抵消的效果，这时开口段通道可以按民用的挡土墙设计，可不考虑武器荷载作用。

当通道有顶板时，按承受土中压缩波产生的武器爆炸荷载计算，计算方法与主体结构基本相同，常规武器爆炸等效静载确定和结构计算与主体结构相同，也可查表 6-12。

（2）核武器作用荷载确定

核武器爆炸等效静载，对于通道宽度大于 3m 时，可查表 6-7 ~ 表 6-9 确定，当通道小于 3m 的通道，可由表 7-7、表 7-8 确定等效静载。通道外墙按主体结构确定。

表 7-7 钢筋混凝土通道顶板等效静载标准值 q_{ce1}（kN/m^2）

顶板覆土厚度 h（m）	防核武器抗力等级		
	6B	6	5
$h \leqslant 0.5$	40	65	135
$0.5 < h \leqslant 1.5$	45	75	150
$1.5 < h \leqslant 2.0$	40	70	145
$2.0 < h \leqslant 3.5$	40	70	140
$3.5 < h \leqslant 5.0$	40	65	135

表 7-8 钢筋混凝土通道底板等效静载标准值 q_{ce3}（kN/m^2）

顶板覆土厚度 h（m）	防核武器抗力等级					
	6B		6		5	
	地下水位以上	地下水位以下	地下水位以上	地下水位以下	地下水位以上	地下水位以下
$h \leqslant 0.5$	30	30 ~ 35	50	55 ~ 60	100	100 ~ 125
$0.5 < h \leqslant 1.5$	35	35 ~ 40	60	60 ~ 75	115	100 ~ 125
$1.5 < h \leqslant 2.0$	35	35 ~ 40	55	55 ~ 65	110	110 ~ 140
$2.0 < h \leqslant 3.5$	30	30 ~ 35	55	55 ~ 65	105	105 ~ 135
$3.5 < h \leqslant 5.0$	30	30 ~ 35	50	50 ~ 60	100	100 ~ 125

注：位于地下水位以下的底板，含气量 $\alpha_1 \leqslant 0.1\%$ 时取大值。

土中竖井结构，无论有无顶板，均按土中压缩波产生的法向均布荷载计算与主体结构外墙相同。

通道结构一般简化为封闭框架进行内力计算，内力计算应按常规武器和核武器分别作用下的设计荷载进行，综合选取两种情况的内力结果进行截面设计计算。

【例 7-3】 某甲类 6 级防空地下室，室外出入口通道顶板覆土厚度为 1m，通道净空尺寸 2.5m × 3m，顶板、外墙和底板厚度均为 250mm，材料采用 C30 混凝土，原地土质为粉土，土容重为 $16kN/m^3$，地下水位为 −10m，主筋采用 HRB335 级钢筋，试计算通道结构配筋。

解：

（1）荷载计算

1）静载计算。

①顶板静载：$q_1 = 1 \times 16 + 0.25 \times 25 = 22.3$（$kN/m^2$）

②外墙静载：

由于单层外墙可按外墙中点位置的荷载作为均布荷载计算。根据经验取粉土侧压系数为 0.4。$q_2 = 2.75 \times 16 \times 0.4 = 17.6$（$kN/m^2$）。

③底板静载。

底板静载计算取通道长 1m，由顶板上覆土、顶板和外墙自重相加除底板面积确定。

$$q_3 = (22.3 \times 2.5 + 3 \times 0.25 \times 1 \times 25)/2.5 = 29.8(kN/m^2)$$

2）常规武器爆炸结构等效静载确定

①顶板等效静载：查《规范》表 4.7.2，$q_{ce1} = 30kN/m^2$。

②外墙等效静载：查《规范》表 4.7.3-1，$q_{ce2} = 30kN/m^2$。

底板等效静载 $q_{ce3} = 0$。

3）核武器爆炸结构等效静载确定。

①顶板等效静载：通道宽度小于 3m 时，查《规范》表 4.8.6-1，$q_{e1} = 75kN/m^2$。

②外墙等效静载：查《规范》表 4.8.3-1，$q_{e2} = 25kN/m^2$。

③底板等效静载：查《规范》表 4.8.6-2，$q_{e3} = 60kN/m^2$。

4）常规武器作用下设计荷载。

$q_{cs1} = 1.2 \times 22.3 + 30 = 56.8(kN/m^2)$，$q_{cs2} = 1.2 \times 17.6 + 30 = 51.1(kN/m^2)$，

$q_{cs3} = 1.2 \times 29.8 = 35.8(kN/m^2)$。

5）核武器作用下设计荷载。

$q_{s1} = 1.2 \times 22.3 + 75 = 101.8(kN/m^2)$，$q_{s2} = 1.2 \times 17.6 + 25 = 46.1(kN/m^2)$，

$q_{s3} = 1.2 \times 29.8 + 60 = 95.8(kN/m^2)$。

（2）内力计算

内力计算采用清华大学编制的结构求解器软件计算。计算简图和计算结构内力如图 7-10 所示。

（3）截面设计

根据常规武器和核武器内力计算结果分析，按核武器作用设计荷载进行截面设计时，通道外墙内侧是按常规武器荷载控制设计的。该部位应按常规武器计算弯矩进行配筋设计。

截面配筋计算（略）。

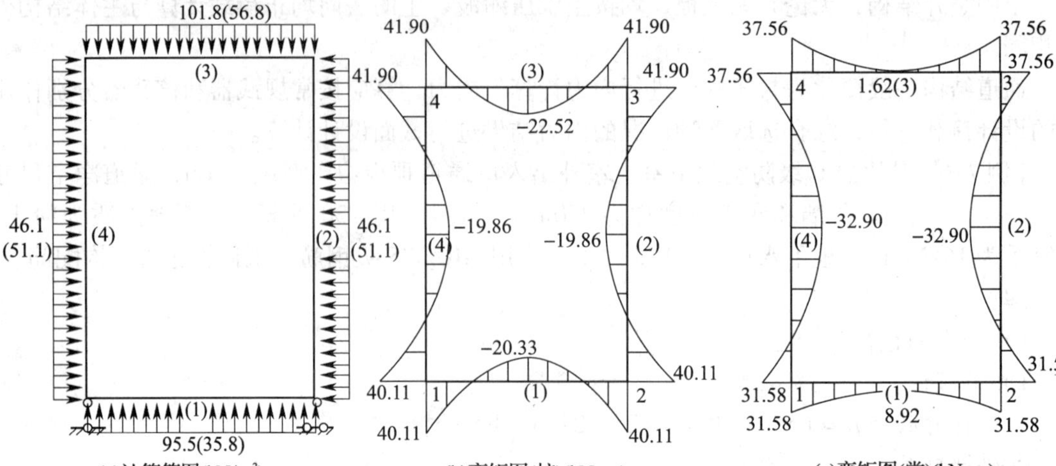

(a)计算简图(kN/m²)　(b)弯矩图(核)(kN·m)　(c)弯矩图(常)(kN·m)

图 7-10　通道计算简图和弯矩图

7.3.3　扩散室墙体设计

扩散室是消波系统的重要组成部分，扩散室的墙体有：

1）与防护门外的通道相隔的临空墙，其外侧受到空气冲击波的强大压力荷载，超压的数值一般与门上的相同，墙的内侧还受到冲击波经过防爆活门进入扩散室的余压荷载。由于余压数值相对较小，作用时间同外侧荷载不一致，方向又相反，所以设计时仅考虑外侧动载的作用。这种临空墙无密封要求，确定等效静载时可选用较大的设计延性比。

2）与工程内部空间相隔的临空墙，只受到扩散室内余压的作用。按扩散室内余压的最大值确定，由于余压的升压时间长，计算时可取余压动荷载的动力系数为 1，即把余压的最大值作为静载计算。对有滤毒通风的进风扩散室按 40kN/m^2 考虑，对排风口和未设滤毒通风的进风扩散室可取 65kN/m^2。

3）与岩体或土体接触的被覆墙，内侧受扩散室余压作用，外侧可能受到岩土中压缩波的作用，因为作用时间有先后，可只计算墙外侧岩土中压缩波荷载作用。

扩散室临空墙应内、外两侧均配置钢筋，设有防爆活门的墙面要预埋活门门框，如活门孔很大，墙体的内力分析可参照门框墙的计算方法。墙体的构造要求与门框墙相似。

7.3.4　多跑楼梯设计

防空地下室的出入口，除临空墙外，尚有与防空地下室无关的墙、楼梯踏步和休息平台等，当出入口不作为战时主要出入口时，均不计入爆动荷载作用。这是由于遭受核袭击时，室内出入口难以解决被上部建筑的倒塌物及邻近建筑的飞散物堵塞的问题。如再考虑这些构件的防护加固，不仅加固范围不好确定，也难以保证其不被堵塞，故无实际意义。

当防空地下室出入口作为主要出入口时，防护（密闭）门以外的楼梯踏步和休息平台等，均应考虑空气冲击波作用荷载，其等效静载标准值可通过查表确定。

（1）核爆炸作用下楼梯荷载确定

当防空地下室采用多跑式室外出入口或按《规范》第 3.3.2 条规定将室内出入口用作

室外出入口时，作用在出入口内楼梯踏步与休息平台上的核爆动荷载，应按构件正面和反面不同时受荷分别计算配筋。核爆动荷载作用方向与构件表面垂直（见图 7-11），核爆动荷载的等效静荷载标准值可按表 7-9 采用。

表 7-9 楼梯踏步与休息平台等效静荷载标准值（kN/m^2）

荷载部位	防核武器抗力等级		
	6B	6	5
正面荷载	40	60	120
反面荷载	20	30	60

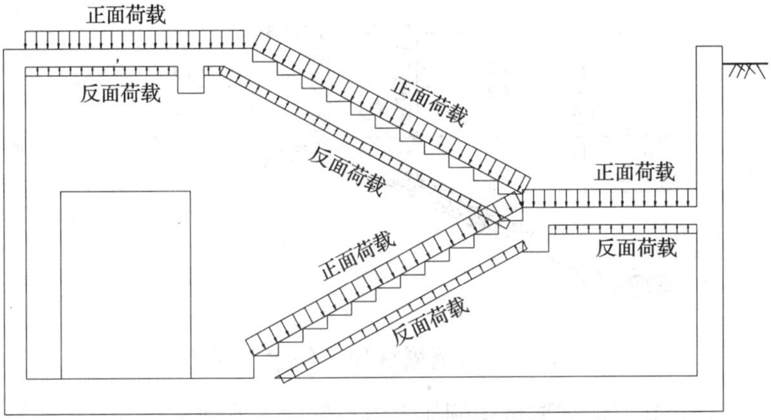

图 7-11 多跑楼梯受力示意图

注：正反面荷载按分别作用计算。

（2）常规武器爆炸作用下楼梯荷载确定

常规武器爆炸作用下，在出入口内楼梯踏步与休息平台上的常规武器爆炸动载应按构件正面受荷计算。动荷载作用方向也应按与构件表面垂直计算，其等效静载值可按下列规定确定：

1）当主要出入口为室外出入口时，对常 5 级可取 $110kN/m^2$，对常 6 级可取 $50kN/m^2$。

2）当主要出入口为室内出入口，且至外墙外侧的水平距离小于等于 5.0m 时，对常 5 级可取 $90kN/m^2$，对常 6 级可取 $40kN/m^2$。

3）当主要出入口为室内出入口，且至外墙外侧的水平距离大于 5.0m 时，可不计入常规武器地面爆炸产生的等效静荷载。

多跑楼梯的计算与民用楼梯相似，但应当注意的是，民用楼梯所受的重力荷载是垂直向下的，梯板计算跨度是两支承梁的水平距离，而爆炸荷载作用下，梯板计算跨度应取两支承梁的直线距离（斜向长度）。

7.3.5 防倒塌棚架设计

开敞式防倒塌棚架在核爆动荷载作用下，其破坏程度取决于合成荷载。当冲击波的运动方向与构件表面垂直时，则作用在柱正面（迎爆面）和背面的合成荷载为正面的动压作用，作用在柱两侧面的合成荷载为零。当冲击波运动方向与顶板面相平行时，作用在顶板上、下的合成荷载等于零。所以，开敞式防倒塌棚架只须考虑按作用在檐口、边梁和每一根柱正面冲击波水平动压和作用在顶板上的倒塌荷载进行设计。由于动压在先，倒塌在后，因此对这两种荷载应分别计算和配筋。作用在开敞式防倒塌棚架上的水平荷载简图如图 7-12 所示。

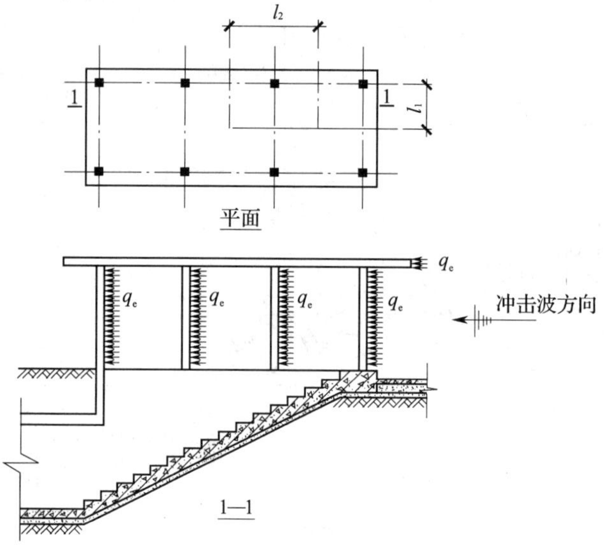

图 7-12　防倒塌棚架上的水平荷载

等效静荷载：作用在开敞式防倒塌棚架上由空气冲击波动压产生的水平等效静荷载标准值，5 级防空地下室为 55kN/m^2；6 级防空地下室为 15kN/m^2；由房屋倒塌产生的垂直等效静荷载标准值为 50kN/m^2。结构计算时，两者应按不同时作用计算。

防空地下室室外开敞式防倒塌棚架，由空气冲击波动压产生的水平等效静荷载标准值可按表 7-10 采用。由房屋倒塌产生的垂直等效静荷载标准值可取 50kN/m^2。两者应按不同时作用计算。一般情况下，防倒塌棚架可参照相关图集选用。

表 7-10　开敞式防倒塌棚架的水平等效静荷载标准值（kN/m^2）

防核武器抗力等级	6B	6	5
水平等效静荷载标准值	6	15	55
垂直等效静荷载标准值	30	50	50

7.3.6　口部封堵构件设计

在平战功能转换设计中，常遇到口部封堵问题，在《规范》中分别给出了常规武器和核武器两种荷载作用下封堵构件上的等效静载，但一般情况下，设计人员常根据防护功能平战转换设计图集选用封堵形式和封堵构件。应当注意，支承封堵构件的墙体应根据封堵构件的反力传递规律分析计算配筋，并应满足构造要求。

8 防空地下室内力计算与截面设计

8.1 防空地下室结构选型及计算原则

防空地下室结构选型，应根据防护要求、使用要求、地面建筑物结构类型、工程水文地质条件，以及材料供应和施工条件等因素综合分析确定。防空地下室结构的选型，包括结构类型与结构体系的选择。防空地下结构类型可分为砌体结构和钢筋混凝土结构两种类型。当上部建筑为砌体结构，防空地下室抗力等级较低且地下水位也较低时，防空地下室可采用砌体结构。

防空地下室结构平时作为上部结构基础，故其结构体系既要满足作为上部地面建筑基础的要求，又要满足战时作为防护结构的要求。

8.1.1 防空地下室结构形式

(1) 梁板式结构

梁板式结构即由钢筋混凝土梁和板组成的结构类型。该结构类型多用于混合结构，内外墙均为砖砌体或柱承重，楼板与顶板型式相同，当板跨较小时可不设梁，板跨较大时应设梁，梁的布置根据受力及使用功能要求既可单独设置，也可交叉设置。梁板式结构的主要特点是经济实用、施工方便、技术成熟，可预制装配，也可现浇施工。

对于具有防护等级要求的地下室顶板也有预制－现浇叠合板形式，它解决了顶板的模板问题，也能保证一定的防护能力。所谓叠合板是在预制板上浇筑一层钢筋混凝土板，主要是为解决防护等级要求。梁板式及附建式结构详见图 8-1。

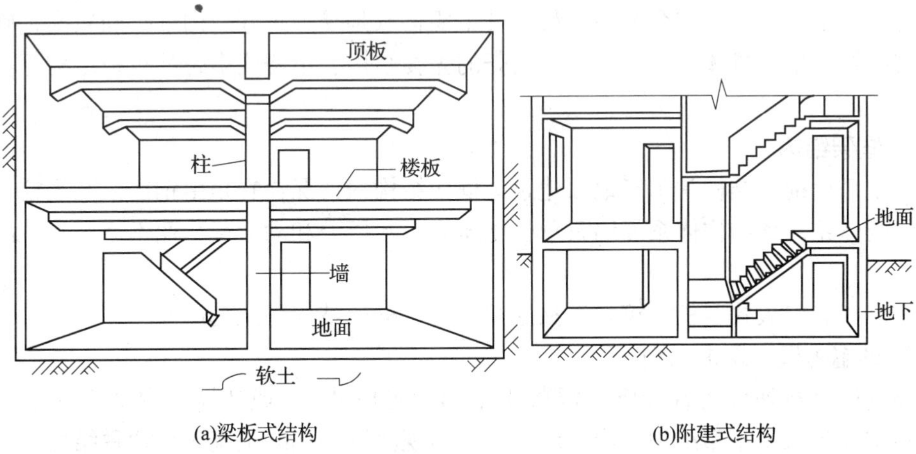

图 8-1　梁板式及附建式结构

(2) 箱型结构

箱型结构是由现浇钢筋混凝土墙及顶板组成的结构类型。其特点是整体性好、强度高，防水防潮效果好，防护能力强，较梁板式结构造价高。常结合高层建筑的箱型基础一同考虑。

箱型结构的受力分析主要有两种方式，一种是将其视为独立的结构进行板式或纵、横、水平向的框架分析；另一种是将其视为箱型基础进行分析，两种分析方法的计算结果会有差异。箱型结构见图 8-2。

（3）板柱结构

板柱结构是由现浇钢筋混凝土柱和板组成的结构型式。板柱结构的主要型式为无梁楼盖体系，该体系有带柱帽和不带柱帽两种，近年来也有使用现浇整体空心板柱体系的，柱下既可设独立基础，也可采用筏片基础或桩基础等类型。板柱结构的主要特点是跨度大、净高高、空间可灵活分隔或开敞，适用于车库、贮库、商场、餐厅等建筑。板柱结构见图 8-3。

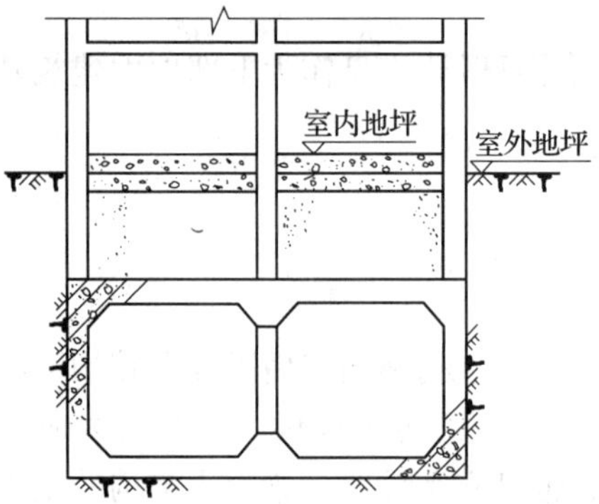

图 8-2 箱形结构

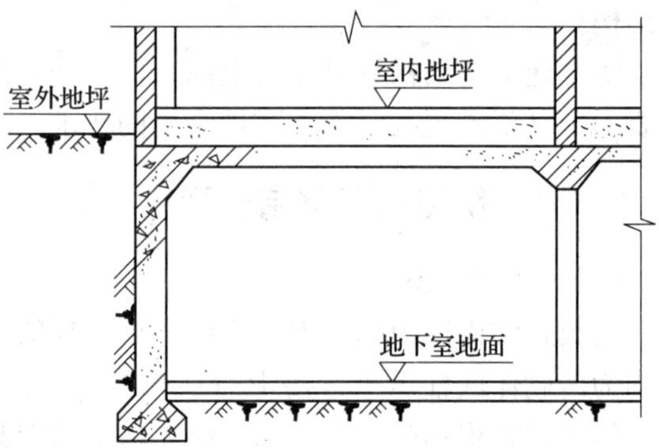

图 8-3 板柱结构

（4）拱壳结构

拱壳结构是指地下空间的顶板为拱形或折板形结构。该种结构适用于地面建筑为单层大跨的条件，地下室为平战结合两用工程，其主要特点是受力较好，内部空间较高，施工相对复杂。其中结构型式具体有双曲扁壳与筒壳的壳类结构、单跨或多跨的折板结构等，详见图 8-4。

（5）框架结构

地下室采用框架结构常用于地面建筑为框架结构的情况，它是由钢筋混凝土柱、梁、板组成的结构体系。该结构体系外墙只承受土压力、水压力和动荷载，而不承受建筑的自重和活荷载。

基础型式有梁板式、桩、筏片、独立基础等。框架结构型式见图 8-5。

（6）外墙内框、墙板结构

外墙内框是指外墙为现浇钢筋混凝土结构（见图 8-5）或砖墙，内部为柱梁组成的框架。墙板结构类似于箱型结构，内外墙均全部为现浇钢筋混凝土墙。该两种结构均可采用有地下连续墙的施工方法，把挡土用的挡土墙与建筑用的围护结构结合成一体，可节约建筑造价，施工方法先进，但施工技术要求较高，详见图 8-6。

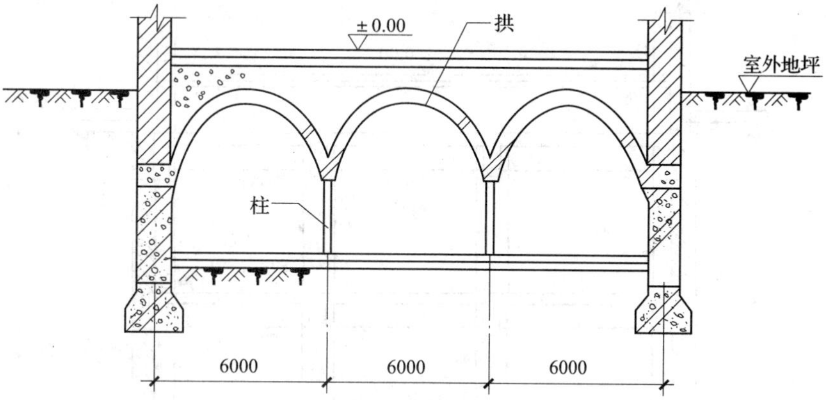

(a)拱型

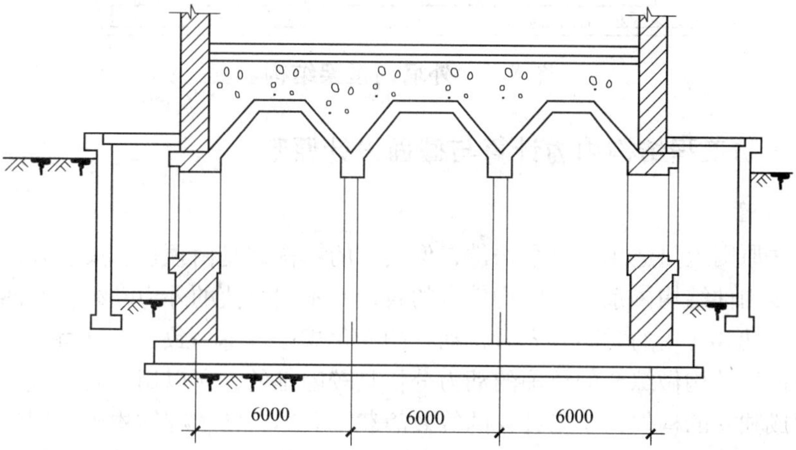

(b)折板型

图 8-4 拱壳结构

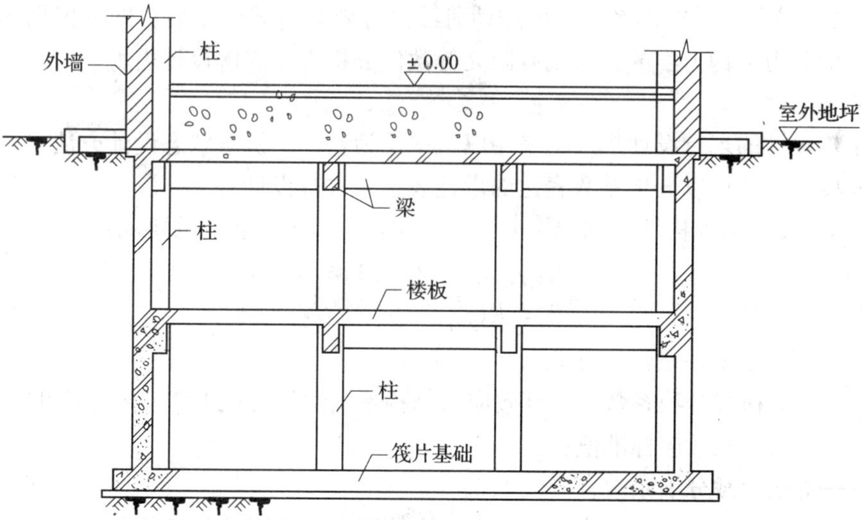

图 8-5 框架结构

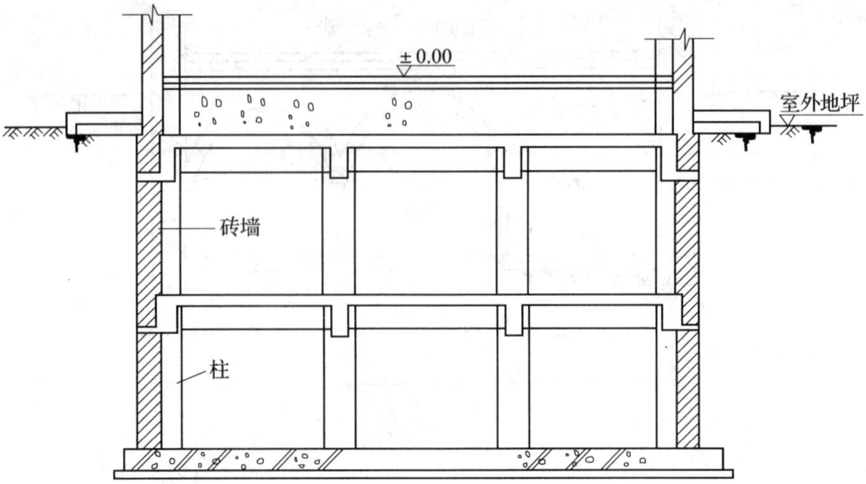

图 8-6 外墙内框架结构

8.1.2 人防工程结构内力计算与截面设计原则

(1) 内力计算

等效静载法原则上只适用于单个构件，但实际的结构都是由顶板、梁、外墙、柱等多个构件组成，是多构件结构体系。这些构件有的直接受不同峰值的外力动载，有的承受上部构件传来的反力，动载作用的时间有先后，动载的变化规律也不一致，而且每一部分的延性也不尽相同。对这种结构做综合的精确的动力分析是较困难的，所以用等效静载法设计时，一般将结构分解成独立的构件，求出各自的等效静载。具体人防工程结构当采用等效静荷载计算结构内力时，可将复杂结构简化为基本结构或构件，分别计算出等效静荷载后，按静荷载作用下结构内力的计算方法计算原结构的内力。

单建式人防工程结构体系通常采用板、梁、柱体系，板、井字梁、柱体系，板、柱（无梁板）体系或其他结构体系。在爆炸动荷载的等效静荷载确定后，即可根据动静荷载组合，按照一般静力结构力学的方法或有限元等数值分析方法求解设计内力。

(2) 截面设计

防护结构设计的现行设计规范均采用以概率论为基础的极限状态设计方法，结构可靠度用可靠指标度量，采用以分项系数表达的设计表达式进行设计。

1）人防工程结构或构件的承载能力设计，应符合下列表达式的要求：

$$\gamma_0(\gamma_G S_{Gk} + \gamma_Q S_{Qk}) \leqslant R \tag{8-1}$$

$$R = R(f_{cd}, f_{sd}, a_k \cdots\cdots) \tag{8-2}$$

式中 γ_0——结构重要性系数，可取 1.0；

γ_G——永久荷载分项系数，当其效应对结构不利时，可取 1.2；有利时可取 1.0；

S_{Gk}——永久荷载效应标准值；

γ_Q——等效静载分项系数，可取 1.0；

S_{Qk}——等效静载效应标准值，可按由抗力等级选取的爆动荷载进行计算确定；

R——结构构件的承载能力设计值；

R（·）——结构构件的承载能力函数；

f_{cd}——动荷载作用下混凝土轴心抗压强度设计值；

f_{sd}——动荷载作用下钢筋抗拉强度设计值；

α_k——几何参数的标准值，当几何参数的变异性对结构性能有不利影响时，可另增加一个附加值。

2）γ_0、γ_G、γ_Q 的确定。

在人防工程设计中，结构的重要性已完全体现在人防工程的抗力级别上，故可将结构重要性系数取为1.0。

永久荷载的分项系数与《建筑结构荷载规范》GB 50009—2001 相一致，取为1.2（同号作用），当异号作用时 $\gamma_G=1.0$。

爆炸动荷载分项系数取 $\gamma_Q=1.0$ 是基于以下考虑：

①爆炸动荷载是人防结构的主要荷载，但又是设计基准期内的偶然荷载，故不宜小于1.0，也不宜大于1.0；

②由于人防工程设计的结构构件可靠度水准比民用规范规定的低得多，故 γ_Q 值不宜大于1.0；

③爆炸动荷载是设计中规定的值，并不是随机变量的统计值。

④新设计方法的可靠度水准与原设计规范的可靠度水准相协调。如现行规范设计方法的钢筋混凝土构件，属延性破坏构件的可靠指标大约在1.55左右，其失效概率为6.1%，属脆性破坏构件的可靠指标大约在2.4左右，其失效概率为0.8%。

人防工程结构设计当求得爆炸动荷载的等效静荷载后，详细的截面设计与配筋，可根据实际结构体系按《混凝土结构设计规范》GB 50010—2002 进行，但相关参数应按人防结构设计的有关规定取值。

8.2 梁板式结构

梁板式结构主要由板、次梁和主梁组成，板的四周可支承在次梁、主梁或墙体上。根据工程的不同使用功能和受力特点，主要承重方案有纵墙承重、横墙承重、纵横墙承重、墙柱承重（外墙内框）等几种方案。当需要大空间而无墙时，可由梁传递荷载给墙或柱，当由墙承重时，开间或进深受到较大限制，优点是经济且施工方便。

8.2.1 钢筋混凝土板

（1）计算简图

现浇钢筋混凝土板在荷载作用下根据其弯曲情况可分为单向板与双向板，根据支座支承情况有简支和固端支承等。当板长边 l_2 与短边 l_1 之比较大时（$l_2/l_1>2$），板在受荷时主要沿短边 l_1 方向弯曲，沿长边 l_2 方向弯矩值很小可忽略不计，这种主要沿短边方向受弯的板称为单向板。当板的长边 l_2 与短边 l_1 之比较小（$l_2/l_1\leqslant 2$），板会在两个方向都产生弯曲，这种双向受弯的板称为双向板。

地下空间结构板大多都是连续的板，对于这种多列双向板可取为两种计算简图，即单向连续板或单块双向板。

1）简化为单向连续板。

作为单向连续板分析，首先按 $\lambda = l_2/l_1$ 的不同比值确定荷载分配系数 x_1（见表 8-1），然后再将作用在板上的荷载 q 分配到 l_1 和 l_2 两个方向上去。分配方法见下式

$$q_1 = x_1 q \tag{8-3}$$

$$q_2 = (1 - x_1) q \tag{8-4}$$

上式表明，两个方向分配荷载是不一样的。分配荷载之后即可按互相垂直的单向连续板进行计算。一般情况下，现浇板边支座为简支，中间支座是弹性固定的，这里可近似地按不动铰支座考虑。当各跨跨度相差不超过 20% 时，可近似地按等跨连续板计算，为求支座弯矩，可取相邻两跨的最大跨度计算；求跨中弯矩时，则取所在该跨的计算跨度。当然，计算机技术的发展也可以较精确地计算。

2）简化为单块双向板。

当板的各跨受均布荷载，而跨度与厚度又皆相同时，可近似认为板嵌固于中间支座，简支于边上支座，这样即可按不同支承条件的单块双向板进行计算。计算结果往往与实际有出入，需要参考工程经验对支座和跨中计算弯矩作适当修正。

表 8-1　分配系数 x_1 值

$\lambda = l_2/l_1$	x_1	$\lambda = l_2/l_1$	x_1
0.50	0.0588	1.10	0.5942
0.55	0.0838	1.20	0.6747
0.60	0.1147	1.30	0.7407
0.65	0.1515	1.40	0.7935
0.70	0.1936	1.50	0.8351
0.75	0.2404	1.60	0.8676
0.80	0.2906	1.70	0.8931
0.85	0.3430	1.80	0.9130
0.90	0.3962	1.90	0.9287
0.95	0.4489	2.00	0.9412
1.00	0.5000		

（2）内力计算

1）单向连续板。

单向板 $l_2/l_1 > 2$ 或双向板的荷载已分配为两个方向的单向连续板的情况，均可按单向连续板进行计算。其计算方法可按弹性理论与塑性理论两种方法，对于防水要求较高的应按弹性理论计算，而对防水要求不高的应按塑性理论计算。如果所计算的板符合《建筑结构静力计算手册》中的条件，可直接通过手册查得内力系数计算，如不符合，可通过结构力学的方法进行计算，如弯矩分配法等。

按塑性法计算连续板分以下两种情况，等跨或两跨相差不大于 20% 的情况均可按下列介绍的简化方法进行计算。

所求弯矩公式为

$$M = a_m (g + q) l_0^2 \tag{8-5}$$

所求剪力公式为

$$Q = a_v (g + q) l_n^2 \tag{8-6}$$

式中 a_m、a_v——弯矩和剪力系数，查表8-2及表8-3；

l_0、l_n——连续板计算跨度、净跨；

g、q——作用于单向板上沿跨长上永久与可变均布荷载设计值（kN/m）。

表8-2　弯矩系数（a_m）

截面	边跨中	第一内支座	中跨中	中间支座
a_m 值	$+\frac{1}{11}/\left(\frac{1}{14}\right)$	$-\frac{1}{14}$	$+\frac{1}{16}$	$-\frac{1}{14}$

表8-3　剪力系数（a_v）

截面	边支座	第一跨内支座左边	第一跨内支座右边	中间支座边
a_v 值	0.42	0.58	0.50	0.50

其次是不等跨的情况可按下述方法进行计算。

按弹性理论求出内力后，将各支座弯矩各减少30%，然后增加跨中正弯矩，使每跨调整后的两端支座弯矩的平均值与跨中弯矩之和不小于相应的简支梁跨中弯矩（见图8-7），即

$$\overline{M}_1 + \frac{\overline{M}_1^0 + \overline{M}_1^{0'}}{2} \geqslant \frac{q_1 l_1^2}{8} \tag{8-7}$$

式中 $\overline{M}_1$——跨中最大弯矩；

$\overline{M}_1^0$、$\overline{M}_1^{0'}$——两支座的最大弯矩；

q_1——作用在板上的均布荷载；

l_1——板的计算跨度。

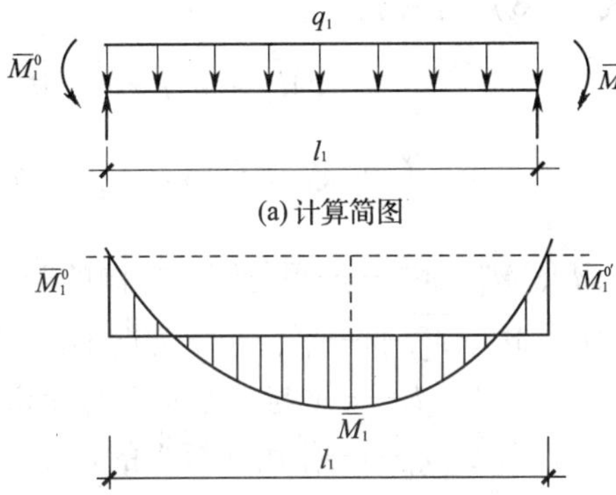

图8-7　弯矩图

如支座弯矩调整过大，可能会出现不满足式（8-7）的情况，此时，可将支座负弯矩少调整一些，如调整20%～25%，以避免由于支座弯矩调整过大而造成跨中正弯矩过分增加。最后，根据调整后的支座弯矩计算剪力值。

2）双向连续板。

双向连续板（多列双向板）的内力计算如同单向连续板也可分弹性和塑性法两种。按弹性法计算时，可简化为单跨双向板或将荷载分配后再按两个相互垂直的单向连续板计算。

对于等厚不等跨的多列双向板在均布荷载作用下的塑性法可按下述方法进行计算。

钢筋混凝土双向板在均布荷载作用下，裂缝不断出现与展开，最后将沿板的周边和板的中部产生塑性绞线。试验表明，在动荷载作用下所产生的塑性绞线与静荷载作用下所产生的塑性绞线相同，其平面分布见图 8-8（a）。

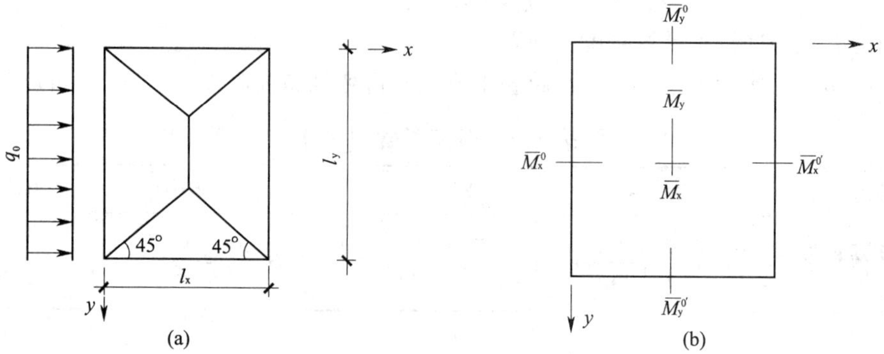

图 8-8　多列双向板

根据图 8-8（b）取其脱离体进行平衡分析，可得出任何一块双向板的弹塑性理论计算的基本公式为

$$2\overline{M}_x + 2\overline{M}_y + \overline{M}_x^0 + \overline{M}_x^{0'} + \overline{M}_y^0 + \overline{M}_y^{0'} = \frac{q^0 l_x^2}{12}(3l_y - l_x) \tag{8-8}$$

式（8-8）可写成

$$i\overline{M}_x + \overline{M}_y j + \frac{1}{2}(\overline{M}_x^0 + \overline{M}_x^{0'} + \overline{M}_y^0 + \overline{M}_y^{0'}) = \overline{M}_0$$

$$\overline{M}_0 = \frac{q_0 l_x^2}{24}(3l_y - l_x) \tag{8-9}$$

式中　$\overline{M}_x$、$\overline{M}_x^0$、$\overline{M}_x^{0'}$——平行于 x 方向的跨中与两支座的弯矩；

$\overline{M}_y$、$\overline{M}_y^0$、$\overline{M}_y^{0'}$——平行于 y 方向的跨中与两支座的弯矩；

l_x、l_y——x 与 y 方向板的计算跨度（轴线）；

q_0——作用在板上的均布荷载。

比较式（8-9）与式（8-7），两式的意义是一样的。式（8-7）左端第一项为双向板跨中弯矩，第二项为双向板各支座弯矩和之半，右端项为双向板简支时的跨中总弯矩。

为了给出双向板的跨中及支座弯矩的比例关系，从经济与构造的观点出发，给出以下建议首先是给出双向板跨中两个方向弯矩之比，$a = M_y/M_x$，取 $a = \lambda^2$，$\lambda = l_x/l_y$；其次是给出各支座弯矩与跨中弯矩之比 $M^0/M = 2$。根据上述建议有 $M_y = aM_x$、$M_x^0 = M_x^{0'} = 2M_x$、$M_y^0 = M_y^{0'} = 2M_y = 2aM_x$。$M^0/M = 2$ 是根据实践经验取得的固定值。

《人民防空工程结构设计手册》则根据前述方法给出不同支座条件的多列双向板在均布荷载作用下，按塑性内力分布计算的内力系数计算方法，见表 8-2。

对于基本区格的计算步骤为：

①根据边长比 $\lambda = l_x/l_y$，求出总弯矩系数 W 并计算总弯矩 M_0：

$$M_0 = Wql_x^2 \tag{8-10}$$

②根据支座弯矩是否已知（简支边为零），按照边界条件求边界条件系数 B_i，并按下式求出 M_x：

$$M_x = B_i\left[M_0 - \sum \frac{(M_x^0) + (M_y^0)}{2}\right] \tag{8-11}$$

③按下式求出其余未知弯矩：

跨中弯矩：

$$M_y = aM_x \tag{8-12}$$

支座弯矩：

$$M_x^0 = 2M_x \tag{8-13}$$

$$M_y^0 = 2M_y \tag{8-14}$$

在多跨连续板中，如跨度和荷载基本相等，可从中间区格开始计算，然后以其支座弯矩作为相邻区格共同边的已知支座弯矩，据此选定相邻区格的边界系数 B_i，循序求出各项未知弯矩，再类推至下一相邻区格。

为了使各区格的支座钢筋统一而方便施工，也可令各区格的支座弯矩等于中央区格的支座弯矩。

如果板的跨度或荷载相差很大，应分区进行计算。在分区交界处的支座宜取其中之较小值，并将其视为相邻区格的已知支座弯矩。

与单向板相邻的区格，可将单向板的支座弯矩作为该区格的已知弯矩。剪力计算根据设计经验，建议在各种支承条件下，两个方向单位板宽的支座剪力取 $0.5ql$，即 $Q_x = Q_y = 0.5ql$，l 为双向板短边长度。

（3）截面设计要点

1）连续板一般可按塑性理论方法计算，计算宽度可取 1m，按单筋矩形截面进行配筋计算，按《规范》要求进行受压区配筋。

2）要进行板斜截面计算，由于人防工程荷载较大，顶板一般较厚、抗剪验算时混凝土折减等原因，有时防空地下室板厚度是由斜截面抗剪控制的，所以设计时要进行斜截面受剪承载力计算。

3）连续板达到极限状态时，跨中由于正弯矩的作用截面下部开裂，而支座处在负弯矩作用下截面上部开裂，使其跨中和支座之间受压混凝土的轴线形成一个拱形（见图 8-9），如果板的周边有限制水平位移的梁，即板的支座不能自由移动时，在荷载作用下将产生沿板平面方向的横向推力，这种拱的作用可减少板中各计算截面的弯矩。为此，《规范》规定：对四周横向延伸受到约束时，其中间跨的跨中截面及中间支座截面，计算弯矩可减少 30%。但对于边跨跨中截面及离板端第二支座截面，由于边梁侧向刚度不大，难以提供足够的水平推力，故计算弯矩不予降低。

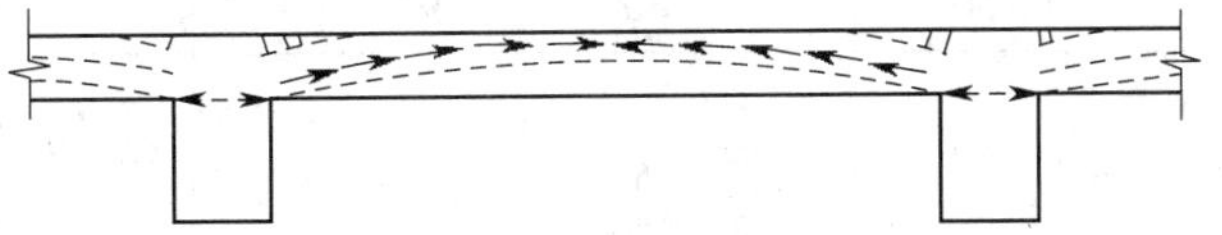

图 8-9 连续板的内拱作用

（4）构造要求

板的厚度。防空地下室顶板一般较厚，由于楼盖的混凝土用量对板的厚度非常敏感，即板厚每增加 1cm，则整个楼盖的混凝土用量将会增加很多。结构顶板厚度与荷载大小和主次梁间距有直接关系，防空地下室结构顶板受力较大，因此其厚度一般较厚，《规范》考虑防空地下室受力特点，规定顶板厚度不小于 200mm。根据经验表 8-4 给出了一般情况下顶板厚度的估算方法。

表 8-4 估算板截面高跨比

q（kN/m^2）	单向板（h/L）		四边嵌固双向板（h/L）	q（kN/m^2）	单向板（h/L）		四边嵌固双向板（h/L）
	简支	连续			简支	连续	
60 ~ 80	$\frac{1}{12}$	$\frac{1}{15}$	$\frac{1}{23} \sim \frac{1}{17}$	200 ~ 220	$\frac{1}{7}$	$\frac{1}{9}$	$\frac{1}{13} \sim \frac{1}{10}$
90 ~ 110	$\frac{1}{10}$	$\frac{1}{12}$	$\frac{1}{19} \sim \frac{1}{13}$	230 ~ 260	$\frac{1}{7}$	$\frac{1}{8}$	$\frac{1}{12} \sim \frac{1}{9}$
120 ~ 150	$\frac{1}{9}$	$\frac{1}{11}$	$\frac{1}{17} \sim \frac{1}{11}$	270 ~ 370	$\frac{1}{6}$	$\frac{1}{7}$	$\frac{1}{11} \sim \frac{1}{8}$
160 ~ 190	$\frac{1}{8}$	$\frac{1}{10}$	$\frac{1}{14} \sim \frac{1}{10}$	380 ~ 450	$\frac{1}{5}$	$\frac{1}{6}$	$\frac{1}{10} \sim \frac{1}{8}$

注：h 为板厚，L 为板短边跨度。

板的构造配筋要求在第 5 章 5.4 节中述及，这里不再赘述。

板中受力钢筋。板中受力钢筋包括有承受负弯矩作用的截面设计，连续板可采用结构设计软件进行结构计算。如理正结构设计软件中的人防结构设计模块中，可以按塑性理论（构件允许的延性比 $[\beta]=3$）计算嵌固或简支（包括已知弯矩）边界条件的矩形单、双向板。并按《规范》要求，当板的周边支座横向伸长受到约束时，其跨中截面的计算弯矩值可以乘以折减系数 0.7，再进行正截面和斜截面配筋计算。

8.2.2 框架梁的计算

（1）尺寸估算

框架主梁主要承受竖向荷载，防空地下室结构中常采用矩形截面，考虑到防空地下室主梁配筋量较大，梁宽度可由柱尺寸确定，一般可取稍小于柱尺寸为宜，梁高度可根据荷载和跨度估算。

表 8-5 估算等跨连续梁截面用的高跨比 H/L

q/L（kN/m^2）	40 ~ 50	60 ~ 80	90 ~ 140	150 ~ 310	320 ~ 400
H/L	$\frac{1}{8} \sim \frac{1}{7}$	$\frac{1}{7} \sim \frac{1}{5}$	$\frac{1}{6} \sim \frac{1}{4}$	$\frac{1}{5} \sim \frac{1}{3}$	$\frac{1}{4} \sim \frac{1}{3}$

注：1. 表中梁荷载 q 为梁线荷载，单位 kN/m，跨度 L 单位为 m。

2. 均布荷载作用下高跨比取大值，三角形作用下高跨比取小值，梯形荷载作用下高跨比取中间值。

（2）内力计算和截面设计

梁的计算简图选用要考虑两个因素，一是能较为正确地反映梁的受力状况，二是要考虑计算简图能否与现有的计算手段相适合。当上部建筑为框架或框剪结构时，防空地下室梁、柱和墙是上部建筑框架的一部分，所以地下室的顶板结构宜按空间结构体系计算，在工程设计中可选用空间结构设计软件进行计算，如中国建筑科学研究院研制的结构分析软件 PKPM 系列软件、广厦建筑结构 CAD 系列软件等。

为了校核电算结果的正确性，可以用手算的方法对防空地下室结构受力和截面设计校核，对防空地下室次梁可简化为连续梁进行简化计算，主梁可根据梁和柱的刚度情况，简化为两端弹性嵌固的连续梁进行内力和截面设计。一般简化后的计算简图与结构的实际受力情况有一定的差异，与电算的计算结果不一定完全吻合，但两者不会有很大的差别。

截面设计中，应注意梁抗剪强度验算时，要做跨高比影响的修正、混凝土材料抗剪强度的折减。并注重梁配筋构造要求。

8.2.3 墙体的设计与计算

（1）计算简图

防空地下室荷载确定后应考虑更符合实际情况的计算简图，计算简图的确定同时要考虑计算方法的简便及可行性。

一般情况下，地下室墙板可根据材料与构造、受力等因素确定其简图，地下室外墙计算简图有以下几种。

对于混合结构可将外墙视为压弯或受弯构件，压弯构件是符合实际情况的，是否考虑竖向所受的力，则应根据该力的大小来确定，当力较小（上部建筑荷载较轻，不起主要作用）时可不予考虑，反之则必须考虑，计算简图见图 8-10（a）。当砖墙厚度 d 与基础宽度 d' 之比小于 0.7 时，可按上端简支、下端固定计算，当下端基础为整体板时按简支计算。

对于钢筋混凝土结构，则根据侧墙与顶底板的构造因素确定其计算简图，主要有两种考虑方法，一种是将结构拆开作为单个构件计算，另一种是将结构视为一个整体进行计算，见图 8-10（b）、（c）。

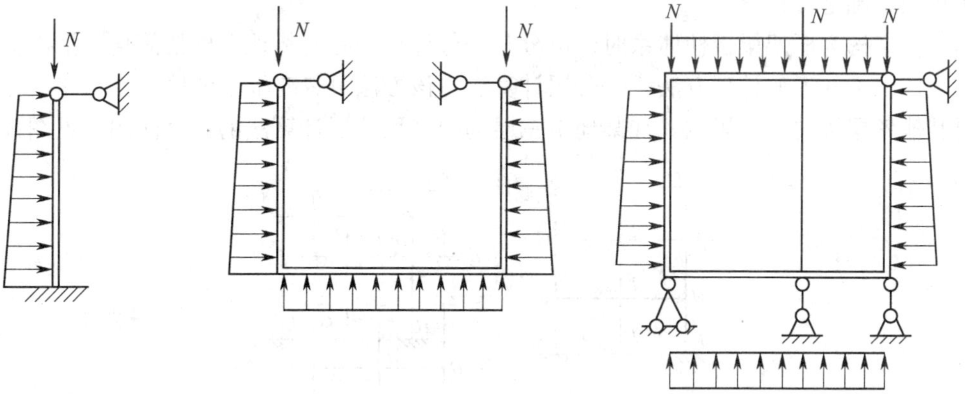

(a)压弯构件　　(b)半框架　　(c)整体框架

图 8-10　墙计算简图

根据所确定的计算简图，通过结构力学或其他方法解出内力并进行配筋与构造设计，至于采用哪种简图应根据具体结构和特征来确定。需要说明的是，每一种简图均反映受力的主要形式，并非是精确的，有时可能存在较大差别，则需结合工程判断做适当修正。

单层地下室为箱基，上部结构为框架、剪力墙或框剪结构时，上部结构的嵌固部位可取箱基的顶部，如图 8-11（a）所示。

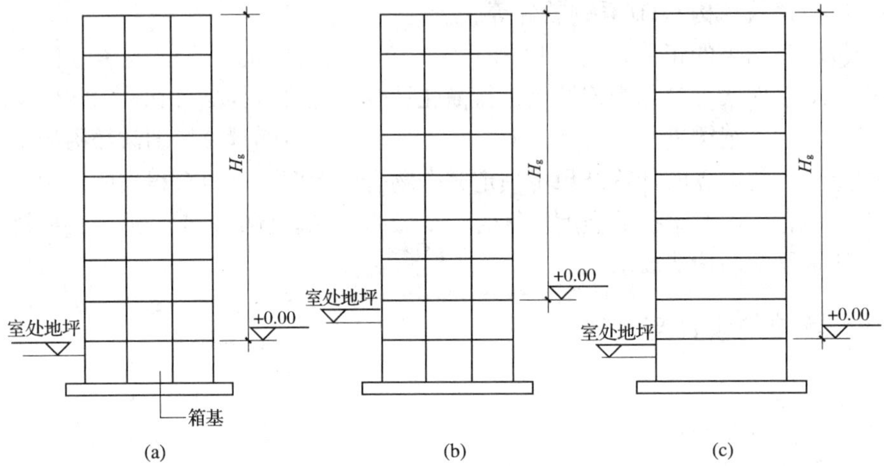

图 8-11 采用箱形或筏形基础时上部结构的嵌固部位

对于地面建筑与多层地下建筑都是框架结构时（箱基），其简图的确定按不同情况予以解决。图 8-11（b）、（c）为某框架结构简图，当地下层间侧移刚度大于或等于地面层间侧移刚度的 1.5 倍时，可将上、下部结构分开计算，即地下层顶部楼板可作为上部结构的嵌固，地下结构以基础顶面作为嵌固，上、下结构分开确定各自力学简图，如图 8-11（b）、（c）所示。此时地下室墙间距（L_g）应大于 4 倍的地下一层结构顶板宽度（B），且不大于 50m（6、7 度设防）；当无设防时，地下室墙间距大于等于 $4B$ 且应小于等于 60m。

当 8 度设防时，$3B \leqslant L_g \leqslant 40\text{m}$；当 9 度设防时，$2B \leqslant L_g \leqslant 30\text{m}$。

达不到上述要求时，可将上、下部结构作为整体考虑，结构嵌固在箱基或筏基的顶部。

对于高层建筑地下室作为箱型基础的情况，可将地上结构嵌固在箱型基础的顶面，地下结构按箱型基础进行计算。

当地下结构为框架梁板柱体系时，可分开进行计算。首先将地下框架简化成平面框架在竖向荷载作用下的近似计算方法——分层计算法，该方法可忽略框架的侧移，忽略本层上的荷载对其他各层梁内力的影响。如某地下三层框架采用分层计算法的计算简图，见图 8-12。

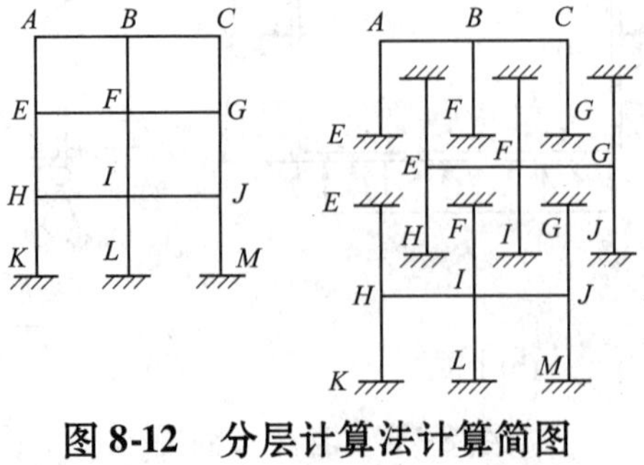

图 8-12 分层计算法计算简图

分层计算法按如下步骤计算：

1）将多层框架分层，以每层的梁与上、下柱组成一个层的框架作为计算单元，柱远端假定为固端。

2）各计算单元的内力采用力矩分配法。

3）底层柱固定端支座，其他各层柱均为互相间弹性连接，为减少误差，除底层柱外，其他各层柱的线刚度均乘以 0.9 的折减系数，相应的传递系数也改为 1/3，底层柱仍为 1/2。

4）用该种方法计算所得的梁端弯矩即为最后弯矩。由于同层柱被划分为两个计算单元，所以柱弯矩要进行叠加。此时节点上的弯矩可能不平衡，但误差很小，如需要进一步调整（误差较大且有必要时），要将节点不平等弯矩再进行一次分配，但不再传递。

第二步计算水平荷载作用下的地下结构内力。水平荷载为等效静荷载和水、土压力，等效静载可假定成均布荷载。

（2）截面设计

1）混合结构砌体外墙的高度，当基础为条形时，取顶板或圈梁下表面至室内地面的高度；当沿外墙下端设有管沟时，为顶板或圈梁下表面至管沟底面的高度；当为整体基础时，为顶板或圈梁下表面至底板上表面的高度。

2）在动荷载与静荷载同时作用下，偏心受压砌体的轴向力偏心距 e_0 不宜大于 $0.95y$，y 为截面重心到轴向力所在偏心方向截面边缘的距离。当 $e_0 \leqslant 0.95y$ 时，结构构件可按受压承载力控制选择截面。

3）钢筋混凝土外墙，平面内按压弯构件计算，平面外按受弯构件计算，最后按两种内力的合成计算配筋。由于一般情况下外墙属于大偏心受压构件，计算时可不考虑竖向轴力的影响，按纯弯钢筋混凝土板计算偏于安全，所以也可按本节前面已叙述的钢筋混凝土板进行计算。按弹塑性工作阶段设计外墙时可参照前面介绍的顶板计算方法进行。

8.2.4 基础设计

附建式结构基础设计同地面建筑基础设计方法基本相同。当地面建筑与地下建筑连接为一个整体时，则共同考虑基础设计，有的高层建筑把地下室部分直接作为基础设计，即所谓箱型基础，也有把地面地下统一为一个建筑，然后直接在地下室下边再设计基础。箱型基础通常为全现浇钢筋混凝土结构，该基础可作为地下室使用，因此，它既作为基础，又作为地下室。作为箱型基础的地下室规范有特殊的规定。如果把地下室不作为基础，而作为普通地下空间结构设计是其中的另一种方法。单从地下室基础型式来划分，有条形基础、独立基础、桩基础、筏片基础、梁板式基础等几种。具体针对某一工程采用何种类型应根据建筑物的使用性质、荷载、层数、工程水文地质、气候条件、材料与施工方法、基础造价等因素来确定，基础类型选择与设计详见有关书籍及规范。这里主要说明武器爆炸动荷载对基础的影响。

（1）条形基础

当甲类低等级地下室采用条型基础或独立基础加防水底板时，底板的等效静载标准值，对核 6B 级取 $15kN/m^2$，对核 6 级取 $25kN/m^2$，对核 5 级取 $50kN/m^2$。在进行地基验算时，可不考虑爆炸动荷载的作用，这是因为在动荷载作用下，尽管基础底部的地基应力有所增加，但是地基的承载能力也因动荷载的作用而有较大提高，因此，按平时使用条件下荷载组合设计的基础宽度已能满足要求。即便在动荷载作用下，基础有可能产生轻微变形也是允许的。所以，不必进行沉陷的验算，可按常规建筑进行地基设计。

（2）板式基础

防空地下室结构中钢筋混凝土整体板式基础（含梁板式）应考虑动荷载作用下的地基承载力提高值，提高值的大小同土质的饱和程度及工程防护等级的大小有关。一般来说，防护等级越高则地基反力也更大，低防护等级的饱和土且含气量不大于0.1%时，非饱和土中覆土厚度小或为多层地下结构时，底板的等效静载约为动荷载的0.8倍，无论饱和土还是非饱和土，底压系数范围在0.7～1.0之间，饱和土取大值，非饱和土取小值。

对于防护等级很高的地下室板式基础，相应的地基反力也很大，此时，必须考虑核爆动荷载作用。

基础底板设计应进行战时和平时两种不同情况进行荷载组合并取其最不利的组合作为设计的依据。对于防水要求较高的底板可按弹性工作阶段计算，对防水要求不高的可考虑塑性变形引起的内力重分布。对地基变形和结构裂缝宽度可按静荷载作用下进行验算。

基础底板计算简图可按单向或双向连续板，也可简化为封闭或封闭的框架。

8.3 无梁板结构

8.3.1 结构形式与受力特点

无梁板结构（或称板柱结构）指直接支承在柱上的钢筋混凝土板的承重体系。

人防工程的顶板与底板可以采用无梁板形式，由于荷载较大，柱顶需设置柱帽，常见的柱帽形式见图8-13。为了充分利用净空，降低层高，底板可采用加反托板的无梁板结构。对于多层结构的中间楼板，如楼面荷载较小，可采用无柱帽或柱顶加托板的无梁板结构。

无梁板结构因不设置梁，板面荷载直接由板传至柱，因此具有结构体系简单、传力路径简捷，净空利用率高，造型美观、有利于通风、便于管线布置和施工等优点。但需要较厚的板，混凝土和钢筋用量较多。另外，从结构性能方面看，无梁板的延性较差，板在柱帽或柱顶处的破坏属于脆性冲切破坏。因此，在设计中，板支座的抗冲切破坏的计算应予以重视。

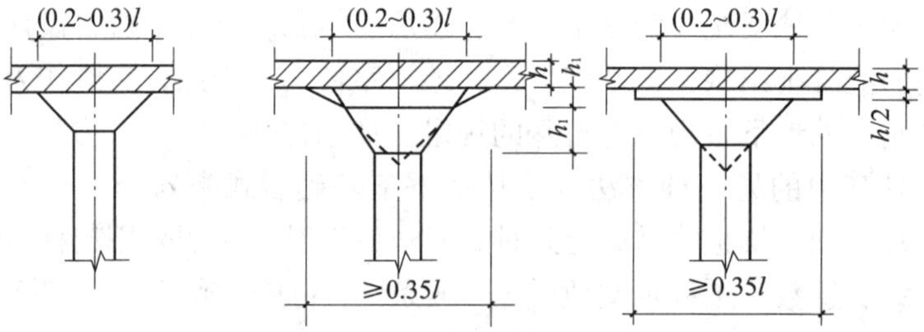

(a)台锥形柱帽　(b)折线形柱帽　(c)带托板柱帽

图8-13 常用柱帽形式

无梁板是由柱支承的连续板结构，由柱网将板划分成各个矩形区格板。柱网宜为正方形或矩形，区格板长短跨之比一般不宜大于1.5。

无梁板的结构试验表明，柱支承板的受力特点不同于四边支承双向板。四边支承板主要由平行于短边方向的板条传力并承受较大弯矩，而无梁板主要由平行于长边的柱条传力并承受较大弯矩。无梁板的裂缝由板底中部的正弯矩裂缝（首先出现平行于短边的裂缝）和靠近四角的垂直于对角线方向的负弯矩裂缝组成。关于无梁板的动载试验表明，无梁板在动载作用下，其破坏形态和静载作用下是相同的。其允许延性比［β］可取3。

8.3.2 板的内力计算概述

由上述可知，无梁板的受力比四边支承板复杂，其内力计算方法主要有以下几种：

1）点支承连续板的弹性分析法。此法将板视为点支撑的薄板，利用三角级数法、差分法或有限单元法等进行分析。这种方法在数字上虽然有一定精度，但其依据的假设与实际情况不尽相符，故在工程设计中用得不多。

2）工程实用计算法。此法是在国内外大量的试验研究和理论研究基础上提出的一种简化计算方法。其中包括等代框架法和经验系数法两种。Westergard 和 Slater 在 1921 年提出了划分柱上板带和跨中板带的概念，奠定了无梁板实用计算法的基础。目前，各国的有关设计规范，如美国的 ACI 规范、英国的 CP114 规范、日本和前苏联的钢筋混凝土设计规范以及我国的有关设计规范，关于无梁板的设计主要是采用上述的工程实用方法。国内方面工程兵工程学院在 1990 年进行了无梁板结构的初、静载结构试验和理论研究，其成果已反映在有关的设计规范中。

3）考虑塑性内力重分布的计算方法。此法根据平衡原理（或虚功原理）对板的极限状态进行分析。常用于在战时动载作用下无密闭或防水要求的按弹塑性工作阶段设计的无梁板计算。

下面简要介绍常用的无梁板内力计算的等代框架法。

等代框架法分析无梁板结构是在每一方向假设板为“扁梁”与柱联结成框架，用两个互相垂直的框架的内力分析代替无梁板结构的内力分析（见图 8-14）。

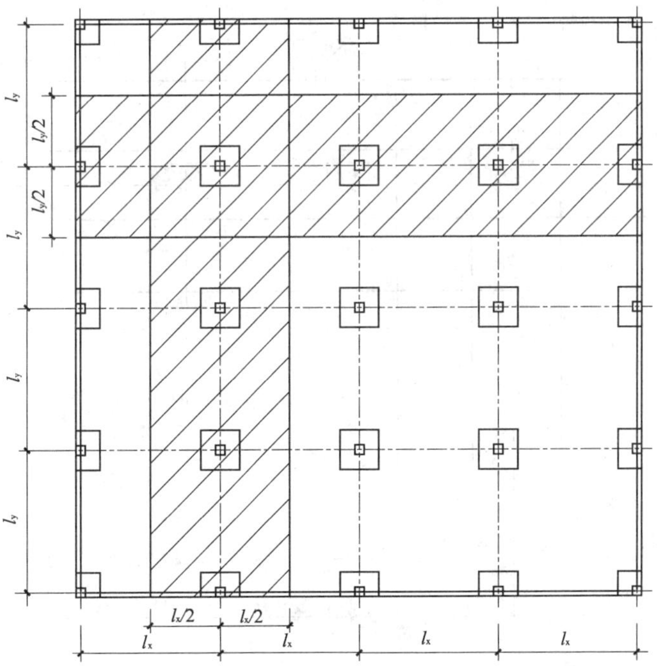

图 8-14 等代框架平面图

在等区格的情况下，纵、横框架的计算宽度各取横、纵区格的宽度。

框架梁的计算跨度取决于支座反力沿柱帽的分布情况。在规范中，柱帽的支座反力均采用三角形分布，其计算跨度取：

$$l_{bx} = l_x - \frac{2C}{3} \tag{8-15}$$

$$l_{by} = l_y - \frac{2C}{3} \tag{8-16}$$

式中　C——柱帽的计算宽度。

对于边区格的梁跨，如板支承在砖砌体墙上，其计算跨度取$\left(l-\frac{C}{3}+\frac{h}{2}\right)$；如板支承在圈梁上或与边墙整浇，其计算跨度取（$l-\frac{C}{3}$）。

等代框架柱的截面取本身截面，柱的计算高度取层高减去柱帽高度。

作用在横梁上的线荷载按板上的均布面荷载乘以等代框架的计算宽度计算。

确定计算简图后，可采用一般结构力学方法分析框架内力，也可采用杆系有限单元法分析框架内力。

按上述计算的板的弯矩是等代框架计算宽度内板带的总弯矩，由无梁板的受力特点可知，板带内的变形与弯矩是不均匀的，考虑到施工配置钢筋的方便，将平板再划分为柱上板带和跨中板带，柱距中间宽度为 $l_x/2$（或 $l_y/2$）的板带称为跨中板带，柱中心线两侧各 $l_x/4$（或 $l_y/4$）。宽度为 $l_x/2$（或 $l_y/2$）的板带称为柱上板带（见图 8-15）。

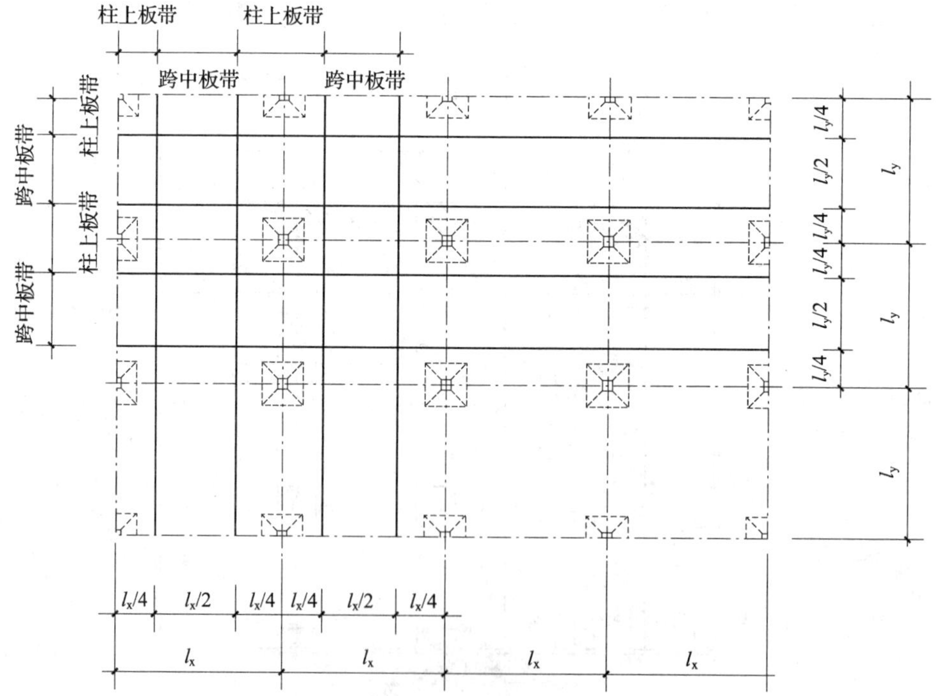

图 8-15　板带划分

两种板带的受力特点是：柱上板带以柱为支座，类似于梁板结构中的主梁，跨中板带以另一方向的柱上板带为支座，类似于梁板结构中的次梁，但其支座是弹性支座。

根据已有的试验和计算分析结论，按等代框架法计算的板的总弯矩（支座负弯矩和跨中正弯矩）可按表 8-6 中的比例分配给柱上板带和跨中板带。

表 8-6 柱上板带和跨中板带弯矩分配

截面位置		柱上板带	跨中板带
内跨	支座截面负弯矩跨中正弯矩	75% 55%	25% 45%
边跨	第一内支座截面负弯矩	75%	25%
	跨中截面正弯矩	55%	45%
	边支座截面负弯矩	60%	40%

等代框架法适用于区格长短跨之比不大于 1.5 的无梁板。在等效静载和静载共同作用下，当按弹性受力状态计算内力时，宜对板的内力进行修正。

可将支座负弯矩下调 10% ~15%，并按平衡条件将跨中正弯矩相应上调，以近似考虑塑性内力重分布；另外，根据试验分析，支座负弯矩在柱上板带和跨中板带的分配比例可取 3:1 到 2:1，跨中正弯矩在柱上板带和跨中板带的分配比例可取 1:1 到 1.5:1。对于板与边墙为整浇钢筋混凝土的结构，边跨板支座负弯矩与跨中正弯矩之比，可按中间区格板进行修正。

结构试验和理论分析表明，板在弯曲时，下缘受拉伸，如周围的约束对此拉伸起限制作用，则板中的弯矩会减小，这种作用称为板的“拱效应”。因此，对于无梁板的计算，除边跨外，跨中截面的计算弯矩可以乘以折减系数 0.9。但当计算中已考虑板的轴力影响时，可不作此折减。

8.3.3 板的构造与配筋

无梁板结构的板的厚度主要由抗冲切控制，其随着混凝土强度等级、荷载、跨度及柱帽尺寸不同，而取不同的厚度。板的估算厚度可参考表 8-7。

表 8-7 正方形区格无梁板板厚（mm）

板面荷载（kN/m²） 区格跨度（m）	120	150	200
4.0	300	350	400
4.5	330	380	450
5.0	370	420	500
5.5	400	450	550
6.0	450	500	600

注：本表按混凝土强度等级为 C30，取方形柱帽宽度 $a=0.35l$。板面荷载为静载与等效静载值。

板的配筋由两个方向的柱上板带、跨中板带的截面弯矩按受弯构件分别计算。其受力钢筋的最小配筋率的取值为：当不考虑战时动载时取0.15%（混凝土强度等级为C30）；当战时动荷载和静荷载共同作用时，取0.3%与$0.45f_{td}/f_{yd}$中的较大值，当无梁板的配筋符合本范规定时，其允许延性比［β］可取3.0。

板的受力筋采用与连续双向板类似的配筋方式，即一般按平行于板边的两个方向布筋，单根钢筋的配筋有弯起式和分离式两种。但应注意到无梁板的受力特点，柱上板带和跨中板带应分别配筋。另外，当区格板内跨中或支座同一区域两个方向具有同号弯矩时，应将较大弯矩方向的受力筋置于外层。人防设计应注意满足截面受压区配受压筋的构造要求。

地下工程中的无梁板结构，板一般较厚，采用弯起筋不一定经济，一般采用分离式配筋，而且由于地基变形，结构各区格板产生局部弯曲的同时，还产生整体弯曲，因此，在板的纵、横方向需配置一定数量的通长钢筋。对于主要承受战时动荷载的无梁板结构，为了提高无梁板在动载作用下的延性，板内纵向钢筋宜通长布置，间距不大于250mm，邻跨之间的受力钢筋宜采用焊接接头，或伸入邻跨内锚固，板内下层正弯矩钢筋宜全部连通，上层负弯矩筋一般也要连通，不宜采用分离式配筋，仅当相邻支座负弯矩相差较大时，可将负弯矩较大的支座处的顶层钢筋局部截断，但被截断的钢筋截面面积不应超过顶层受力钢筋总截面面积的1/3，且被截断钢筋应延伸至按截面受弯承载能力的计算不需设置钢筋处以外，延伸长度不小于20倍钢筋直径。

顶层钢筋网和底层钢筋网之间设梅花形布置的拉结筋，其直径不小于6mm，间距不大于500mm，弯钩直线段长度不小于拉结筋直径的6倍，并不小于50mm。

8.3.4 柱与柱帽的结构设计

（1）柱的设计

柱的断面形状可以是正方形、矩形、多边形和圆形。结构跨度在5m至7m，板面荷载在$100kN/m^2$至$150kN/m^2$时，柱径可取400mm至500mm，当跨度较大、荷载较大时，也可采用钢管混凝土柱。

除均布荷载作用下的等区格板的中间柱可按轴心受压构件设计外，其他情况的柱一般按偏心受压构件设计。采用等代框架法计算时，柱的轴力与弯矩按框架计算确定。

（2）柱帽的设计

柱帽的作用为增加板与柱的连结面积，使支座处能承受较大的剪力，同时还可由于减少了区格板的跨度使板内弯矩减小。

柱帽的结构计算主要是验算柱帽与板的抗冲切强度。试验表明：冲切破坏的特征是，首先由于支座负弯矩出现在柱帽顶受弯裂缝，继而出现斜拉破坏，其破裂面通常与板面呈45°左右的倾角。并形成冲切破坏锥体。一般需要对柱边、柱帽边、托板边、柱帽外轮廓转折处进行抗冲切验算，另外，对于板厚变化处板内抗冲切钢筋配筋率变化处也应进行验算。

1）正柱帽的抗冲切验算。

当板内不配置抗冲切箍筋和弯起钢筋时，抗冲切计算公式为

$$F_l \leqslant 0.7\beta_h f_{td} u_m h_0 \quad (8\text{-}17)$$

式中 f_{td}——混凝土抗拉强度设计值，对于抗动载验算，应取动载下的强度设计值；

F_t——冲切荷载设计值，取柱所承受的轴力减去柱顶冲切破坏锥体内的荷载；

u_m——冲切破坏锥体斜面的平均周长。当柱帽为正方形或矩形时，$u_m = 4(x + y + h_0)$，当柱帽为圆形时，$u_m = \pi(2r + h_0)$；

h_0——冲切破坏锥体有效高度。

当柱帽为正方形或矩形时，$F_l = q[l_x l_y - 4(x + h_0)l_y + h_0^2]$，其中 l_x、l_y、分别为 x、y 方向柱网跨度，r、x、y 分别为冲切验算处与柱轴线的距离（见图 8-16）。当结构的跨度大于 6m，或其相邻跨度不等时，冲切荷载设计值应取按等效静载和静载共同作用下求得的冲切荷载的 1.1 倍。

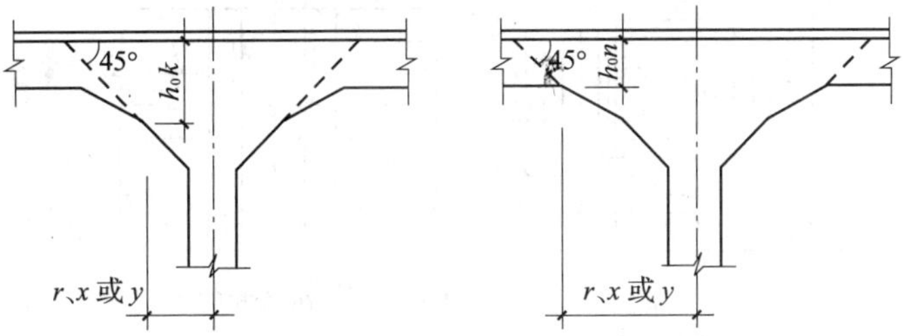

(a)在柱帽上　　(b)在楼板上

图 8-16　柱帽抗冲切计算

当混凝土的冲切强度满足上式时，在离柱帽边 1.0 倍板厚范围内，板内箍筋间距不大于 $h_0/3$，箍筋面积不小于 $0.2u_m h_0 f_{td}/f_{yd}$，当板厚大于 350mm 时，可设置开口箍筋，并可用拉结筋代替箍筋，但其截面积不得大于所需箍筋截面积的 25%。若混凝土的冲切强度不能满足上式要求，且板厚受限制，此时，可在柱帽处配置抗冲切箍筋或弯起钢筋（弯超筋不少于 3 根）来提高冲切承载力。其抗冲切承载力可按以下公式计算：

当配置抗冲切箍筋时：

$$F_l \leqslant 0.5f_{td}u_m h_0 + f_{yd}A_{sv} \leqslant 1.05f_{td}u_m h_0 \tag{8-18}$$

当配置抗冲切弯起筋时：

$$F_l \leqslant 0.5f_{td}u_m h_0 + f_{yd}A_{sb}\sin\alpha \leqslant 1.05f_{td}u_m h_0 \tag{8-19}$$

式中　f_{yd}——抗冲切的箍筋的抗拉强度设计值，抗动载验算时应取动载下的抗拉强度设计值；

A_{sv}——与呈 45°冲切斜截面相交的全部箍筋截面面积（mm^2）；

A_{sb}——与呈 45°冲切斜截面相交的全部弯起钢筋的截面面积（mm^2）；

α——弯起钢筋与水平面的夹角。

板中抗冲切钢筋可按图 8-17 设置。

2）反柱帽的计算。

当底板采用无梁板结构时，可采用底板下设反托板的柱帽形式（见图 8-18）。反托板底面的冲切锥体宽度按下式确定：

$$B = b_0 + 2(h_1 + h_2)$$

式中　B——反托板底面冲切锥体宽度（mm）；

α——角度，$\alpha = 45° \sim 60°$；

B——柱宽或圆柱直径（mm）；

h_1——底板厚度（mm）；

h_2——托板厚度（mm）。

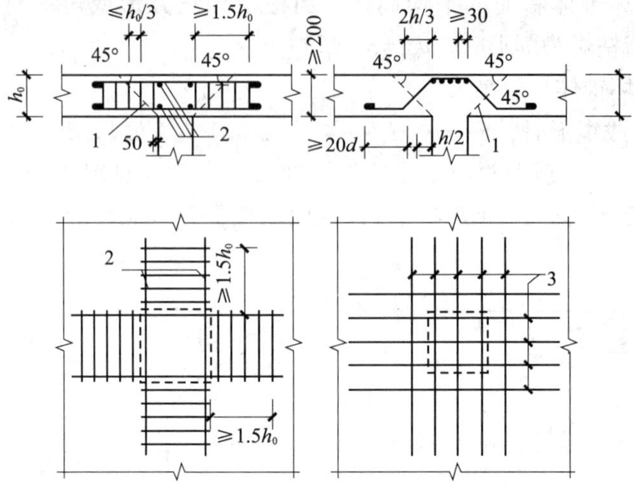

(a)箍筋　　(b)弯起筋

图 8-17　板中抗冲切钢筋布置

1—冲切破坏锥体载面；2—架立筋；3—弯起筋不少于 3 根

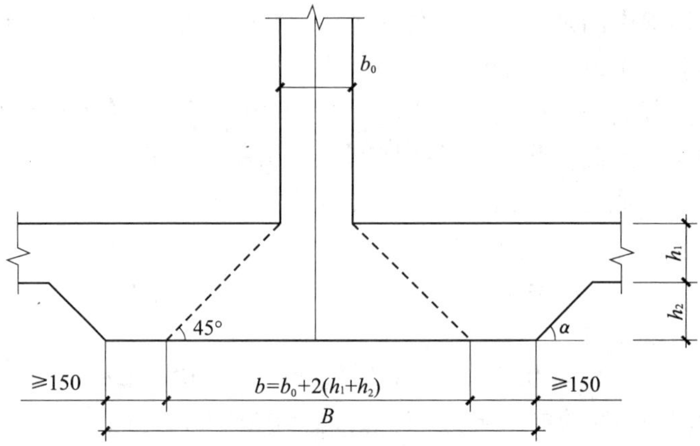

图 8-18　底板反柱帽尺寸

反托板的底面宽度按图 8-19 所示确定。

根据反柱帽的受力特点，反托板柱帽设计除进行抗冲切验算外，还需对柱帽在竖直方向的抗拉强度进行验算。其抗冲切承载能力验算方法同上述正柱帽的计算。为了保证反柱帽的竖向抗拉强度，反托板与底板之间需设置竖向抗拉钢筋，其配筋量计算公式为

$$F \leqslant A_{sb} f_y \sin\alpha + A_{sv} f_y \tag{8-20}$$

式中　F——单柱承受的轴向力设计值（N）；

a_{sb}——四周吊筋和弯起钢筋的总截面面积（mm^2）；

f_y——钢筋的抗拉强度设计值（N/mm^2），抗动载验算取动载下的强度设计值；

A_{sv}——箍筋截面面积总和（mm^2）。

当反托板内配有弯起钢筋和箍筋时，考虑动荷载作用的抗冲切可按下式验算：

$$F_l \leqslant 0.5 f_{td} u_m h_0 + f_{yd} A_{sb} \sin\alpha + f_{yd} A_{sv} \tag{8-21}$$

式中 F_l——冲切荷载设计值（N）；

f_{td}——在动荷载作用下混凝土抗拉强度设计（N/mm²）；

u_m——冲切破坏锥体上、下周边的平均长度，可取距冲切破坏锥体上周边 $h_0/2$ 处的周长；

h_0——冲切破坏锥体截面的有效高度（mm）；

A_{sb}、A_{sv}——分别为与呈 45°冲切破坏锥体斜截面相交的全部弯起筋和全部箍筋截面面积（mm²）。

反托板的配筋构造见图 8-19。其中，反托板底层钢筋最小配筋率不小于 0.3%，间距不大于 150mm，直径不小于 12mm；反托板底层弯起钢筋伸入板内锚固长度不应小于 30 倍钢筋直径。

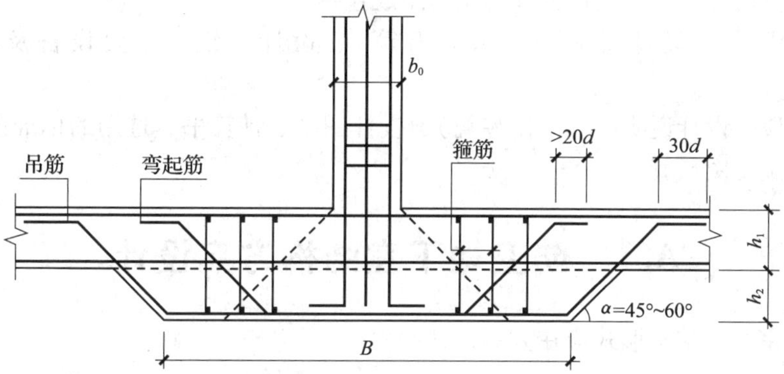

图 8-19　反托板的构造配筋

附录A 防空地下室设计文件编制要求（结构）

防空地下室各阶段设计与项目设计同步进行，一般分初步设计、施工图设计两个阶段，各专业应协同处理好防护、密闭、口部设置、平战转换、设备安装等重要问题。对大型和重要的防空地下室工程，在初步设计前，应进行工程项目的可行性研究及方案优选；对小型工程可以方案设计代替初步设计。

防空地下室设计各阶段设计文件的主要组成包括：

初步设计阶段：设计说明书（人防专篇）、设计图纸、主要设备及材料表和概算。

施工图阶段：设计说明书（人防专篇）、设计图纸、计算书、选用的标准设计、主要设备及材料表和施工图预算。

A.1 防空地下室结构方案设计

防空地下室主体结构形式应在方案设计中提出。

A.2 防空地下室结构初步设计

防空地下室初步设计图纸主要有结构平面图、顶板结构布置图、结构剖面图、平战功能转换及设计说明。

1）结构平面图：各墙、柱及口部结构，标示出主要尺寸。

2）顶板结构平面布置图：顶板结构形式，并标示出梁、板等主要尺寸。

3）结构剖面图及侧视图：口部、临战封堵及加固等复杂部位应作结构剖面图及侧视图，并给出平战转换措施。

4）防倒塌楼梯设计图：在剖面图上标出防倒塌楼梯范围。

A.3 防空地下室结构设计施工图

防空地下室结构设计施工图主要由底板结构图，顶板结构图，内、外侧墙（柱）结构图，口部（包括连通口和预留口）结构图，防倒塌楼梯结构图等组成，其要求如下：

1）人防结构图一般应与上部建筑相应的结构图绘在同一图纸上，复杂部位应加绘局部人防结构图。

2）防空地下室的出入口，密闭防护门框连通口，平时、战时的进风口、排风口等应加绘平、剖面详图。

3）标明平时、战时结构的预留孔、洞位置和尺寸。

4）结构和构件配筋图。

5）节点构造详图（包括战时封堵结构详图）。

6）其他图纸如水库（池、箱、井），防爆、防毒、化粪池、连通口、后浇带，孔框加强等等。

7）标准图集索引。

8）预埋件位置及详图。

9）需要说明的施工方法、程序及注意事项。

附录B 防空地下室设计文件审查要点（防护、结构）

防空地下室作为人防工程的重要组成部分，在战时起着不可估量的作用。防空地下室的建设质量好坏，在设计环节起着至关重要的作用，设计不合格，防空地下室建设质量更无从谈起。与地面建筑设计相比，防空地下室设计有许多特殊要求。

B.1 防 护

防空地下室对战时要有合理的防护措施，以确保人员、物资的安全。

防空地下室的主要防护内容为对核武器、常规武器、生物武器和化学武器效应的防护。常5级、常6级防空地下室不考虑常规武器直接命中，但要在规划时采取分散布置，在单体设计中采取划分防护单元、抗爆单元等技术措施，将炮弹直接命中所带来的杀伤效果减低到最小程度。核武器的主要杀伤破坏效应主要有五种，它们是：光辐射、冲击波、早期核辐射、放射性沾染和核电磁脉冲。

化学武器是利用化学物质的毒性，大面积杀伤人员、破坏植物。

生物武器是以致病微生物，如细菌、病毒等使人失能及致死的武器。

根据对上述武器的分析，防空地下室的防护设计，要保证工程结构强度，有可靠的防护密闭措施及消波措施。

B.1.1 冲击波的防护

（1）出入口的防护

出入口是供人员、车辆、物资进出，要有可靠的防护密闭措施。出入口主要防冲击波设备是防护密闭门。防空地下室的每个防护单元，均应不少于两个出入口（不包括防护单元间的连通口），战时使用的主要出入口应设于室外，且不应采用竖井式。室外出入口宜布置在地面建筑倒塌范围以外。多层砖混结构建筑物的倒塌范围可按建筑高度的一半考虑，钢筋混凝土结构建筑可不考虑倒塌影响。

1）门的数量：防空地下室的某一口部，若为二等人员掩蔽工程或物资库等战时需防毒的配套工程，应设一道防护密闭门和一道密闭门；若为战时汽车库等不需要防毒的配套工程，只要设一道防护密闭门。

2）门洞尺寸：门孔尺寸应满足人员、设备等通过要求，用作人员掩蔽的防空地下室，其战时出入口门洞净宽之和（不包括竖井出入口和防护单元之间的连通口）应按掩蔽人数每100人不小于0.3m确定，同时每樘门通过人数不应超过700人。

（2）通风口的防护

按动力可分自然通风和机械通风。战时通风可分为清洁式通风、滤毒式通风、隔绝式通风。通风口的防护措施主要包括：

1）悬板活门：悬板活门由悬板、悬板铰座、限位座、活门门扇、活门门框等组成。悬板在重力作用下张开一定的角度，风可以从板侧通过。冲击波到来时，悬板在冲击波的作用下迅速关闭，从而起到消波的作用。为使冲击波从正前方作用在活门上，要求活门在安装时，一般要凹入墙内一定深度。

2）扩散室（箱）：光用活门不能满足余压要求时，可采用活门加扩散室或扩散箱的消波措施。扩散室宜采用钢筋混凝土整体浇筑。为便于施工和沾染后冲洗，应有50cm×80cm的检查孔，并设置防护密闭门，但门式活门可不设检查孔。使用制式钢板扩散箱时，平时可不安装，以方便平时使用。扩散箱采用不小于3mm厚钢板制成。

（3）其他孔口的防护

其他孔口的防护措施主要包括：

1）排烟口防护：柴油发电站排烟口的防冲击波原理和措施与通风口基本相同，但也有不同之处。主要包括胶管活门不适用；允许余压较大，例如抗力为0.6MPa以上的通信指挥工程发电机的排烟管允许余压为0.1MPa，其他人防工程此类排烟管允许余压为0.3MPa。

2）给水口、排水口防护：采用外部水源且不允许间断供水时，应在给水管上设消波槽，允许间断供水的应设相应抗力的阀门。机械排水管道上应设相应抗力的阀门。自流排水有粪便污水的管道上应设有防爆波化粪池，排无粪便污水的应设防爆波水封井。

3）通风采光窗：核抗力在0.1MPa以下的防空地下室，可设通风采光窗。孔宽、孔高一般为900mm×1500mm。窗孔需要有相应的防护措施，一般采用钢筋混凝土防护挡板，板厚约80mm（均有标准图可查）。平时挡板打开或放在适当位置，战时安放好挡板后分层回填土并夯实。

B.1.2 对毒剂的防护

（1）出入口的防护

出入口主要利用密闭门、密闭通道、防毒通道、洗消间等防毒措施来对毒剂进行防护。其中：

1）密闭门：具有预定防毒但无防冲击波功能的门称密闭门。其密闭性能除靠门扇、门框墙保障外，主要靠门扇与门框间的胶条来保障。既有预定防冲击波又有防毒功能的门称为防护密闭门。

2）密闭通道：两道密闭门或防护密闭门与密闭门之间无换气等措施的通道称密闭通道。它是出入口设两道以上有密闭功能门的结果。只有密闭门关闭，密闭通道才能起作用。在面积允许的条件下，密闭通道宜适当增大。

3）防毒通道：仅设密闭门或密闭通道，在出入口外受染时门不便开启，人员无法正常通行。若要保障此时人员能正常进出，需设防毒通道。有换气设施的密闭通道称防毒通道。防毒通道由防护密闭门与密闭门或两道密闭门、门间通道和换气设备组成。人员带入防毒通道内的沾染空气主要靠换气使浓度降低。这样，人员可不间断进出工程。要保障人员正常进出防空地下室，还必须有机械通风和滤毒设备。

4）洗消间：人员皮肤上的毒剂和放射性沾染，只能靠消毒剂和水冲洗来除掉，这就需要用洗消间来解决。洗消间一般由脱衣间、淋浴间和检查穿衣间三部分组成。洗消间一般设在排风口部。它的进口在第一防毒通道内，出口在第二防毒通道内。淋浴间的入口应设密闭门。在满足条件的情况下，防毒通道的体积应尽量小。洗消间应设有换气设备，地面和墙面应光滑，以便于洗消。洗消间应有相应的给水、排水设备和水加热设备。采用局部洗消，洗消间不必分开，称为简易洗消。战时作为二等人员掩蔽的防空地下室，一般都采用简易洗消方式。简易洗消宜在防毒通道的一侧单独设置，简易洗消区 $2m^2$；简易洗消间 $5m^2$。

（2）通风口的防护

机械通风系统的管道上设密闭阀门，排风时阀门打开，不排风时关闭。无滤毒设备的机械进风系统的防毒设备同排风系统。有滤毒设备的进风系统还应在管道上增设滤毒设备，为保证滤毒器不受潮，在滤毒器两端均设密闭阀门。自然通风口的防毒措施同排风口。

（3）其他孔口的防毒措施

1）给水、排水管道上应有水封措施。

2）密闭区与非密闭区之间的隔墙称为密闭隔墙。密闭隔墙一般采用不小于200mm厚的现浇混凝土墙，该墙上的穿墙管均应采取相应的密闭措施。

B.1.3 防护设计的通病

在设计防空地下室时，有一些防护专业的问题容易遗漏或出错，主要包括：

1）部分设计单位对防空地下室的特点认识不够，有的把防空地下室混同于普通地下室。

2）错误地把单纯为地面建筑服务的水泵房、配电房、冷冻机房等设备用房或金库作为防空地下室。

3）多数防空地下室未解决室外出入口问题，出入口数量和宽度不满足防空地下室防护标准以及防火的要求。

4）结构设计中，未对临空墙、门框墙进行专门设计。

5）平战转换设计没有引起足够重视，造成有的项目平时使用不方便，有的项目战时无法进行功能转换。

6）防护设备选用不恰当，新设备新技术应用极少。

7）防空地下室整体防护能力不协调，使战时功能无法满足，如管道无防毒措施，随意穿越防护密闭墙，电梯井在清洁区等。

8）防空地下室未进行战时通风、给排水和电气的设计。

9）结构设计中，对钢筋混凝土延性比、最大含钢率未进行验算，多数达不到要求，人防工程特有的构造要求未引起注意。

B.2 结　　构

B.2.1 防空地下室结构设计特点

结构设计特点如下：

1）结构可按弹塑性体系进行计算分析，可充分发挥材料的性能，节省造价。

2）充分利用受弯构件延性。在梁板柱体系中，应采取“强柱弱梁”的设计原则。

3）材料强度可以提高。各种材料的强度提高系数如下：

HPB235 级钢：1.5；HRB335 级钢：1.35；RRB400 级钢：1.20；混凝土：1.5。

B. 2. 2 构造规定

1）防空地下室结构选用的材料强度等级不低于以下规定：

①钢筋混凝土：

独立柱：C30；其他：C25。

②混凝土：C25。

另外，防空地下室结构不得采用硅酸盐砖和硅酸盐砌块。

2）防空地下室结构构件（钢筋混凝土结构时）规定如下：

顶板不小于200mm；外墙不小于250mm；临空墙不小于250mm；承重内墙不小于200mm；防护密闭门门框墙不小于300mm；密闭门门框墙、密闭墙不小于250mm。

3）防空地下室防护单元内不应设沉降缝、伸缩缝，室外出入口与主体结构连接处，应设沉降缝。

4）双面配筋的钢筋混凝土板、墙体应设置梅花形排列的拉结钢筋，拉结筋应拉住最外层受力钢筋，其构造要求为：拉结钢筋与拉结钢筋之间的距离不大于500mm，拉结钢筋的直径 d 不小于6mm。

5）防护密闭门门框墙的构造符合下列要求：

①门框墙300mm。

②门框墙受力筋直径 d 不小于12mm，间距不大于250mm。

③门洞四角的内外墙，应配置2根直径16mm的斜向钢筋，长度不小于1000mm。

B. 2. 3 一般要求

（1）外墙厚度（6级人防）

当 $h \leqslant 3.4$m时，$D = 250$mm；当 $3.4\text{m} < h < 4.2\text{m}$ 时，$D = 300$m；当 $h \geqslant 4.2$m时，$D = 350$mm。（注：h 为墙体高度，D 为墙厚度）

（2）顶板厚度与顶板配筋（6级人防）

1）当开间为3.3～3.6m，进深为4.8～5.5m时，板厚：200mm，配筋：Φ12@200～150。

2）当开间为6.0～6.9m，进深为4.8～6.9m时，板厚：250mm，配筋：Φ14@200～150。

3）当开间为7.5～9.0m，进深为4.8～5.5m时，板厚：200mm，配筋：Φ16@200～150。

4）当开间为12m，进深为4.8～5.5m时，板厚：200mm，配筋：Φ16@200～150。

附录C 结构材料动力强度表

混凝土动力强度设计值和动力弹性模量见表C-1，普通钢筋动力强度设计值见表C-2，钢筋动力弹性模量见表C-3。

表C-1 混凝土动力强度设计值和动力弹性模量（N/mm^2）

强度种类	混凝土强度等级										
	C30	C35	C40	C45	C50	C55	C60	C65	C70	C75	C80
f_{cd}（N/mm^2）	21.45	25.05	28.65	31.65	34.65	37.95	38.5	41.58	44.52	47.32	50.26
f_{td}（N/mm^2）	2.145	2.355	2.565	2.7	2.835	2.856	2.926	2.94	2.996	3.052	3.108
E_c（$\times 10^4 N/mm^2$）	3.60	3.78	3.90	4.02	4.14	4.26	4.32	4.38	4.44	4.50	4.56

表C-2 普通钢筋动力强度设计值（N/mm^2）

种　类		符号	f_y	f_y'
热轧钢筋	HPB235（Q235）	Φ	315	315
	HRB335（20MnSi）	Φ	405	405
	HRB400（20MnSiV、20MnSiNb、20Mn Ti）	Φ	432	432
	RRB400（K20MnSi）	$Φ^R$	432	432

表C-3 钢筋动力弹性模量（$\times 10^5 N/mm^2$）

种　类	E_s
HPB235钢筋	2.1
HPB235钢筋、HRB400级钢筋、RRB400级钢筋、热处理钢筋	2.0
消除应力钢丝（光面钢丝、螺旋钢丝、刻痕钢丝）	2.05
钢绞丝	1.95

烧结普通砖动力抗压强度设计值见表C-4，单排孔混凝土和轻骨料混凝土砌块砌体的动力抗压强度设计值见表C-5，毛料石砌体的抗压强度设计值见表C-6，毛石砌体的抗压强度设计值见表C-7。

表C-4 烧结普通砖动力抗压强度设计值

砖强度等级	砂浆强度等级			
	M15	M10	M7.5	M5
MU30	4.73	3.92	3.52	3.11
MU25	4.32	3.58	3.22	2.84

续表 C-4

砖强度等级	砂浆强度等级			
	M15	M10	M7.5	M5
MU20	3.86	3.2	2.87	2.54
MU15	3.35	2.77	2.48	2.2
MU10	—	2.27	2.03	1.8

表 C-5 单排孔混凝土和轻骨料混凝土砌块砌体的动力抗压强度设计值

砌块强度等级	砂浆强度等级		
	Mb15	Mb10	Mb7.5
MU20	7.38	6.44	5.77
MU15	5.99	5.23	4.69

注：1. 对错孔砌筑的砌体，应按表中数值乘以0.8。
2. 对独立柱或厚度为双排组砌的砌块砌体，应按表中数值乘以0.7。
3. 对T形截面砌体，应按表中数值乘以0.85。
4. 表中轻骨料混凝土砌块为煤矸石和水泥煤渣混凝土砌块。

表 C-6 毛料石砌体的抗压强度设计值（MPa）

毛料石强度等级	砂浆强度等级	
	M7.5	M5
MU100	6.5	5.76
MU80	5.82	5.15
MU60	5.04	4.45
MU50	4.6	4.07
MU40	4.12	3.65
MU30	3.56	3.16

表 C-7 毛石砌体的抗压强度设计值（MPa）

毛石强度等级	砂浆强度等级	
	M7.5	M5
MU100	1.52	1.34
MU80	1.36	1.2
MU60	1.18	1.04

续表 C-7

毛石强度等级	砂浆强度等级	
	M7.5	M5
MU50	1.08	0.96
MU40	0.96	0.85
MU30	0.83	0.73

说明：以上砌体强度龄期均为28d的以毛截面计算的各类砌体抗压强度设计值，施工质量控制等级为B级。

附录 D　结构内力计算表

D.1　钢筋混凝土矩形板

D.1.1　弹性板内力系数表

在均布荷载作用下，按弹性薄板理论（当 $h/l_2 \leqslant \frac{1}{6}$，$l_1/l_2 \leqslant 2$ 时，h 为板厚，l_1 为短跨跨度）计算的内力系数表。

（1）符号说明

M_x、M_y——分别为平行于 l_x 方向和 l_y 方向单位板宽的跨内最大弯矩；

M_x^0、M_y^0——分别为平行于 l_x 方向和 l_y 方向单位板宽的支座最大弯矩；

Q_{x1}（Q_{x2}）、Q_{y1}（Q_{y2}）——分别为平行于 l_x 方向和 l_y 方向边界上单位板宽的最大剪力。

表示简支边

表示固定边

正负号的规定：

弯矩——使板的受荷面受压者为正，反之为负；

剪力——与荷载方向相反为正。

（2）均布荷载作用下单块板的内力系数

均布荷载作用下单块板的内力系数，见表 D-1 ~ D-6（表中系数按泊松比 $\mu = \frac{1}{6}$ 求得）。

（3）连续板的实用计算方法

在计算等区格或同一方向板的跨度相差不超过 20% 的矩形四边支承连续板时，仍可利用表 D-1 ~ D-6 进行计算，但需按下述方法进行：

1）求跨内最大弯矩及支座剪力。

当板的各区格承受均布荷载时，可近似认为板都嵌固在中间支座上，即内部区格的板可按四边固定的单块板进行计算。

2）求支座弯矩。

先将内部区格的板按四边固定的单块板求得支座弯矩，然后与相邻板的支座弯矩平均，可得该支座弯矩。

必须注意，在求跨内最大弯矩、支座剪力及支座弯矩时，边界区格的板在外边界处的支座，按实际的支座情况决定。

表 D-1　四边简支矩形板内系数表

弯矩 = 表中系数 × ql^2；
剪力 = 表中系数 × ql。
其中 l 取 l_x 和 l_y 中之较小者

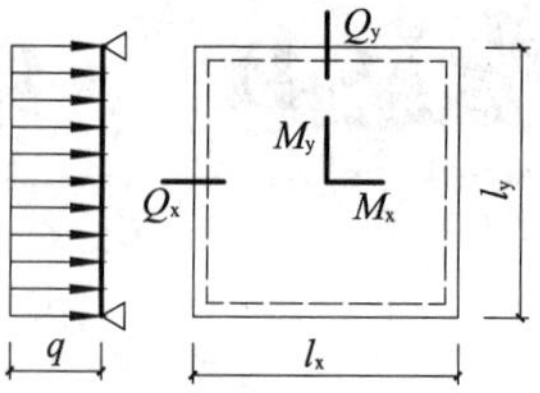

l_x/l_y	M_x	M_y	Q_x	Q_y
0.50	0.0994	0.0335	0.465	0.372
0.55	0.0927	0.0359	0.453	0.370
0.60	0.0860	0.0379	0.441	0.368
0.65	0.0795	0.0396	0.428	0.365
0.70	0.0732	0.0410	0.415	0.363
0.75	0.0673	0.0420	0.401	0.360
0.80	0.0617	0.0428	0.388	0.356
0.85	0.0564	0.0432	0.375	0.351
0.90	0.0516	0.0434	0.362	0.347
0.95	0.0471	0.0432	0.350	0.342
1.00	0.0429	0.0429	0.338	0.338

表 D-2　三边简支一边固定矩形板内力系数表

弯矩 = 表中系数 × ql^2；
剪力 = 表中系数 × ql。
其中 l 取 l_x 和 l_y 中之较小者

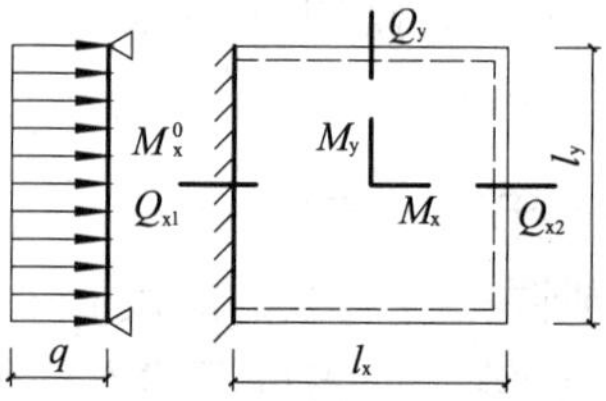

l_x/l_y	l_y/l_x	M_x	M_y	M_x^0	Q_{x1}	Q_{x2}	Q_y
0.50		0.0657	0.0171	−0.1212	0.639	0.374	0.284
0.55		0.0633	0.0190	−0.1187	0.638	0.369	0.284
0.60		0.0608	0.0209	−0.1158	0.636	0.364	0.284
0.65		0.0581	0.0226	−0.1124	0.634	0.362	0.284
0.70		0.0555	0.0242	−0.1087	0.629	0.357	0.284
0.75		0.0525	0.0257	−0.1048	0.623	0.351	0.284
0.80		0.0495	0.0270	−0.1007	0.617	0.345	0.284

续表 D-2

l_x/l_y	l_y/l_x	M_x	M_y	M_x^0	Q_{x1}	Q_{x2}	Q_y
0.85		0.0466	0.0283	-0.0965	0.609	0.337	0.284
0.90		0.0438	0.0293	-0.0922	0.600	0.329	0.284
0.95		0.0409	0.0301	-0.0880	0.590	0.322	0.284
1.00	1.00	0.0382	0.0306	-0.0839	0.580	0.314	0.283
	0.95	0.0393	0.0345	-0.0882	0.598	0.322	0.297
	0.90	0.0402	0.0388	-0.0926	0.616	0.329	0.311
	0.85	0.0410	0.0436	-0.0970	0.634	0.337	0.327
	0.80	0.0415	0.0490	-0.1014	0.651	0.343	0.343
	0.75	0.0417	0.0550	-0.1056	0.668	0.349	0.361
	0.70	0.0417	0.0616	-0.1086	0.683	0.355	0.378
	0.65	0.0412	0.0688	-0.1138	0.698	0.361	0.396
	0.60	0.0409	0.0765	-0.1166	0.708	0.365	0.414
	0.55	0.0405	0.0846	-0.1193	0.717	0.368	0.431
	0.50	0.0397	0.0930	-0.1215	0.726	0.370	0.448

表 D-3 两对边简支、两对边固定矩形板内力系数表

弯矩 = 表中系数 × ql^2；
剪力 = 表中系数 × ql。
式中 l 取 l_x 和 l_y 中之较小者

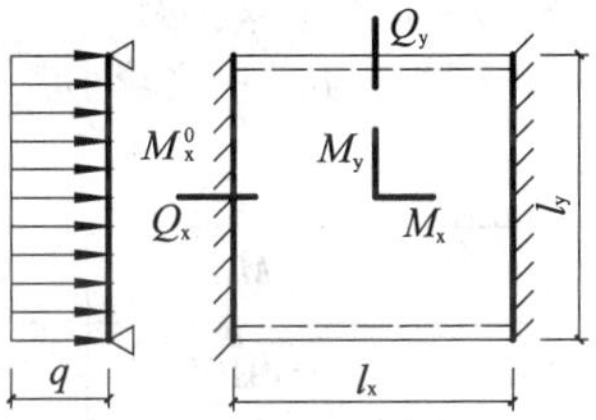

l_x/l_y	l_y/l_x	M_x	M_y	M_x^0	Q_x	Q_y
0.50		0.0419	0.0086	-0.0843	0.512	0.242
0.55		0.0415	0.0096	-0.0840	0.517	0.242
0.60		0.0409	0.0109	-0.0834	0.521	0.242
0.65		0.0402	0.0122	-0.0826	0.523	0.242
0.70		0.0391	0.0135	-0.0814	0.525	0.242
0.75		0.0381	0.0149	-0.0799	0.527	0.242
0.80		0.0368	0.0162	-0.0782	0.527	0.243
0.85		0.0355	0.0174	-0.0763	0.525	0.244

续表 D-3

l_x/l_y	l_y/l_x	M_x	M_y	M_x^0	Q_x	Q_y
0.90		0.0341	0.0186	−0.0743	0.523	0.244
0.95		0.0326	0.0196	−0.0721	0.520	0.245
1.00	1.00	0.0311	0.0206	−0.0698	0.516	0.246
	0.95	0.0328	0.0238	−0.0746	0.538	0.260
	0.90	0.0343	0.0275	−0.0797	0.560	0.274
	0.85	0.0358	0.0318	−0.0850	0.582	0.290
	0.80	0.0372	0.0369	−0.0904	0.605	0.308
	0.75	0.0383	0.0428	−0.0959	0.628	0.326
	0.70	0.0392	0.0494	−0.1013	0.650	0.346
	0.65	0.0394	0.0569	−0.1066	0.671	0.367
	0.60	0.0393	0.0653	−0.1114	0.690	0.389
	0.55	0.0383	0.0743	−0.1156	0.704	0.410
	0.50	0.0367	0.0837	−0.1191	0.718	0.432

表 D-4 四边固定矩形板内力系数表

弯矩 = 表中系数 × ql^2；
剪力 = 表中系数 × ql；
式中 l 取 l_x 和 l_y 中之较小者

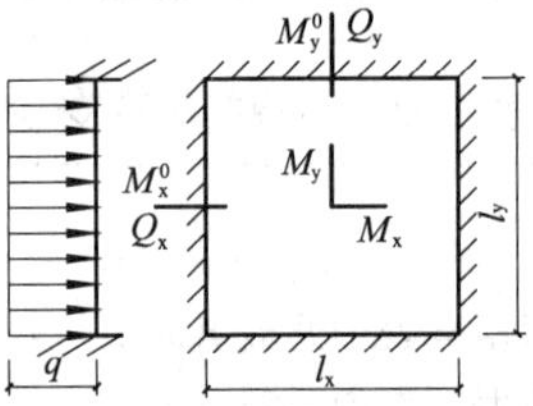

l_x/l_y	M_x	M_y	M_x^0	M_y^0	Q_x	Q_y
0.50	0.0406	0.0105	−0.0829	−0.0570	0.516	0.458
0.55	0.0394	0.0120	−0.0814	−0.0571	0.517	0.460
0.60	0.0380	0.0137	−0.0793	−0.0571	0.517	0.461
0.65	0.0361	0.0153	−0.0766	−0.0571	0.515	0.461
0.70	0.0340	0.0167	−0.0735	−0.0569	0.510	0.461
0.75	0.0318	0.0179	−0.0701	−0.0565	0.502	0.461
0.80	0.0295	0.0189	−0.0664	−0.0559	0.492	0.460
0.85	0.0272	0.0197	−0.0626	−0.0551	0.481	0.457
0.90	0.0249	0.0202	−0.0588	−0.0541	0.468	0.453
0.95	0.0227	0.0205	−0.0550	−0.0528	0.454	0.447
1.00	0.0205	0.0205	−0.0513	−0.0513	0.440	0.440

表 D-5 两邻边简支、两邻边固定矩形板内力系数表

弯矩 = 表中系数 × ql^2；
剪力 = 表中系数 × ql；
式中 l 取 l_x 和 l_y 中之较小者

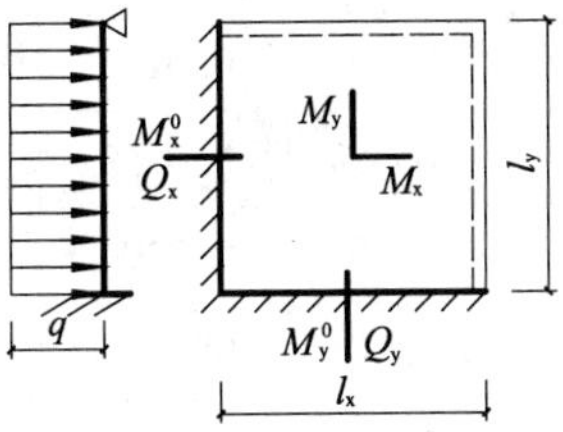

l_x/l_y	M_x	M_y	M_x^0	M_y^0	Q_x	Q_y
0.50	0.0585	0.0229	−0.1179	−0.0786	0.636	0.548
0.55	0.0556	0.0241	−0.1140	−0.0785	0.632	0.548
0.60	0.0526	0.0252	−0.1095	−0.0782	0.627	0.548
0.65	0.0496	0.0261	−0.1045	−0.0777	0.617	0.548
0.70	0.0465	0.0267	−0.0992	−0.0770	0.608	0.547
0.75	0.0430	0.0272	−0.0938	−0.0760	0.593	0.543
0.80	0.0397	0.0278	−0.0883	−0.0748	0.577	0.539
0.85	0.0366	0.0284	−0.0829	−0.0733	0.562	0.534
0.90	0.0337	0.0288	−0.0776	−0.0716	0.546	0.528
0.95	0.0308	0.0289	−0.0726	−0.0698	0.529	0.520
1.00	0.0282	0.0289	−0.0677	−0.0677	0.511	0.511

注：简支边剪力近似按相应的固定边采用。

表 D-6 一边简支、三边固定矩形板内力系数表

弯矩 = 表中系数 × ql^2；
剪力 = 表中系数 × ql；
式中 l 取 l_x 和 l_y 中之较小者

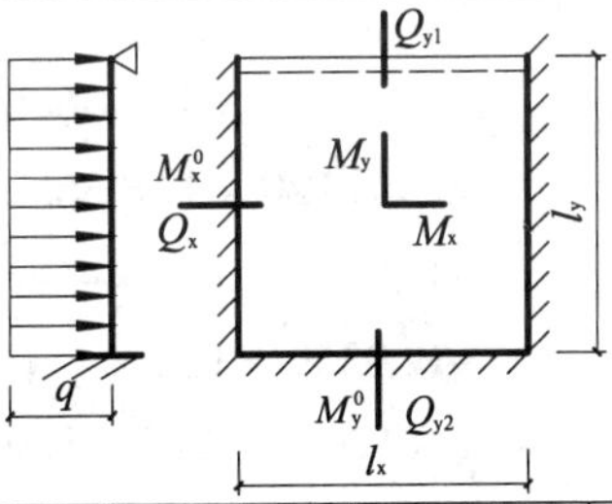

l_x/l_y	l_y/l_x	M_x	M_y	M_x^0	M_y^0	Q_x	Q_{y1}	Q_{y2}
0.50		0.0424	0.0157	−0.0836	−0.0569	0.514	0.242	0.458
0.55		0.0415	0.0160	−0.0827	−0.0570	0.517	0.242	0.460
0.60		0.0404	0.0169	−0.0814	−0.0571	0.519	0.242	0.461
0.65		0.0390	0.0178	−0.0796	−0.0572	0.519	0.242	0.463
0.70		0.0375	0.0186	−0.0774	−0.0572	0.518	0.242	0.464

续表 D-6

l_x/l_y	l_y/l_x	M_x	M_y	M_x^0	M_y^0	Q_x	Q_{y1}	Q_{y2}
0.75		0.0358	0.0193	−0.0750	−0.0572	0.514	0.243	0.465
0.80		0.0339	0.0199	−0.0722	−0.0570	0.509	0.243	0.465
0.85		0.0319	0.0204	−0.0693	−0.0567	0.502	0.244	0.465
0.90		0.0300	0.0209	−0.0663	−0.0563	0.494	0.244	0.463
0.95		0.0281	0.0214	−0.0631	−0.0558	0.485	0.244	0.461
1.00	1.00	0.0261	0.0219	−0.0600	−0.0550	0.476	0.244	0.458
	0.95	0.0269	0.0246	−0.0629	−0.0599	0.489	0.256	0.479
	0.90	0.0274	0.0277	−0.0656	−0.0653	0.502	0.268	0.499
	0.85	0.0277	0.0312	−0.0683	−0.0711	0.512	0.282	0.520
	0.80	0.0276	0.0348	−0.0707	−0.0772	0.522	0.295	0.540
	0.75	0.0273	0.0390	−0.0729	−0.0837	0.531	0.309	0.561
	0.70	0.0267	0.0433	−0.0748	−0.0903	0.538	0.322	0.580
	0.65	0.0256	0.0476	−0.0762	−0.0970	0.543	0.335	0.597
	0.60	0.0242	0.0520	−0.0773	−0.1033	0.545	0.346	0.611
	0.55	0.0223	0.0563	−0.0780	−0.1093	0.547	0.356	0.620
	0.50	0.0201	0.0605	−0.0784	−0.1146	0.548	0.365	0.629

【例】已知四边固定的钢筋混凝土双向板，承受均布荷载如图 D-1 所示，求跨内最大弯矩、支座弯矩及支座处剪力。

解：$l_x=4\text{m}$，$l_y=5\text{m}$，$l_x/l_y=4/5=0.8$

由表 D.1.4 查得：

$M_x=0.0295ql_x^2=0.0295\times120\times4^2=56.64$（kN·m）

$M_y=0.0189ql_x^2=0.0189\times120\times4^2=36.29$（kN·m）

$M_x^0=-0.0664ql_x^2=-0.0664\times120\times4^2=-127.49$（kN·m）

$M_y^0=-0.0559ql_x^2=-0.0559\times120\times4^2=-107.33$（kN·m）

$Q_x=0.492ql_x=0.492\times120\times4=236.169$（kN）

$Q_y=0.46ql_x=0.46\times120\times4=220.8$（kN）

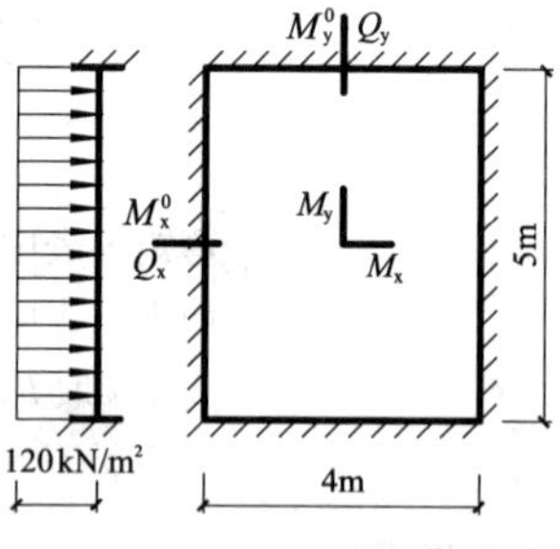

图 D-1 双向板荷载图

D.1.2 塑性板内力系数表

均布荷载作用下，按塑性内力重分布计算的内力系数表。

(1) 符号说明（见图 D-2）

l_x、l_y——分别为沿 x 方向或 y 方向板的计算跨度，$\lambda=\dfrac{l_x}{l_y}$；

M_x、M_y——分别为平行于 l_x方向和 l_y方向的单位板宽的跨中弯矩；

M_x^0、$M_x^{0'}$、M_y^0、$M_y^{0'}$——分别为平行于 l_x 方向和 l_y 方向单位板宽的支座弯矩，当其为已知时，加注圆括弧记为 (M_x^0)、$(M_x^{0'})$、(M_y^0)、$(M_y^{0'})$；

Q_x、Q_y——分别为平行于 l_x方向和 l_y方向支座处单位板宽的剪力；

B_i——边界条件系数，查表 D-7；

W——总弯矩系数，查表 D-7；

M_0——总弯矩，$M_0 = Wql_x^2$。

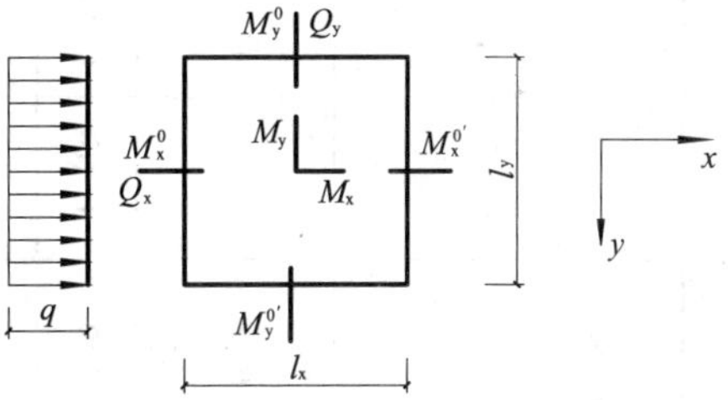

图 D-2 示意图

表示板的固定边或该边的支座弯矩待定；

表示板的简支边或该边的支座弯矩为已知。

（2）弯矩计算

1）单跨板或基本区格的计算。

先根据边长比 λ 在表中查出总弯矩系数 W，求出总弯矩 $M_0 = Wql_x^2$，再判定该区格的边界情况即判定支座弯矩是否已知，按照边界条件求边界条件系数 $B_i(i=1,\cdots,9)$，并按下式求出 M_x：

$$M_x = B_i\left[M_0 - \sum\frac{(M_x^0)+(M_y^0)}{2}\right]$$

再按下列公式求出其余未知弯矩：

跨中弯矩：$M_y = aM_x$

支座弯矩：$M_x^0 = 2M_x$

$M_y^0 = 2M_y$

2）多跨连续板的计算。

在多跨连续板中，如跨度或荷载都基本相等，一般可以从中间区格开始计算，然后以其支座弯矩作为相邻区格共同边的已知支座弯矩，并据此选定相邻区格的边界条件系数 B_i，循序求出各项未知弯矩，由此类推至下一相邻区格。

如果要使区格的支座钢筋统一而方便施工，也可令各区格的支座弯矩等于中间区格的支座弯矩，然后分别按第 9 种边界类型求出各区格的跨中弯矩。

如跨度或荷载相差很大，则最好按跨度和荷载分区，分别进行计算。在分区交界处的支座弯矩宜取其中的较小值，并将其视为相邻区格的已知弯矩。

3）校核。

任意区格诸弯矩，均应满足下列等式：

$$M_x + \frac{M_x^0 + M_x^{0'}}{2} + \lambda\frac{(iM_x^0)+\lambda(iM_y^0)}{2} = M_0$$

当误差大于5%时，则说明该区格的计算有误。

4）跨中弯矩的增大。

当 $a = \frac{l_1}{4}$时，跨中弯矩应乘以增大系数 $D_{\frac{1}{4}}$（查表 D. 1. 7）。

当 $a = \frac{l_1}{8}$时，跨中弯矩应乘以增大系数 $D_{\frac{1}{8}}$（查表 D. 1. 7）（l_1 为短跨度）。

表 D-7 矩形板计算内力系数表

边界类型			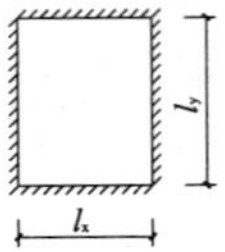	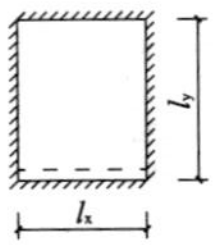	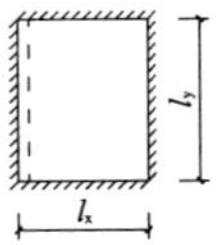	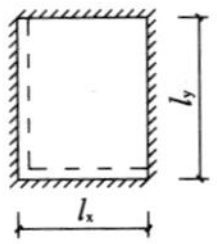	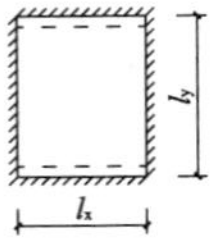	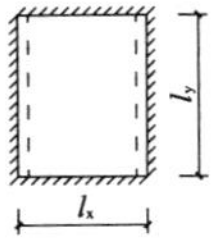	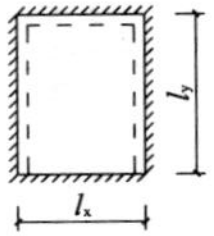	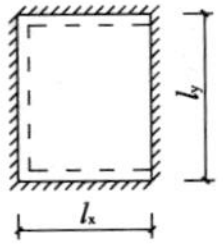	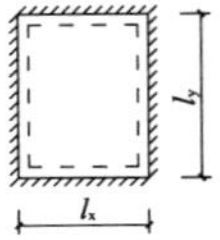	D 值	
$\lambda=\frac{l_x}{l_y}$	a	W	B_1	B_2	B_3	B_4	B_5	B_6	B_7	B_8	B_9	$D_{\frac{1}{4}}$	$D_{\frac{1}{8}}$
0.50	0.25	0.105	0.296	0.308	0.421	0.445	0.320	0.727	0.800	0.470	0.889	1.16	1.08
0.55	0.30	0.102	0.287	0.300	0.401	0.430	0.316	0.669	0.752	0.462	0.859	1.18	1.08
0.60	0.35	0.100	0.276	0.293	0.380	0.413	0.312	0.614	0.705	0.452	0.826	1.20	1.09
0.65	0.40	0.098	0.265	0.284	0.360	0.397	0.307	0.562	0.658	0.442	0.794	1.22	1.10
0.70	0.50	0.098	0.247	0.270	0.328	0.370	0.299	0.488	0.588	0.426	0.740	1.24	1.00
0.75	0.55	0.094	0.237	0.262	0.309	0.354	0.294	0.448	0.548	0.415	0.708	1.26	1.12
0.80	0.65	0.092	0.220	0.248	0.281	0.329	0.284	0.391	0.490	0.397	0.658	1.28	1.12
0.85	0.70	0.090	0.209	0.239	0.264	0.314	0.279	0.359	0.457	0.386	0.627	1.29	1.13
0.90	0.80	0.088	0.194	0.225	0.241	0.291	0.269	0.317	0.410	0.368	0.581	1.31	1.14
0.95	0.90	0.086	0.180	0.212	0.220	0.270	0.260	0.281	0.369	0.351	0.539	1.32	1.14
1.00	1.00	0.084	0.167	0.200	0.200	0.250	0.250	0.250	0.333	0.333	0.500	1.33	1.14
1.10	1.20	0.079	0.144	0.178	0.168	0.216	0.232	0.202	0.275	0.301	0.431	1.31	1.14

续表 D-7

边界类型			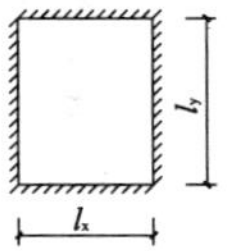	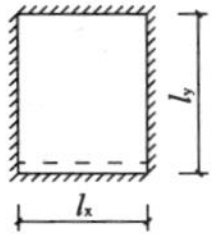	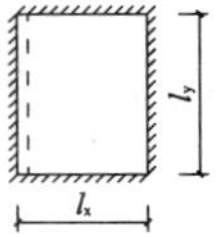	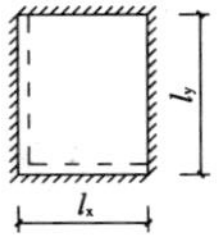	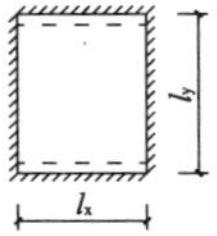	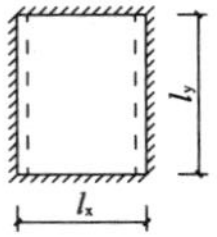	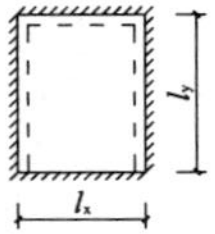	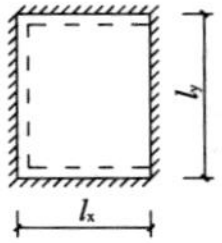	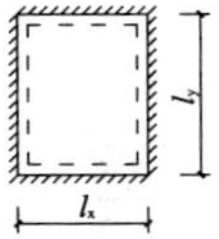	D 值	
$\lambda=\frac{l_x}{l_y}$	a	W	B_1	B_2	B_3	B_4	B_5	B_6	B_7	B_8	B_9	$D_{\frac{1}{4}}$	$D_{\frac{1}{8}}$
1. 20	1. 45	0. 076	0. 122	0. 155	0. 139	0. 183	0. 211	0. 161	0. 223	0. 268	0. 365	1. 29	1. 13
1. 30	1. 70	0. 072	0. 106	0. 137	0. 119	0. 159	0. 194	0. 135	0. 189	0. 241	0. 318	1. 27	1. 12
1. 40	1. 95	0. 068	0. 90	0. 119	0. 098	0. 134	0. 175	0. 109	0. 155	0. 212	0. 268	1. 25	1. 11
1. 50	2. 25	0. 065	0. 077	0. 103	0. 083	0. 115	0. 157	0. 090	0. 129	0. 186	0. 229	1. 23	1. 11
1. 60	2. 55	0. 062	0. 066	0. 090	0. 070	0. 099	0. 142	0. 076	0. 110	0. 165	0. 197	1. 21	1. 10
1. 70	2. 90	0. 060	0. 057	0. 078	0. 060	0. 085	0. 126	0. 064	0. 092	0. 144	0. 169	1. 20	1. 09
1. 80	3. 25	0. 057	0. 049	0. 068	0. 051	0. 073	0. 113	0. 054	0. 079	0. 128	0. 146	1. 18	1. 09
1. 90	3. 60	0. 055	0. 043	0. 060	0. 045	0. 064	0. 102	0. 047	0. 068	0. 113	0. 128	1. 17	1. 08
2. 00	4. 00	0. 052	0. 37	0. 053	0. 039	0. 056	0. 091	0. 040	0. 059	0. 100	0. 112	1. 16	1. 08

注：$M_0 = Wql_x^2$；

$M_x = B_i\left[M_0 - \sum\frac{(M_x^0 + M_y^0)}{2}\right]$；

$M_y = aM_x$；

$M_x^0 = 2M_x$；

$M_y^0 = 2M_y$

(3) 剪力计算

由于按弹塑性理论计算剪力的实验数据不足，根据以往设计经验，我们建议：在各种支承条件下，两个方向单板宽的支座剪力均取 0.5ql，即 $Q_x=Q_y=0.5ql$，式中 l 为短边长度，见图 D-3。

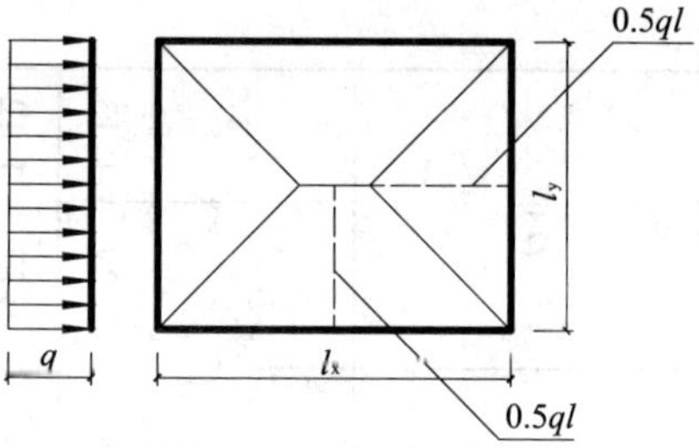

图 D-3 剪力计算

D.2 梁内力系数表

D.2.1 单跨梁最大内力系数

M——弯矩，使截面上部受压，下部受拉者为正；

Q——剪力，对邻近截面所产生的力矩沿顺时针方向者为正。

在均布、三角形及梯形荷载作用下：

$$M = 表中系数 \times ql^2;$$
$$Q = 表中系数 \times ql;$$

在集中荷载作用下：

$$M = 表中系数 \times pl;$$
$$Q = 表中系数 \times p。$$

计算表见 D-8 ~ D-10。

表 D-8 简 支 梁

荷载			跨内最大弯矩	剪力	
			M_{AB}	Q_A	Q_B
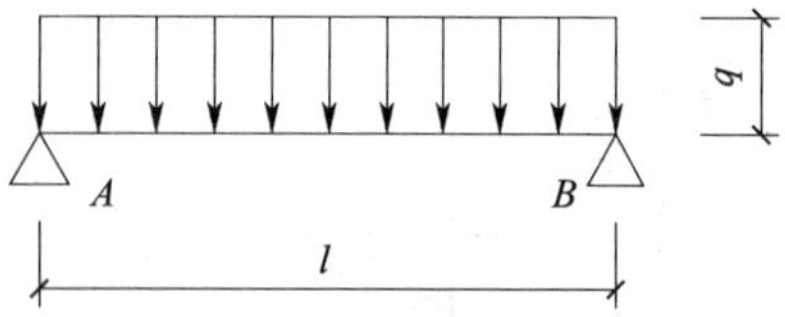			0.125	0.500	-0.500
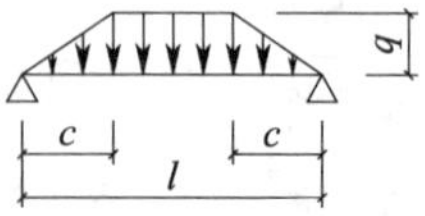	$\frac{c}{l}$	0.25	0.115	0.375	-0.375
		0.275	0.112	0.363	-0.363
		0.30	0.110	0.350	-0.350
		0.325	0.107	0.338	-0.338
		0.35	0.105	0.325	-0.325
		0.375	0.102	0.313	-0.313
		0.40	0.098	0.300	-0.300
		0.425	0.095	0.288	-0.288
		0.45	0.091	0.275	-0.275
		0.475	0.087	0.263	-0.263

续表 D-8

荷载	跨内最大弯矩	剪力	
	M_{AB}	Q_A	Q_B
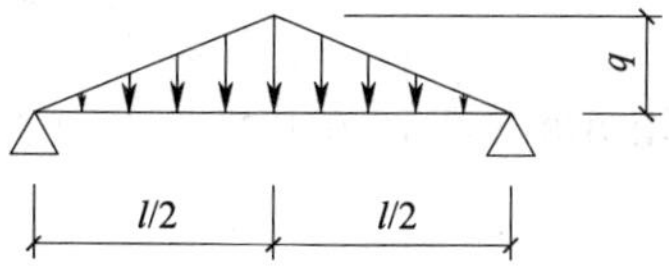	0. 083	0. 250	−0. 250
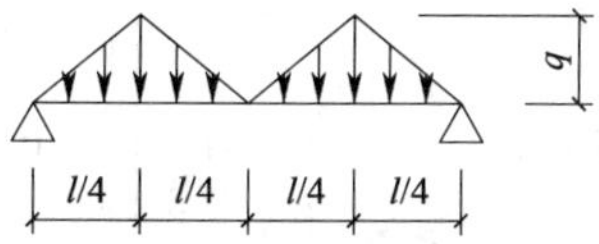	0. 063	0. 250	−0. 250
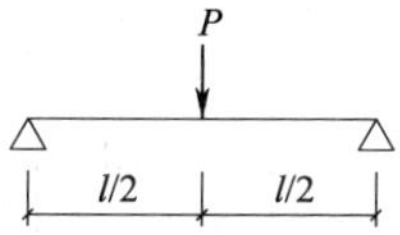	0. 250	0. 500	−0. 500
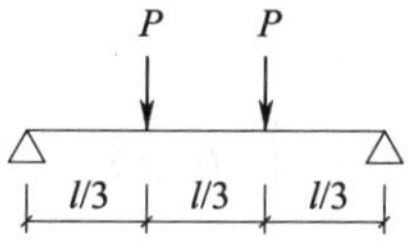	0. 333	1. 000	−1. 000
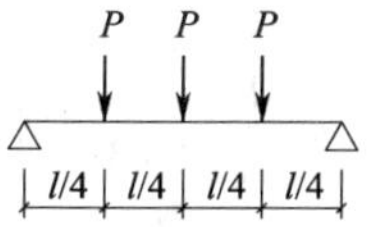	0. 500	1. 500	−1. 500

表 D-9 一端简支另一端固定梁

荷载		跨内最大弯矩	支座弯矩	剪力	
		M_{AB}	M_B	Q_A	Q_B
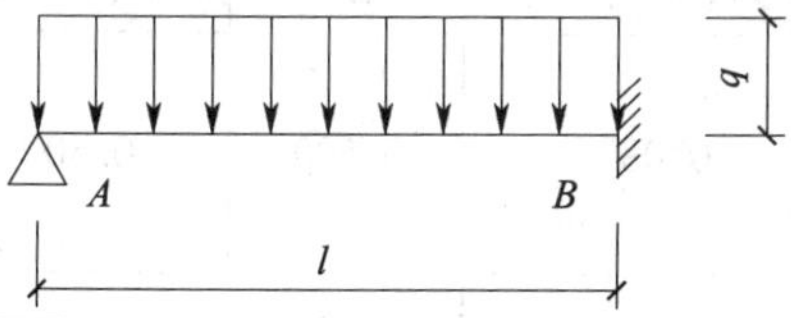		0. 70	−0. 125	0. 375	−0. 625
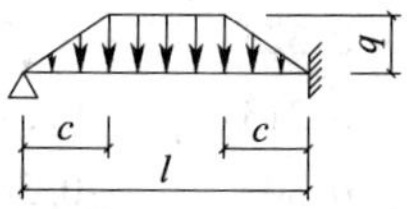	$\frac{c}{l}$ 0. 250	0. 065	−0. 111	0. 264	−0. 486
	0. 275	0. 064	−0. 109	0. 254	−0. 472
	0. 300	0. 063	−0. 106	0. 244	−0. 456
	0. 325	0. 061	−0. 103	0. 235	−0. 441
	0. 350	0. 060	−0. 100	0. 225	−0. 425
	0. 375	0. 058	−0. 096	0. 217	−0. 409
	0. 400	0. 056	−0. 093	0. 207	−0. 393
	0. 425	0. 054	−0. 089	0. 198	−0. 378
	0. 450	0. 052	−0. 086	0. 189	−0. 361
	0. 475	0. 050	−0. 082	0. 181	−0. 345

续表 D-9

荷载	跨内最大弯矩	支座弯矩	剪力	
	M_{AB}	M_B	Q_A	Q_B
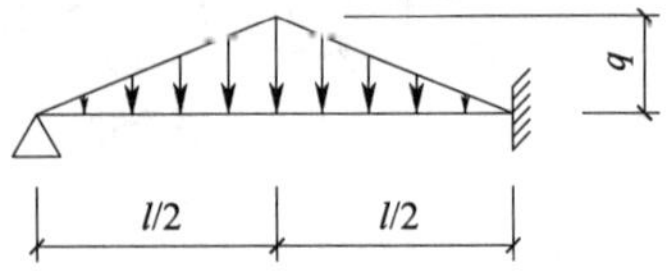	0.048	-0.078	0.172	-0.328
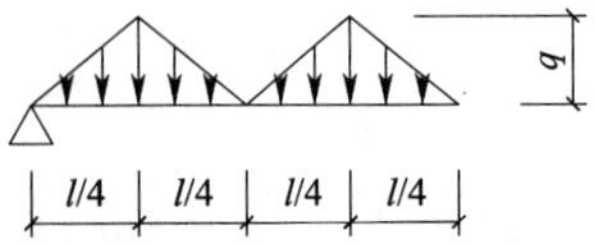	0.037	-0.066	0.184	-0.316
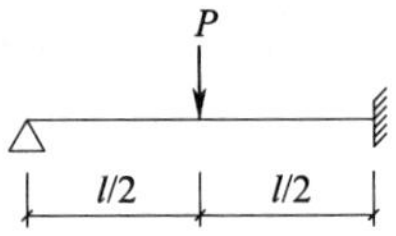	0.156	-0.188	0.312	-0.688
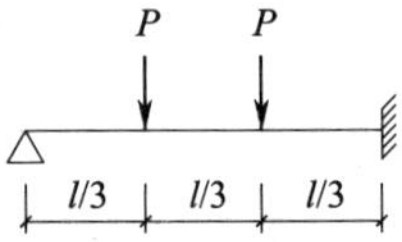	0.222	-0.333	0.667	-1.333
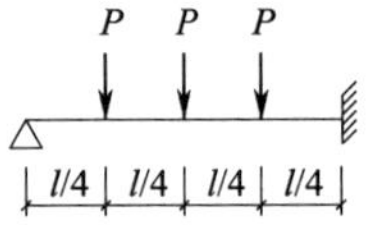	0.266	-0.469	1.031	-1.969

表 D-10　两端固定梁

荷载			跨内最大弯矩	支座弯矩	剪力	
			M_{AB}	$M_A = M_B$	Q_A	Q_B
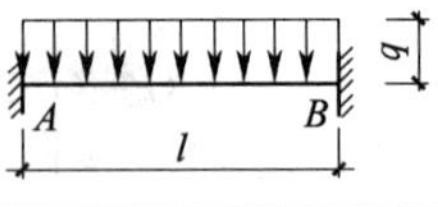			0.042	-0.083	0.500	-0.500
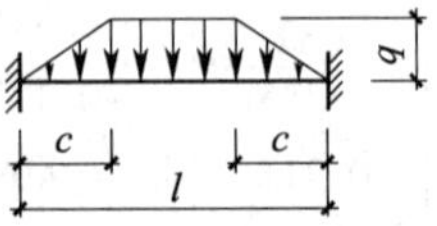	$\frac{c}{l}$	0.250	0.040	-0.074	0.375	-0.375
		0.275	0.040	-0.072	0.363	-0.363
		0.300	0.039	-0.071	0.350	-0.350
		0.325	0.039	-0.069	0.338	-0.338
		0.350	0.038	-0.066	0.325	-0.325
		0.375	0.037	-0.064	0.313	-0.313
		0.400	0.036	-0.062	0.300	-0.300
		0.425	0.035	-0.060	0.288	-0.288
		0.450	0.034	-0.057	0.275	-0.275
		0.475	0.033	-0.055	0.263	-0.263

续表 D-10

荷　　载	跨内最大弯矩	支座弯矩	剪　　力	
	M_{AB}	$M_A=M_B$	Q_A	Q_B
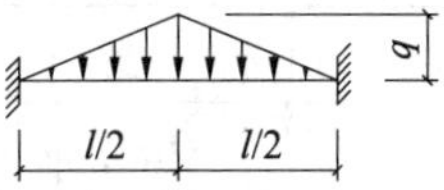	0. 031	−0. 052	0. 250	−0. 250
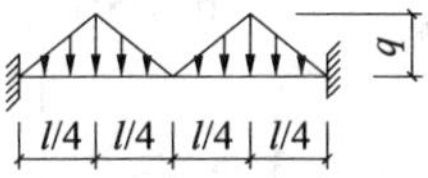	0. 018	−0. 044	0. 250	−0. 250
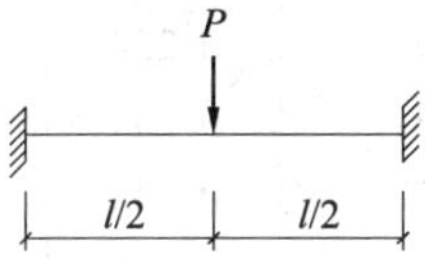	0. 125	−0. 125	0. 500	−0. 500
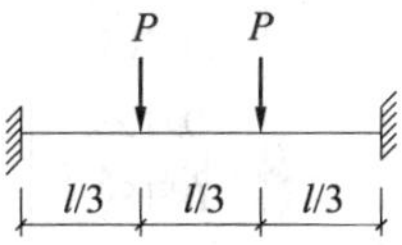	0. 111	−0. 222	1. 000	−1. 000
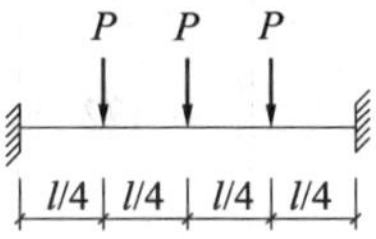	0. 188	−0. 313	1. 500	−1. 500

D. 2. 2　等截面连续梁的最大内力系数

1）在均布、三角形及梯形荷载作用下：

$$M = 表中系数 \times ql^2;$$
$$Q = 表中系数 \times ql。$$

2）在集中荷载作用下：

$$M = 表中系数 \times pl;$$
$$Q = 表中系数 \times p。$$

3）当各跨跨度不等，但其差值不超过 10% 时，仍可按等跨梁计算，此时支座弯矩应按相邻两跨的较大跨计算，跨内最大弯矩仍按本跨跨度计算，如各跨截面惯性矩不等，但其差值不超过 15% 时，可近似按等截面梁计算。

两跨梁、三跨梁、四跨梁和五跨梁的内力系数分别见表 D-11、表 D-12、表 D-13、表 D-14。

表 D-11 两 跨 梁

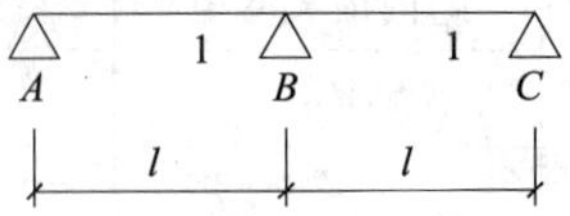

荷载			跨内最大弯矩 M_1	支座弯矩 M_B	剪力 Q_A	剪力 $Q_{B左}$
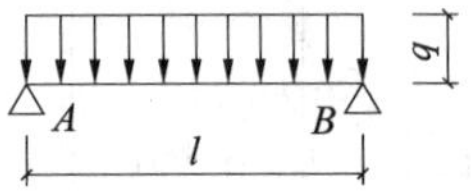			0.070	−0.125	0.375	−0.625
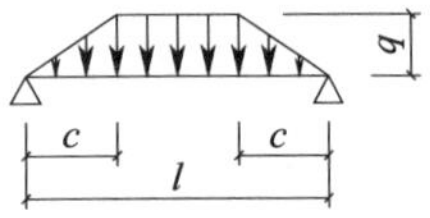	$\frac{c}{l}$	0.25	0.065	−0.111	0.264	−0.486
		0.275	0.064	−0.109	0.254	−0.472
		0.30	0.063	−0.106	0.244	−0.456
		0.325	0.061	−0.103	0.235	−0.441
		0.35	0.060	−0.100	0.225	−0.425
		0.375	0.058	−0.096	0.217	−0.409
		0.40	0.056	−0.093	0.207	−0.393
		0.425	0.054	−0.089	0.198	−0.378
		0.45	0.052	−0.086	0.189	−0.361
		0.475	0.050	−0.082	0.181	−0.345
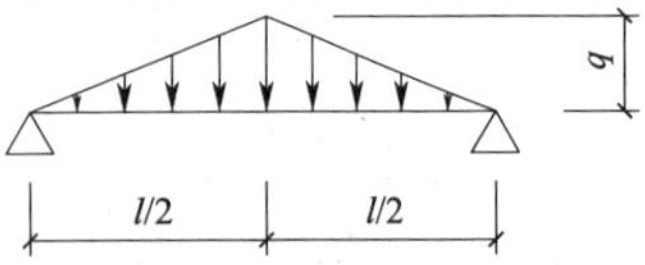			0.048	−0.078	0.172	−0.328
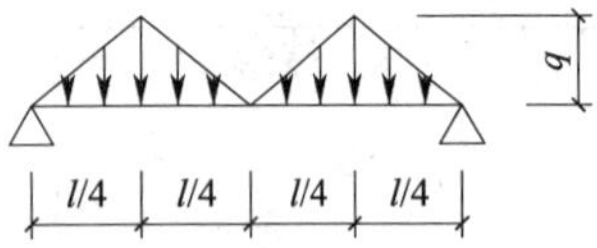			0.037	−0.066	0.184	−0.316
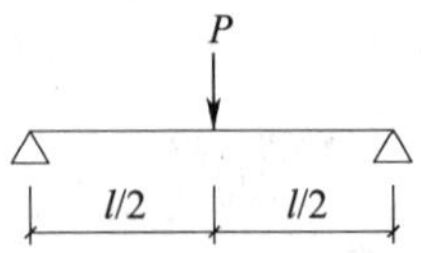			0.156	−0.188	0.312	−0.688
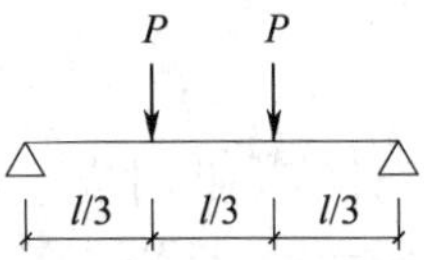			0.222	−0.333	0.667	−1.333
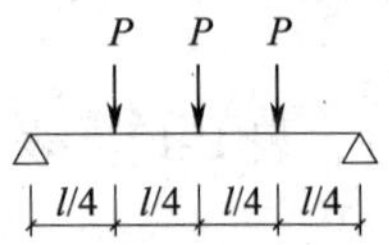			0.266	−0.469	1.031	−1.969

表 D-12　三　跨　梁

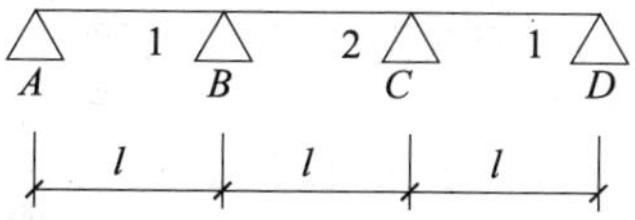

荷　　载	c/l	跨内最大弯矩 M_1	跨内最大弯矩 M_2	支座弯矩 M_B	剪力 Q_A	剪力 $Q_{B左}$	剪力 $Q_{B右}$
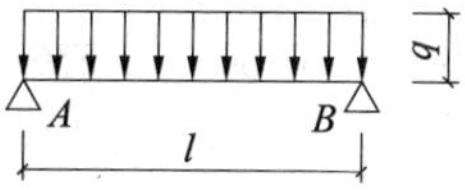		0.080	0.025	−0.100	0.400	−0.600	0.500
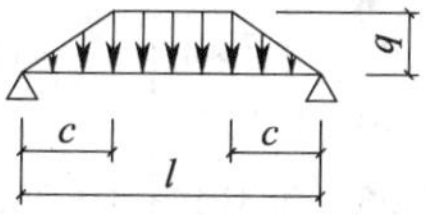	0.25	0.074	0.026	−0.089	0.286	−0.464	0.375
	0.275	0.073	0.025	−0.087	0.276	−0.450	0.363
	0.30	0.071	0.026	−0.085	0.265	−0.435	0.350
	0.325	0.070	0.025	−0.082	0.256	−0.420	0.338
	0.35	0.068	0.026	−0.080	0.245	−0.405	0.325
	0.375	0.066	0.025	−0.077	0.236	−0.390	0.313
	0.40	0.064	0.024	−0.074	0.226	−0.374	0.300
	0.425	0.061	0.023	−0.072	0.216	−0.360	0.288
	0.45	0.059	0.022	−0.069	0.206	−0.344	0.275
	0.475	0.057	0.021	−0.066	0.197	−0.329	0.263
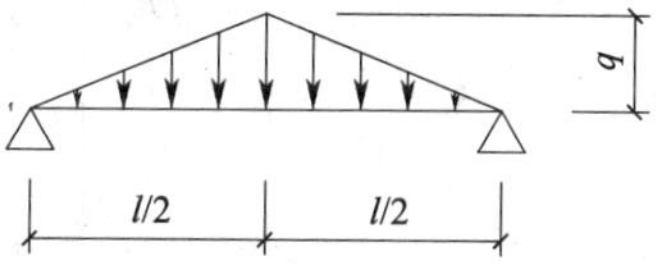		0.054	0.021	−0.063	0.188	−0.313	0.250
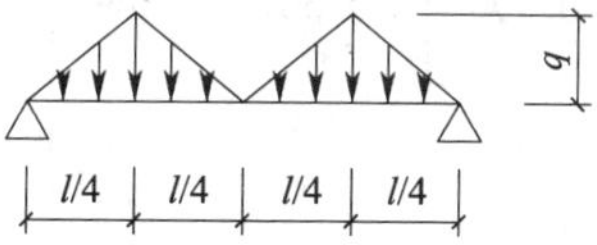		0.042	0.010	−0.053	0.197	−0.313	0.250
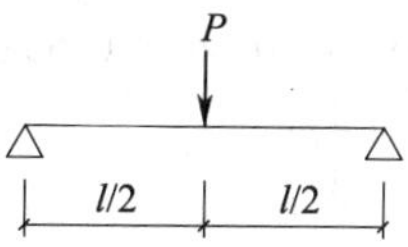		0.175	0.100	−0.150	0.350	−0.650	0.500
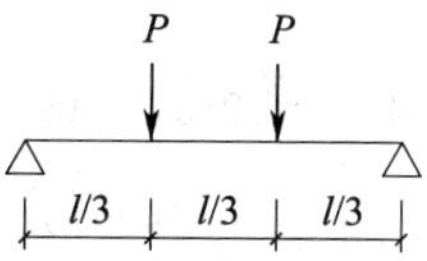		0.244	0.067	−0.267	0.733	−1.267	1.00
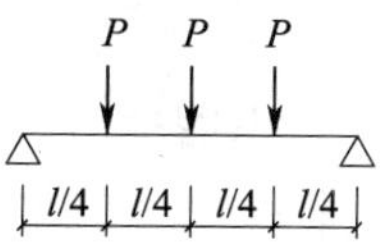		0.313	0.125	−0.375	1.125	−1.875	1.500

表 D-13 四 跨 梁

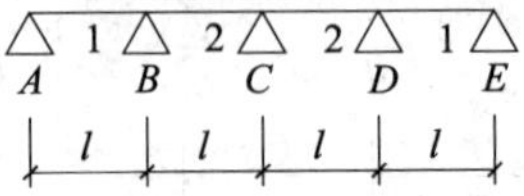

荷 载		跨内最大弯矩		支座弯矩		剪 力			
		M_1	M_2	M_B	M_C	Q_A	$Q_{B左}$	$Q_{B右}$	$Q_{C左}$
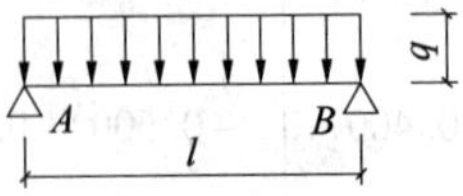		0.077	0.036	-0.107	-0.071	0.393	-0.607	0.536	-0.464
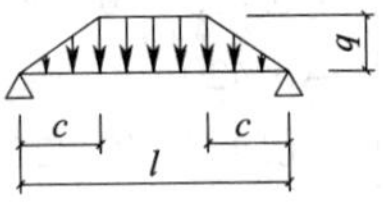	c/l = 0.25	0.072	0.036	-0.095	-0.063	0.280	-0.470	0.407	-0.343
	0.275	0.070	0.035	-0.093	-0.062	0.270	-0.456	0.394	-0.332
	0.30	0.069	0.035	-0.091	-0.060	0.259	-0.441	0.381	-0.319
	0.325	0.067	0.035	-0.088	-0.058	0.250	-0.426	0.368	-0.308
	0.35	0.066	0.034	-0.085	-0.057	0.240	-0.410	0.353	-0.298
	0.375	0.064	0.033	-0.082	-0.055	0.231	-0.395	0.340	-0.286
	0.40	0.062	0.032	-0.080	-0.053	0.220	-0.380	0.327	-0.273
	0.425	0.059	0.031	-0.077	-0.051	0.211	-0.365	0.314	-0.262
	0.45	0.057	0.031	-0.073	-0.049	0.202	-0.348	0.299	-0.251
	0.475	0.055	0.029	-0.070	-0.047	0.193	-0.333	0.286	-0.240
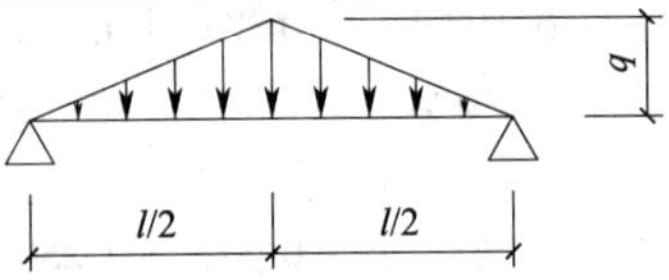		0.052	0.028	-0.067	-0.045	0.183	-0.317	0.272	-0.228
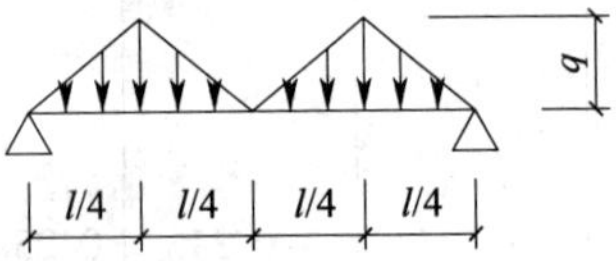		0.040	0.016	-0.057	-0.038	0.193	-0.307	0.269	-0.231
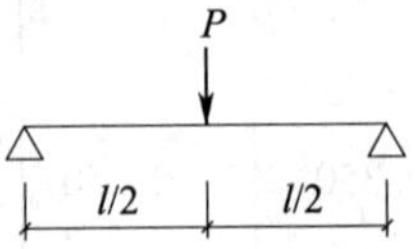		0.169	0.116	-0.161	-0.107	0.339	-0.661	0.554	-0.446
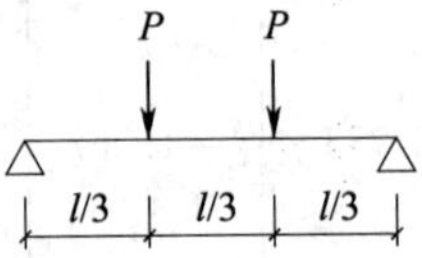		0.238	0.111	-0.286	-0.191	0.714	-1.286	1.095	-0.905
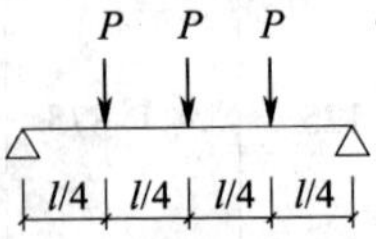		0.299	0.165	-0.402	-0.268	1.098	-1.902	1.634	-1.366

表D-14 五 跨 梁

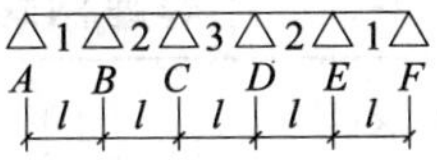

荷载		跨内最大弯矩			支座弯矩		剪力				
		M_1	M_2	M_3	M_B	M_C	Q_A	$Q_{B左}$	$Q_{B右}$	$Q_{C左}$	$Q_{C右}$
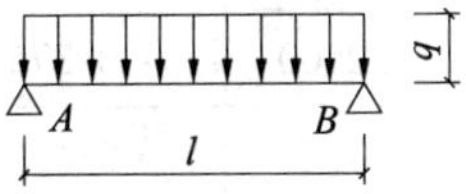		0.078	0.033	0.046	-0.105	-0.079	0.394	-0.606	0.526	-0.474	0.500
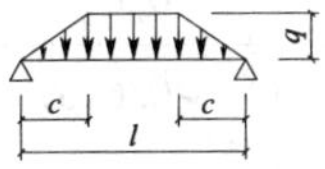	$\frac{c}{l}$ 0.25	0.072	0.033	0.045	-0.094	-0.070	0.281	-0.469	0.399	-0.351	0.375
	0.275	0.071	0.033	0.043	-0.091	-0.069	0.272	-0.454	0.385	-0.341	0.363
	0.30	0.069	0.032	0.043	-0.089	-0.067	0.261	-0.439	0.372	-0.328	0.350
	0.325	0.068	0.032	0.042	-0.086	-0.065	0.252	-0.424	0.359	-0.317	0.338
	0.35	0.066	0.031	0.042	-0.084	-0.063	0.241	-0.409	0.346	-0.304	0.325
	0.375	0.064	0.031	0.041	-0.081	-0.061	0.232	-0.394	0.333	-0.293	0.313
	0.40	0.062	0.030	0.039	-0.078	-0.059	0.222	-0.378	0.319	-0.281	0.300
	0.425	0.060	0.029	0.038	-0.075	-0.057	0.213	-0.363	0.306	-0.270	0.288
	0.45	0.058	0.028	0.037	-0.072	-0.054	0.203	-0.347	0.293	-0.257	0.275
	0.475	0.055	0.027	0.035	-0.069	-0.052	0.194	-0.332	0.280	-0.246	0.263
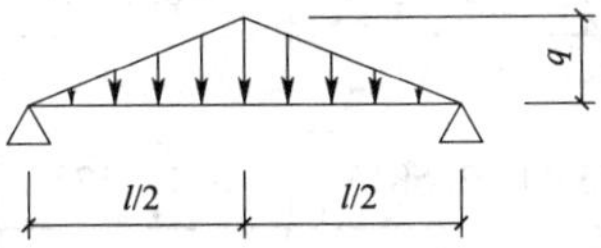		0.053	0.026	0.034	-0.066	-0.049	0.184	-0.316	0.266	-0.234	0.250
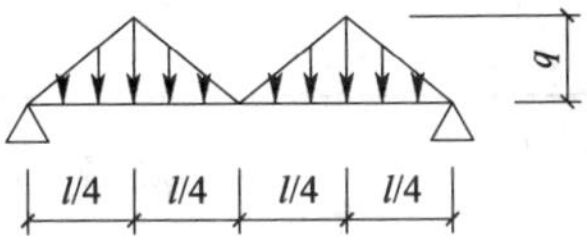		0.041	0.014	0.021	-0.056	-0.042	0.194	-0.306	0.264	-0.237	0.250
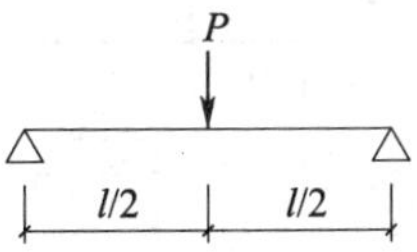		0.171	0.112	0.132	-0.158	-0.118	0.342	-0.658	0.540	-0.460	0.500
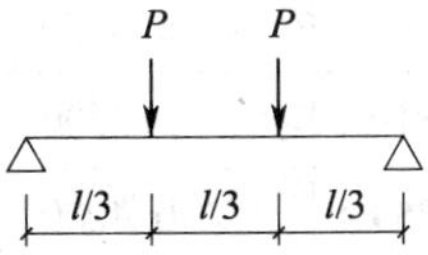		0.240	0.100	0.122	-0.281	-0.211	0.719	-1.281	1.070	-0.930	1.00
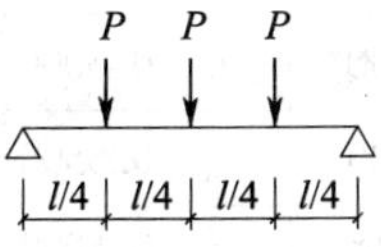		0.303	0.155	0.204	-0.395	-0.296	1.105	-1.895	1.599	-1.401	1.500

D.2.3 不等跨梁按弹性计算的最大内力系数

表 D-15 不等跨两跨梁

弯矩 M = 表中系数 × ql_1^2；
剪力 Q = 表中系数 × ql_1；
反力 R = 表中系数 × ql_1

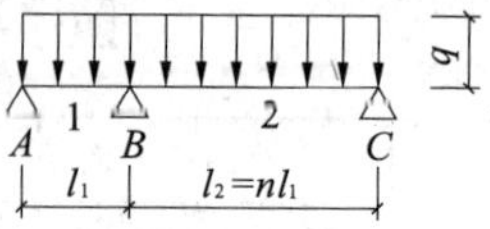

n	M_B	M_1	M_2	Q_A	$Q_{B左}$	$Q_{B右}$	R_B	Q_C
1.0	-0.1250	0.0703	0.0703	0.3750	-0.6250	0.6250	1.2500	-0.3750
1.1	-0.1388	0.0653	0.0898	0.3613	-0.6387	0.6761	1.3148	-0.4239
1.2	-0.1550	0.0595	0.1108	0.3450	-0.6550	0.7292	1.3842	-0.4708
1.3	-0.1738	0.0532	0.1333	0.3263	-0.6737	0.7836	1.4573	-0.5164
1.4	-0.1950	0.0465	0.1572	0.3050	-0.6950	0.8393	1.5343	-0.5607
1.5	-0.2188	0.0396	0.1825	0.2813	-0.7187	0.8958	1.6145	-0.6042
1.6	-0.2450	0.0325	0.2092	0.2550	-0.7450	0.9531	1.6981	-0.6469
1.7	-0.2738	0.0256	0.2374	0.2263	-0.7737	1.0110	1.7847	-0.6890
1.8	-0.3050	0.0190	0.2669	0.1950	-0.8050	1.0694	1.8744	-0.7306
1.9	-0.3388	0.0130	0.2978	0.1613	-0.8387	1.1283	1.9670	-0.7717
2.0	-0.3750	0.0078	0.3301	0.1250	-0.8750	1.1875	2.0625	-0.8125
2.25	-0.4766	0.0003	0.4170	0.0234	-0.9766	1.3368	2.3134	-0.9132
2.5	-0.5938	负值	0.5126	0.0938	-1.0938	1.4875	2.5813	-1.0125

表 D-16 不等跨三跨梁

弯矩 M = 表中系数 × ql_1^2
剪力 Q = 表中系数 × ql_1

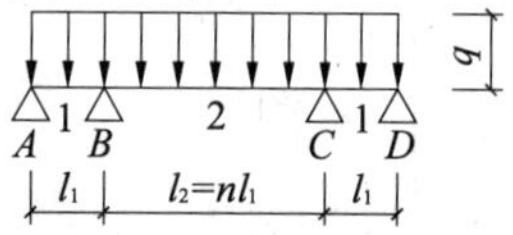

n	M_B	M_1	M_2	Q_A	$Q_{B左}$	$Q_{B右}$
0.4	-0.0831	0.0869	-0.0631	0.4169	-0.5831	0.2000
0.5	-0.0804	0.0880	-0.0491	0.4196	-0.5804	0.2500
0.6	-0.0800	0.0882	-0.0350	0.4200	-0.5800	0.3000
0.7	-0.0819	0.0874	-0.0206	0.4181	-0.5819	0.3500
0.8	-0.0859	0.0857	-0.0059	0.4141	-0.5859	0.4000
0.9	-0.0918	0.0833	0.0095	0.4082	-0.5918	0.4500
1.0	-0.1000	0.0800	0.0250	0.4000	-0.6000	0.5000
1.1	-0.1100	0.0761	0.0413	0.3900	-0.6100	0.5500
1.2	-0.1218	0.0715	0.0582	0.3782	-0.6218	0.6000

续表 D-15

n	M_B	M_1	M_2	Q_A	$Q_{B左}$	$Q_{B右}$
1. 3	-0. 1355	0. 0664	0. 0758	0. 3645	-0. 6355	0. 6500
1. 4	-0. 1510	0. 0609	0. 0940	0. 3490	-0. 6510	0. 7000
1. 5	-0. 1683	0. 0550	0. 0130	0. 3317	-0. 6683	0. 7500
1. 6	-0. 1874	0. 0489	0. 1327	0. 3127	-0. 6873	0. 8000
1. 7	-0. 2082	0. 0426	0. 1531	0. 2918	-0. 7082	0. 8500
1. 8	-0. 2308	0. 0362	0. 1742	0. 2692	-0. 7308	0. 9000
1. 9	-0. 2552	0. 0300	0. 1961	0. 2448	-0. 7552	0. 9500
2. 0	-0. 2813	0. 0239	0. 2188	0. 2188	-0. 7812	1. 0000
2. 25	-0. 3540	0. 0106	0. 2788	0. 1462	-0. 8538	1. 1250
2. 5	-0. 4375	0. 0019	0. 3437	0. 0625	-0. 9375	1. 1250

附录 E 门框墙配筋表

(1) 使用说明（见图 E-1、E-2）

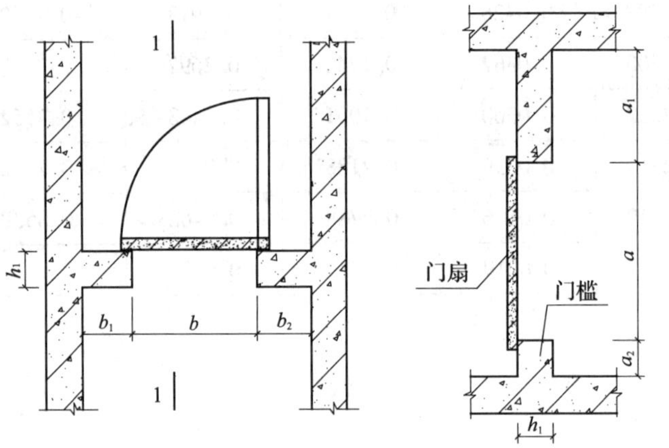

图 E-1 门框墙平面示意图

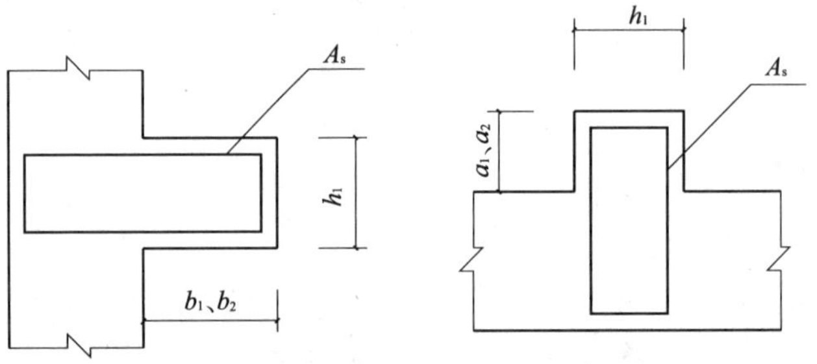

图 E-2 门框墙配筋示意图

1）本附录共有表格 10 种，可直接根据不同等效静载查得门框墙的尺寸和配筋（见表 E-1 ~ E-10）。

2）表中 A_s 为每米长度的钢筋面积（mm^2）。

3）表中采用 HRB335 级钢筋，当采用其他钢筋时，钢筋面积 A_s 应按表中所列数值乘下列系数后采用：HPB235 级钢筋：1.29；HRB400 级钢筋：0.94。

4）表中最小受力钢筋面积是按配筋率 0.25% 计算所得，选用受力钢筋的直径不得小于 $\phi12$。

5）表中为“—”时表示超筋，应考虑扩大 h_1 尺寸。

6）门框墙的计算中均未考虑门扇与门框墙的动摩擦力。

表 E-1　门框墙配筋面积表（门前等效静载 160kN/m^2）

门孔尺寸	h_1	b_1、b_2						a_1、a_2			
		≤500	500	550	600	650	700	≤550	600	650	700
FM716	300	750	750	750	750	750	750	750	750	750	750
FM820	300		750	750	750	750	750		750	750	750
FM920	300		750	750	750	750	784		750	750	750
FM1020	300		750	750	750	750	828		750	750	750
FM1220	300		750	750	750	796	887		750	750	801
FM1320	300		750	750	750	825	919		750	750	833
FM1520	300		750	750	777	871	969		750	807	900
FM2020	300		796	902	1015	1131	1253		840	940	1044

表 E-2　门框墙配筋面积表（门前等效静载 200kN/m^2）

门孔尺寸	h_1	b_1、b_2							a_1、a_2					
		≤350	450	500	550	600	650	700	≤450	500	550	600	650	700
FM716	300	750	750	750	750	750	771	867	750	750	750	750	750	772
FM820	300		750	750	750	750	831	932		750	750	750	750	819
FM920	300		750	750	750	782	882	988		750	750	750	770	866
FM1020	300		750	750	750	828	932	1043		750	750	750	814	914
FM1220	300		750	750	786	891	1002	1118		750	750	800	902	1009
FM1320	300		750	750	816	925	1039	1159		750	750	833	938	1049
FM1520	300		750	757	865	978	1097	1222		750	798	904	1016	1134
FM2020	300		872	1002	1138	1280	1429	1585		822	937	1058	1185	1318

表 E-3　门框墙配筋面积表（门前等效静载 240kN/m^2）

门孔尺寸	h_1	b_1、b_2							a_1、a_2						
		≤350	450	500	550	600	650	700	≤300	450	500	550	600	650	700
FM716	300	750	750	750	750	821	930	1047	750	750	750	750	750	825	932
FM820	300	750	750	750	777	887	1003	1126	750	750	750	750	772	877	989
FM920	300	750	750	750	829	944	1065	1194	750	750	750	750	820	930	1046
FM1020	300	750	750	765	879	999	1127	1261	750	750	750	760	868	983	1104
FM1220	300	750	750	828	949	1076	1211	1353	750	750	750	848	965	1089	1220
FM1320	300	750	750	861	985	1117	1256	1403	750	750	770	885	1005	1133	1268
FM1520	300	750	789	913	1044	1182	1327	1480	750	750	841	963	1092	1228	1372
FM2020	300	759	1053	1211	1377	1551	1734	1926	750	859	992	1132	1279	1434	1597

表 E-4 门框墙配筋面积表（门前等效静载 320kN/m²）

门孔尺寸	h_1	b_1、b_2							a_1、a_2						
		350	450	500	550	600	650	700	300	450	500	550	600	650	700
FM716	300	750	750	833	965	1105	1255	1414	750	750	750	846	974	1111	1257
FM820	300	750	775	906	1046	1195	1354	1523	750	750	780	905	1039	1182	1335
FM920	300	750	830	969	1116	1273	1439	1617	750	750	833	964	1104	1254	1414
FM1020	300	750	885	1030	1185	1349	1524	1709	750	757	886	1024	1170	1326	1493
FM1220	300	793	960	1115	1280	1455	1640	1836	750	852	993	1143	1303	1472	1652
FM1320	300	827	1000	1160	1331	1511	1702	1905	750	891	1037	1192	1357	1533	1719
FM1520	300	880	1063	1232	1411	1600	1800	2012	750	975	1132	1299	1476	1664	1863
FM2020	300	1021	1422	1640	1869	2111	2367	2637	787	1157	1339	1531	1734	1949	2175

表 E-5 门框墙配筋面积表（门前等效静载 400kN/m²）

门孔尺寸	h_1	b_1、b_2								a_1、a_2						
		250	300	350	400	450	500	550	600	300	350	400	450	500	550	600
716	300	750	750	750	750	894	1049	1217	1396	750	750	750	775	915	1066	1228
820	300	750	750	792	821	976	1142	1320	1511	750	750	750	834	982	1141	1311
920	300	750	750	852	882	1046	1222	1411	1611	750	750	750	893	1049	1216	1395
1020	300	750	750	911	942	1115	1300	1498	1709	750	773	801	953	1116	1291	1479
1220	300	750	807	991	1025	1210	1408	1619	1844	750	875	905	1073	1253	1444	1649
1320	300	750	843	1033	1069	1261	1466	1685	1917	750	917	949	1123	1309	1507	1719
1520	300	750	900	1100	1139	1342	1558	1787	2032	821	1007	1043	1230	1431	1645	1872
2020	300	968	1216	1288	1538	1803	2083	2381	2698	984	1039	1244	1463	1695	1943	2206

表 E-6 门框墙配筋面积表（门前等效静载 480kN/m²）

门孔尺寸	h_1	b_1、b_2								a_1、a_2						
		250	350	450	500	550	600	650	700	300	450	500	550	600	650	700
716	300	750	867	1080	1269	1474	1693	1929	2182	750	935	1105	1289	1488	1702	1932
820	300	750	951	1179	1382	1600	1835	2086	2355	750	1007	1187	1381	1590	1815	2056
920	300	750	1023	1265	1480	1710	1958	2222	2506	750	1079	1268	1473	1692	1928	2181
1020	300	750	1093	1350	1576	1820	2079	2357	2655	750	1152	1351	1566	1795	2042	2307
1220	300	761	1189	1466	1708	1968	2246	2543	2862	851	1298	1517	1752	2004	2274	2564
1320	300	797	1240	1528	1780	2049	2336	2644	2974	894	1359	1586	1830	2091	2371	2671
1520	300	852	1320	1627	1893	2176	2475	2804	3151	985	1490	1736	1999	2281	2582	2905
2020	300	1161	1561	2195	2543	2916	3315	3743	4204	1180	1775	2062	2368	2696	3046	3421

表 E-7 门框墙配筋面积表（门前等效静载 580kN/m²）

门孔尺寸	h_1	b_1、b_2								a_1、a_2						
		250	350	450	500	550	600	650	700	300	450	500	550	600	650	700
716	300	750	1048	1317	1549	1802	2075	2369	2687	750	1138	1347	1574	1820	2086	2373
820	300	750	1149	1438	1689	1959	2251	2566	2906	780	1226	1447	1687	1946	2226	2528
920	300	782	1236	1544	1810	2096	2405	2738	3097	842	1315	1548	1801	2073	2368	2685
1020	300	840	1321	1649	1929	2231	2557	2908	3287	904	1404	1650	1916	2202	2511	2845
1220	300	920	1437	1792	2094	2418	2768	3144	3551	1029	1585	1856	2149	2464	2804	3170
1320	300	962	1498	1870	2183	2519	2882	3273	3695	1080	1660	1942	2246	2573	2926	3307
1520	300	1029	1595	1992	2323	2679	3063	3477	3924	1191	1822	2128	2457	2812	3194	3607
2020	300	1403	1911	2703	3144	3621	4137	—	—	1426	2177	2536	2922	3339	3788	4276

表 E-8 门框墙配筋面积表（门前等效静载 800kN/m²）

门孔尺寸	h_1	b_1、b_2								a_1、a_2						
		250	300	350	400	450	500	550	600	300	350	400	450	500	550	600
716	300	900	1162	1445	1542	1851	2188	2556	2958	989	1240	1513	1596	1896	2224	2582
820	300	996	1280	1585	1694	2027	2390	2787	3221	1075	1342	1432	1722	2040	2388	2768
920	300	1078	1381	1705	1825	2180	2567	2990	3452	1161	1444	1541	1849	2186	2554	2956
1020	300	1159	1480	1822	1955	2332	2743	3192	3683	1247	1546	1652	1978	2334	2723	3148
1220	300	1269	1614	1981	2134	2542	2987	3473	4006	1419	1750	1875	2239	2635	3068	3541
1320	300	1327	1686	2067	2231	2656	3119	3626	4182	1490	1834	1969	2348	2761	3213	3708
1520	300	1419	1799	2200	2384	2836	3329	3870	4465	1642	2014	2172	2586	3038	3532	4074
2020	300	1935	2432	2716	3284	3906	—	—	—	1967	2164	2617	3111	3651	4245	—

表 E-9 门框墙配筋面积表（门前等效静载 1200kN/m²）

门孔尺寸	h_1	b_1、b_2								a_1、a_2						
		250	300	350	400	450	500	550	600	300	350	400	450	500	550	600
716	400	1000	1272	1582	1916	2273	2654	3058	4767	1083	1358	1657	1979	2324	2694	4110
820	400	1090	1401	1735	2092	2473	2878	4466	5241	1177	1469	1786	2125	2488	2875	4431
920	400	1180	1511	1866	2244	2645	3071	4824	5668	1271	1581	1914	2272	2652	3056	4764
1020	400	1269	1620	1994	2392	2814	3259	5186	—	1365	1693	2043	2418	2816	4353	5107
1220	400	1389	1767	2169	2594	3043	3516	5706	—	1553	1916	2301	2711	3144	4963	5835
1320	400	1453	1846	2262	2702	3166	3653	5996	—	1631	2008	2408	2831	3279	5226	—
1520	400	1554	1969	2409	2871	3358	5439	—	—	1798	2205	2636	3091	3569	5817	—
2020	400	2118	2662	3230	3821	4436	—	—	—	2154	2627	3124	3645	—	—	—

表 E-10 门框墙配筋面积表（门前等效静载 1800kN/m²）

门孔尺寸	h_1	b_1、b_2								a_1、a_2						
		250	300	350	400	450	500	550	600	300	350	400	450	500	550	600
716	500	1250	1502	1868	2262	2684	3134	3611	4117	1279	1603	1956	2337	2745	3181	3645
820	500	1287	1654	2048	2471	2921	3398	3904	4438	1390	1735	2108	2509	2938	3395	3880
920	500	1394	1785	2203	2650	3124	3626	4156	4713	1501	1867	2261	2682	3132	3609	4144
1020	500	1498	1912	2355	2825	3322	3848	4402	4983	1612	1999	2413	2855	3325	3823	4349
1220	500	1640	2087	2561	3063	3593	4151	4737	5351	1834	2262	2718	3201	3712	4251	4818
1320	500	1716	2180	2671	3191	3738	4314	4916	5547	1926	2371	2843	3344	3872	4428	5011
1520	500	1835	2325	2844	3391	3965	4567	5197	5855	2123	2604	3113	3650	4214	4807	5427
2020	500	2501	3144	3814	4512	5238	5992	6773	—	2543	3102	3689	4304	4946	5616	6315

（2）例题

【例】 设有通道尺寸宽×高 = 2.2m×2.8m，门洞尺寸宽×高 = 1.3m×2m，门框墙直接作用等效静载为 200kN/m²，求门框墙的截面尺寸和配筋。

解： 选用门框墙的截面尺寸为：左、右悬挑 $b_1 = 650\text{mm}$，$b_2 = 250\text{mm}$。

上部悬挑 $a_1 = 650\text{mm}$，门槛高度 $a_2 = 150\text{mm}$。

查附表 E. 1. 2 得，材料：C30 混凝土，HRB335 级钢筋。$h_1 = 300\text{mm}$。

$b_1 = 650\text{mm}$ 时，　$A_s = 1039\text{mm}^2$，　选配 HRB335 级钢筋，Φ18@200；

$b_2 = 250\text{mm}$ 时，　$A_s = 750\text{mm}^2$，　选配 HRB335 级钢筋，Φ14@200；

$a_1 = 150\text{mm}$ 时，　$A_s = 750\text{mm}^2$，　选配 HRB335 级钢筋，Φ14@200；

$a_2 = 650\text{mm}$ 时，　$A_s = 938\text{mm}^2$，　选配 HRB335 级钢筋，Φ16@200。

参考文献

[1] 中华人民共和国人民防空法. 2006

[2] 人民防空地下室设计规范 GB 50038—2005

[3] 地下工程防水技术规范 GB 50108—2001. 北京：中国计划出版社，2001

[4] 防空地下室结构设计—FJ01 ~ 04（2004 年合订本）. 2004

[5] 人民防空地下室设计规范图示—05SFJ10. 2005

[6] 陈志龙. 人民防空工程技术与管理. 北京：中国建筑工业出版社，2004

[7] 建设部工程质量安全监督与行业发展司，国家人民防空办公室工程组，中国建筑标准设计研究所. 全国民用建筑工程设计技术措施 - 防空地下室. 2003

[8] 王年桥. 防护结构计算原理与设计（修订版）. 工程兵工程学院，2002

[9] 耿永常，李淑华. 城市地下空间结构. 哈尔滨：哈尔滨工业大学出版社，2005

[10] 地下防护结构. 北京：中国建筑工业出版社. 1982

[11] 曹培椿. 防空地下室结构设计手册. 北京市建筑设计研究科技处. 1996

[12] 方秦，译. 常规武器防护设计原理. 工程兵工程学院. 1997

[13] 王铁成. 混凝土结构基本构件设计原理. 北京：中国建筑工业出版社，2002

[14] 叶列平，等. 混凝土结构（上册）. 第二版. 北京：清华大学出版社，2005

[15] 朱忠吉，等. 人防工程建筑与结构. 工程兵工程学院. 1998